21世纪高等院校移动开发人才培养规划教材
21Shiji Gaodeng Yuanxiao Yidong Kaifa Rencai Peiyang Guihua Jiaocai

移动应用软件测试项目教程（Android版）

郑婷婷 编著

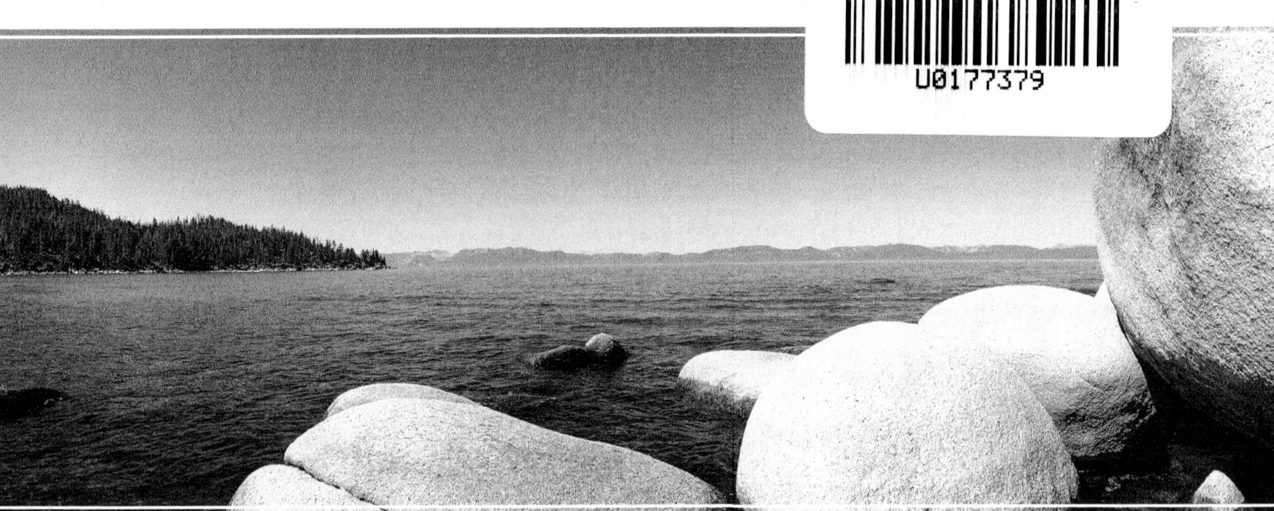

Mobile Application Test Tutorial (Android)

人 民 邮 电 出 版 社
北 京

图书在版编目（ＣＩＰ）数据

移动应用软件测试项目教程 : Android版 / 郑婷婷编著. -- 北京 : 人民邮电出版社, 2016.5(2020.8重印)
21世纪高等院校移动开发人才培养规划教材
ISBN 978-7-115-41313-0

Ⅰ. ①移… Ⅱ. ①郑… Ⅲ. ①移动终端－应用程序－软件－测试－高等学校－教材 Ⅳ. ①TN929.53 ②TP311.5

中国版本图书馆CIP数据核字(2016)第001564号

内 容 提 要

本书以Android应用软件测试的组织与实现过程为主线，先介绍了Android平台开发与测试环境的搭建，从黑盒手工测试开始，初步认识Android移动平台软件测试，再结合测试阶段的开展，引入常用的自动化测试工具与框架，包括黑盒自动化测试工具Monkey与MonkeyRunner、白盒单元测试框架Instrumentation、集成测试框架Robotium、UI自动化测试框架uiautomator，以及几种主流的性能监测与测试工具等。此外，本书还介绍了兼容性测试框架Android CTS及安全检测工具的使用，最后通过对一个综合项目的讲解，描述了如何组织与实现Android项目测试的思路。

本书适合作为高等院校计算机相关专业的教材使用，也可供移动应用开发爱好者自学。

◆ 编　　著　郑婷婷
责任编辑　范博涛
责任印制　焦志炜

◆ 人民邮电出版社出版发行　　北京市丰台区成寿寺路11号
邮编　100164　　电子邮件　315@ptpress.com.cn
网址　http://www.ptpress.com.cn
北京九州迅驰传媒文化有限公司印刷

◆ 开本：787×1092　1/16
印张：17　　　　2016年5月第1版
字数：424千字　　　　2020年8月北京第6次印刷

定价：42.00元

读者服务热线：(010)81055256　印装质量热线：(010)81055316
反盗版热线：(010)81055315

前　言

随着移动应用技术的发展和智能移动终端的普及，各种新型软件及硬件产品不断出现，智能手机等移动设备已深入人们生活中的各个领域，成为人们不可缺少的现代化工具，但这同时也对移动软件的质量提出了更高的要求。例如，随着使用人群的扩大，要求移动软件具有更高的可用性和易用性；移动软件的功能越来越丰富，对响应时间、资源利用率等性能方面的要求也越来越高；而不时出现的安全问题，也容易给使用者带来恐慌。软件测试是控制软件质量的重要手段，软件测试贯穿于软件整个生命周期，越早发现问题，越可能从源头上遏制软件缺陷的影响，降低损失及修复的代价。本书介绍了移动软件各个生命周期可以使用的技术及工具，以提高测试效率，提升软件质量。

本书以项目为驱动，每个项目由若干任务组成，从具体的测试任务出发，由浅入深，由表及里，循序渐进，将知识融入相应的任务中，不仅告诉读者“如何做”，还力图启发读者在实际中要“何时用”及“怎样用好”，结合最新的技术发展趋势，突出知识的实用性、适用性、先进性。

本书以软件测试的组织与实现为线索逐步展开，在项目中力求对完成任务所用到的知识做较详尽的铺垫，并对项目的实现过程做充分的描述。本书所有的项目、代码都经笔者在Android4.4 环境下调试通过，所有过程截图均为项目运行时的真实场景。

移动应用技术的发展非常迅速，各种测试工具、框架与技术种类繁多，本书在素材选取时，为方便教学的开展和项目实践的要求，增强项目的可操作性，尽量选择了开源、免费的项目、工具和框架，以及尽量选择 Google 发布的 Android“原生”的项目、工具和框架，并且以“够用”“好用”为原则，在每个测试阶段尽量只介绍一个或少数几个使用较广、架构较典型的工具或框架，一些难度较大的内容或其他工具在项目的任务扩展或参考中只稍作介绍，有需要的读者可根据提示查阅其他资料加深了解。无论是学习还是实践，测试的工具或框架其实只是实现测试任务的手段，要更好地组织测试、更好地达到测试目的，更重要的是深入透彻地理解项目，把握项目的特性。在这过程中，如要借助工具，就要思考为什么要借助工具、借助哪些工具及发挥工具的哪些优势，才能更好地提高测试的技巧，加深对项目和技术的理解。

本书提供书中所有涉及项目的代码、工具等资源的下载。本书可作为应用型高等院校、高职高专、成人高校的软件及软件测试相关专业移动应用测试课程的教材或参考书，也适合作为 Android 初级测试员或 Android 爱好者的入门教材。

移动应用技术是当今信息技术领域的一个热点，大量新技术不断出现，同时由于作者水平有限，书中难免有疏漏，恳请读者批评指正。编者邮箱为 ttzheng@139.com。

编　者

2015 年 11 月于广州

目 录 CONTENTS

项目一 初识 Android 1

项目二 Android 应用基本功能测试 30

项目三　Android 应用自动化黑盒测试　53

项目四　Android 白盒单元测试　84

项目五　基于 Robotium 的集成测试　132

项目六　基于 uiautomator 的界面测试　160

项目七 Android 应用性能监控与测试 189

项目八 其他测试 208

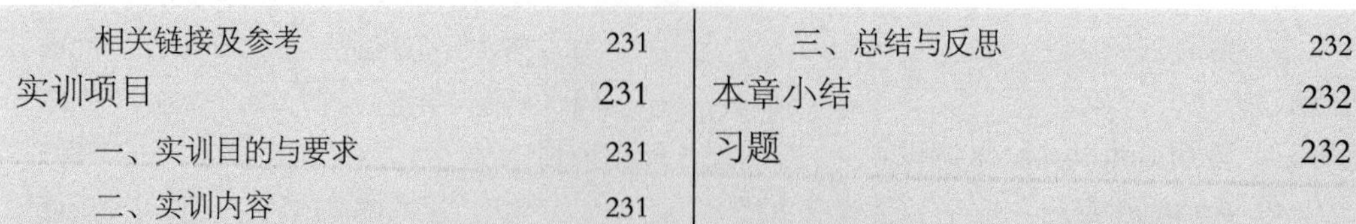

项目九　综合测试项目分析　233

附录 1　常用 KeyCode 编码　245

附录 2　adb shell 常用命令参考　247

附录 3　Robotium 常用 API　250

附录 4　uiautomator 常用 API　256

参考文献　264

PART 1

项目一 初识 Android

项目导引

从 2008 年 9 月谷歌正式发布 Android 1.0，到现在 Android 已占据智能手机操作系统的全球首位，相关的移动应用技术也在蓬勃发展。在正式开展测试之前，我们先对 Android 做初步的了解与认识。

在本项目中，我们将从最简单的 Android 程序开始，了解 Android 的运行环境、程序结构及其基本组件等。

学习目标

☑ 能配置 Android 应用的运行环境
☑ 了解 Android 程序的主要架构
☑ 了解 Android 程序的基本组件
☑ 了解 Android 程序的发布过程

任务一 环境配置

任务分析

Android 应用的运行环境配置主要分为两种：

（1）真机设备上调试与测试的配置；

（2）虚拟设备（AVD）环境的安装、配置。

知识准备

Android 的运行环境主要分为真机设备和虚拟机设备两种。在条件允许的情况下，优先考虑在真机设备的环境下进行测试。因为真机环境的运行速度更快，效果也更直观，而且 Android 应用程序最终还是要在真机设备上使用的，在虚拟机环境中没有出现的问题往往可能会在真机设备上测试时出现。

有时为了测试工作开展的便利，如需要在多种不同型号的机器上进行测试但又并不具备这么多的真机环境时，则可以考虑在 Android 的虚拟设备（Android Virtual Device，AVD）上测试。测试时可同时启动多个不同的 AVD 设备。创建 AVD 时，系统会在系统默认文件路径下自动创建一个.android文件夹，所创建的有关AVD 的配置信息则被保存在该.android 目录下，如 Windows 7 环境下一般在 C:\Users\<用户名>\.android\avd 目录下保存。建议配置 ANDROID_SDK_HOME 目录，那么 AVD 的配置将保存在%ANDROID_SDK_HOME%/.android 目录下。

任务实施

一、真机运行环境配置

使用真机作为运行、测试环境，可按下面步骤完成。

（1）把测试用机用 USB 连接线连接到 PC 上，按提示安装驱动（可使用一些辅助连接软件或在手机厂商官网下载手机驱动）。

（2）手机切换到调试模式。单击“设置”图标，进入“设置”界面，选择“开发人员选项”，打开“USB 调试”选项。

（3）根据测试需要勾选其他的调试选项。

二、虚拟机环境安装与配置

由于 Android 的应用程序都是使用 Java 语言编写，所以在安装 Android 开发环境之前，要先安装 Java 语言的软件开发工具包（Java Development Kit，JDK）。Android 运行环境的搭建分为 Android 的软件开发工具包（Software Development Kit，SDK）的安装和集成开发环境（Integrated Development Environment，IDE）的安装。如果使用的 IDE 为 Eclipse，那么还需要在 Eclipse 中安装 Android 的开发工具（Android Development Tools，ADT）。可按下面的步骤完成。

（1）下载并安装 JDK，配置环境变量。新建环境变量 JAVA_HOME，设置其值为 JDK 在本机上的安装路径，如图 1-1 所示。编辑环境变量 Path，增加路径“%JAVA_HOME%\bin”，注意和前面的路径之间要用;分隔，如图 1-2 所示。编辑环境变量 classpath，增加路径“%JAVA_HOME%\lib;%JAVA_HOME%\lib\tools.jar”，注意和前面的路径之间要用;分隔，如图 1-3 所示。

图 1-1　新建环境变量 JAVA_HOME

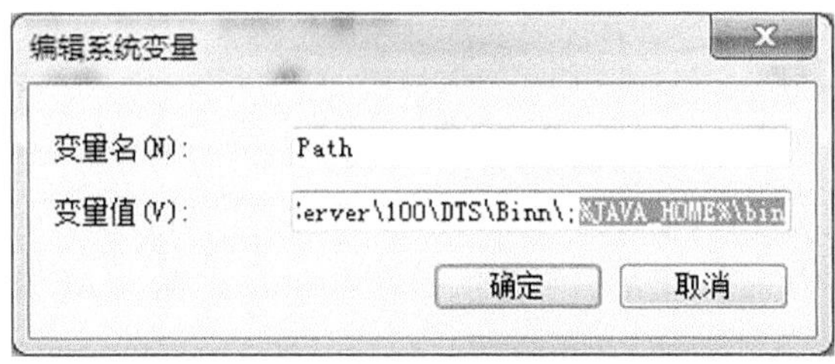

图 1-2　配置环境变量 Path

图 1-3　配置环境变量 classpath

（2）安装 Android SDK 并配置环境变量。Andorid SDK 为 Android 管理开发包工具，提供了 Android 各级平台的开发包和工具。Android SDK 的下载地址为 http://developer. android. com/sdk/index.html。

如果想把保存虚拟设备配置的目录更改到硬盘的其他位置，可新建环境变量 ANDROID_SDK_HOME，并把目录设置为目标地址，如图 1-4 所示。

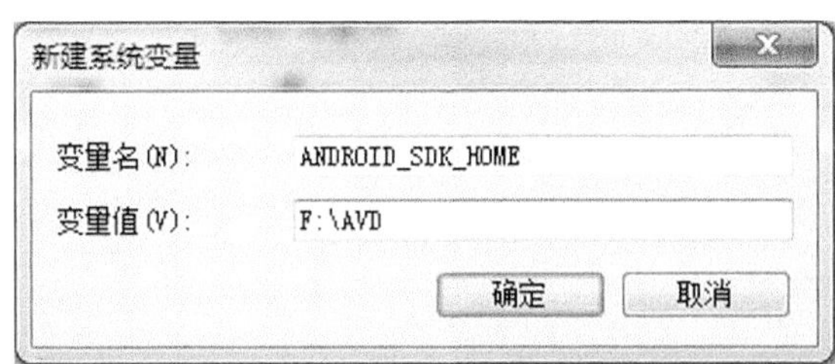

图 1-4　新建环境变量 ANDROID_SDK_HOME

ANDROID_SDK_HOME 不一定要设置为 Android SDK 所在的地址，因为这个目录的主要作用是保存虚拟设备的配置信息。但保存 AVD 的地址最好不要包含中文字符，否则可能出现虚拟机无法启动的错误。

把 Android SDK 安装目录下的 tools 和 platform−tools 文件夹路径设置为 Path 环境变量。假如机子上 Android SDK 的目录是 F:\android\sdk，则编辑环境变量 Path 如图 1−5 所示。

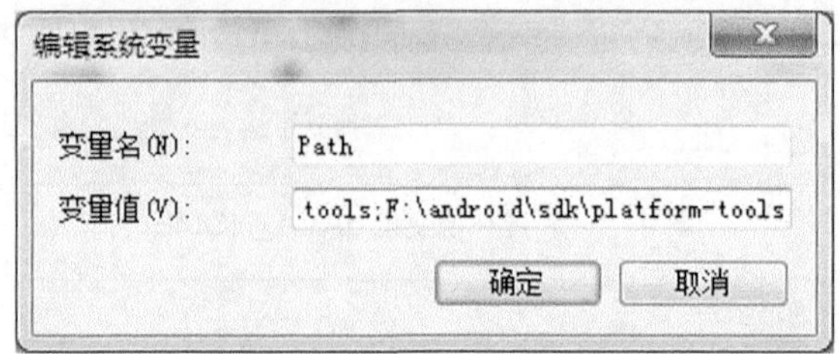

图 1−5　配置环境变量 Path

（3）安装 Eclipse 及其 ADT 插件。安装 ADT 插件有两种方法：一种是手动下载 ADT 插件的压缩包，然后安装到 Eclipse；另一种方法是在 Eclipse 中输入 ADT 的下载地址，由 Eclipse 自动完成安装。ADT 的下载地址为 https://dl−ssl.google.com/android/eclipse/。因网络存在的不确定因素，推荐使用第一种方法。下载了 Eclipse 的 ADT 插件的压缩包后，打开“Help/Install new software”菜单，单击右侧的“Add”按钮即可。

安装 ADT 后，打开 Eclipse 中的“Window/Preferences”菜单，配置 Android SDK 所在位置，如图 1−6 所示。

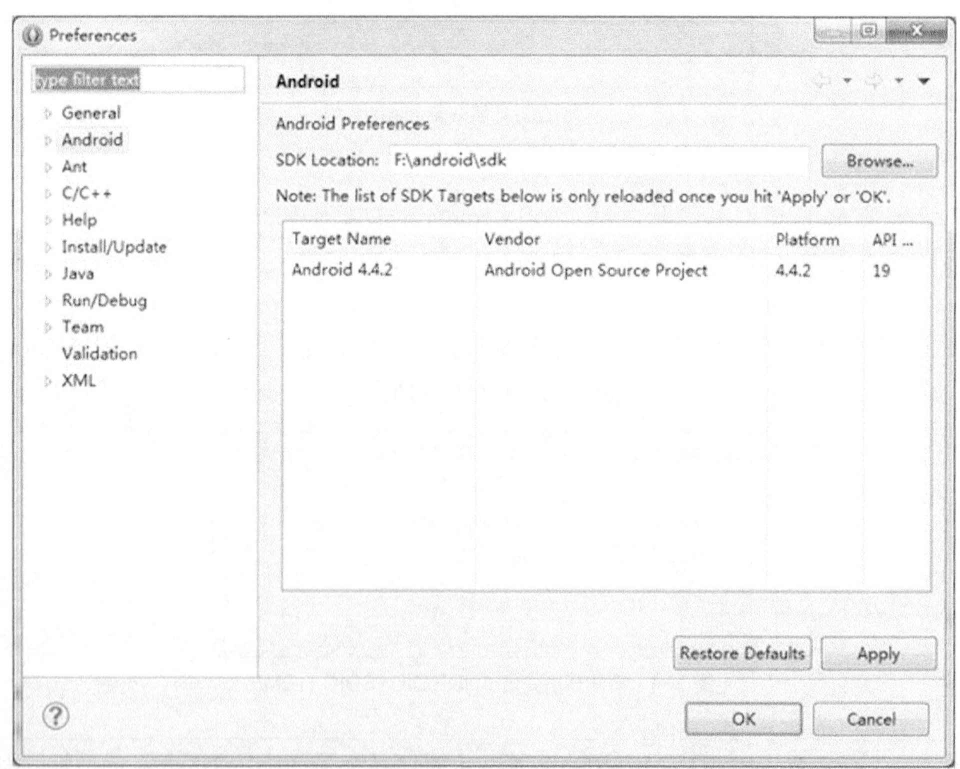

图 1−6　在 Eclipse 中配置 Android SDK 所在位置

如果直接下载了集成开发环境 ADT Bundle（包含了 Eclipse、ADT 插件和 SDK Tools 等已经集成好的 IDE）的安装包，则可以直接跳过上面（2）（3）两个步骤。但仍需按下面的步骤下载并配置 Android SDK。

（4）配置 Android SDK。在 Eclipse 下单击图标或直接在 Android SDK 目录下双击 SDK Manager.exe 打开 Android SDK Manager。初始状态下里面是空的，我们需要选择一些安装包进行下载。

由于国内网络存在的限制，无法直接连接到官方网站获取安装包，可以自行准备代理进行连接，或按以下步骤配置镜像并下载安装包。

① 打开“Tools/Options”菜单，打开图 1-7 所示的窗口。在“HTTP Proxy Server”处填上国内镜像站地址：mirros.opencas.cn，端口为 80，并且选中“Force https://... sources to be fetched using http://...”的复选框。设置完成后单击“Close”按钮关闭当前窗口返回。

② 打开“Packages/Reload”命令，即可出现 Android 各个版本的 sdk 及安装包下载。勾选需要的安装包，单击“Install packages…”按钮即可。

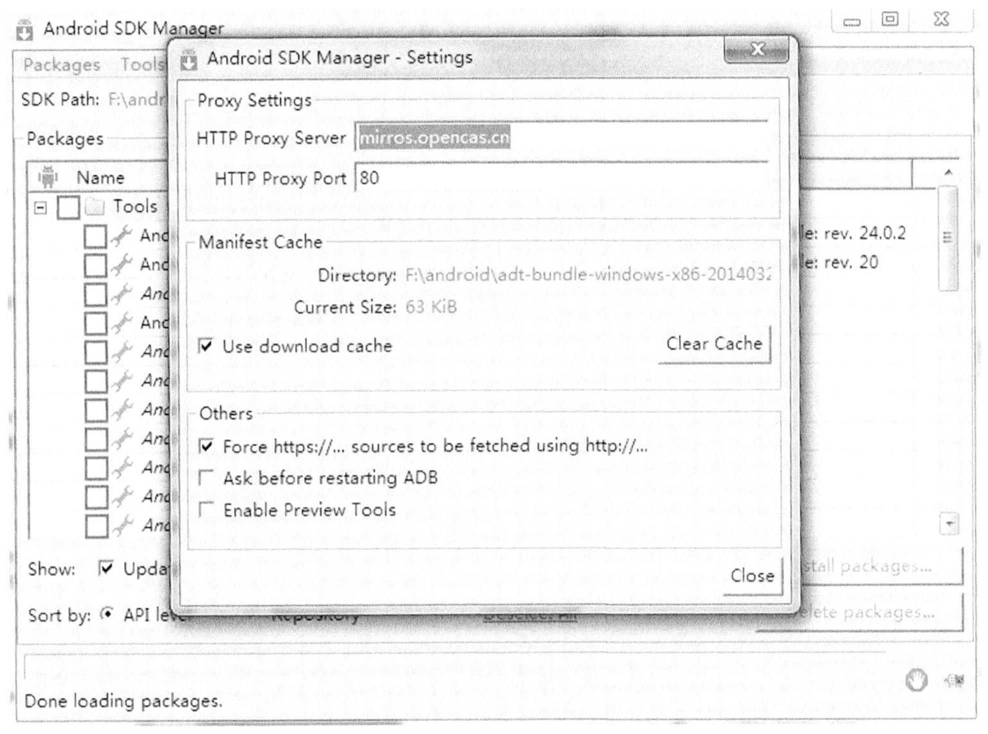

图 1-7　配置镜像服务器

③ 需要下载的安装包有：Android SDK Tools，Android SDK Platform-Tools（包含 adb、fastboot 等工具包），Android Build-Tools（Android 开发所需的 Build-Tools，选择一个较新版本即可），Android SDK（可选择较新版本）和 SDK System images（创建模拟器时需要的 system image）。根据需要，可选择性地安装一些其他组件，如 GoogleMap APIs SDK（地图组件）、Android Support Library 等。

（5）启动 AVD。在 Eclipse 中单击图标或选择“Windows/Android Virtual Device Manager”打开 Android Virtual Device Manager（虚拟设备管理器）窗口。按以下步骤启动 AVD。

① 如果“Android Virtual Devices”选项卡的列表还是空的，选择“Device Definition”选项卡，选中一个型号的 AVD，如“Nexus_S_by_Google”，单击“Create AVD”创建一个新的 AVD 设备。

② 如图 1-8 所示配置 AVD。配置完毕单击“OK”按钮。

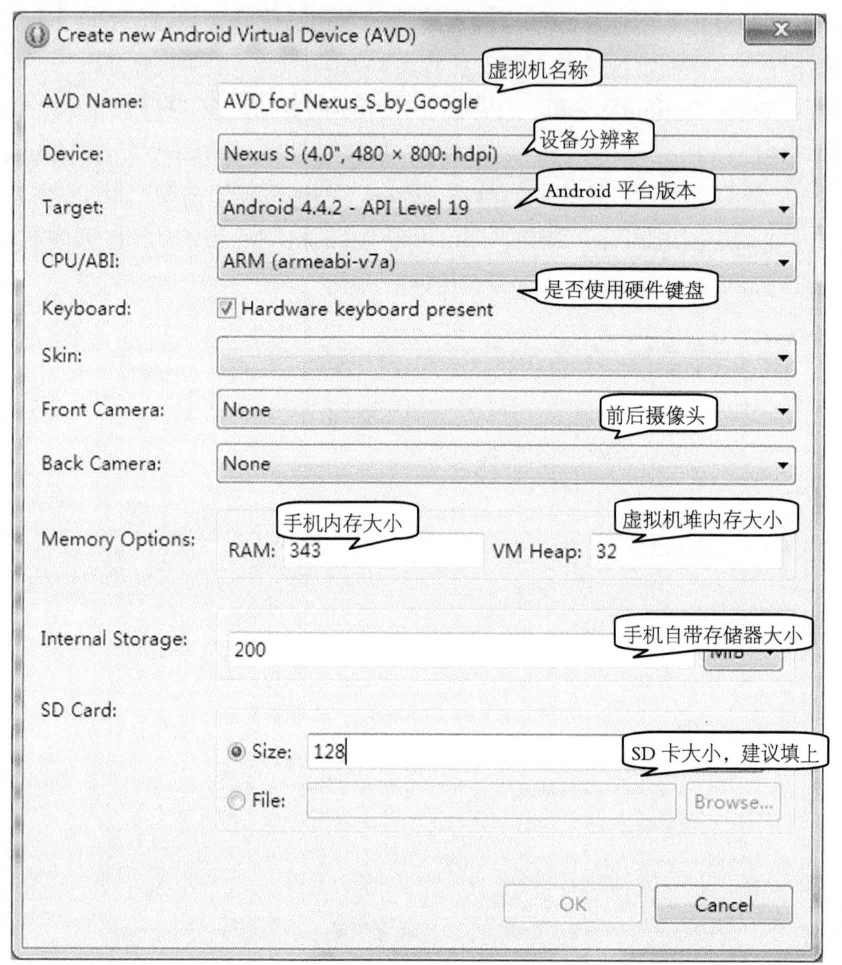

图 1-8　新建 AVD 设备及配置

③ 启动 AVD。选择左侧“Android Virtual Devices”的选项卡，看到列表中出现了刚才创建的 AVD，若要修改 AVD 的参数可单击“Edit”按钮，若要删除当前 AVD 可单击“Delete”。选中 AVD，单击“Start”按钮，弹出图 1-9 所示的选项窗口，单击“Launch”按钮启动 AVD，将弹出图 1-10 所示的启动窗口。若启动过程中没有出现错误，会弹出 AVD 并开机，稍候片刻即可。虚拟设备启动后如图 1-11 所示。

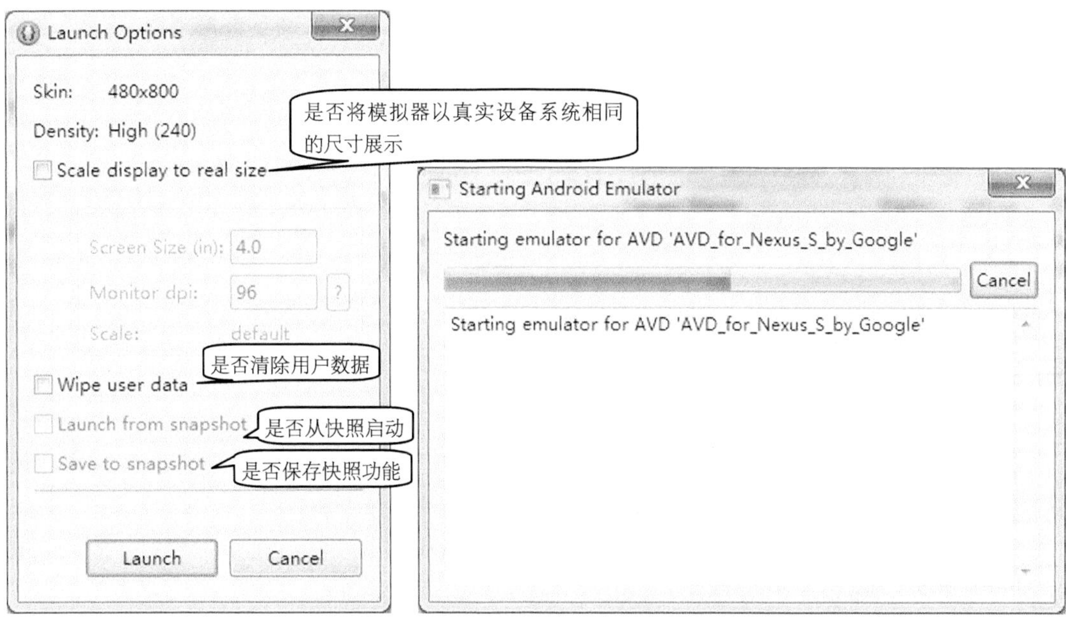

图 1-9 启动选项

图 1-10 正在启动模拟器

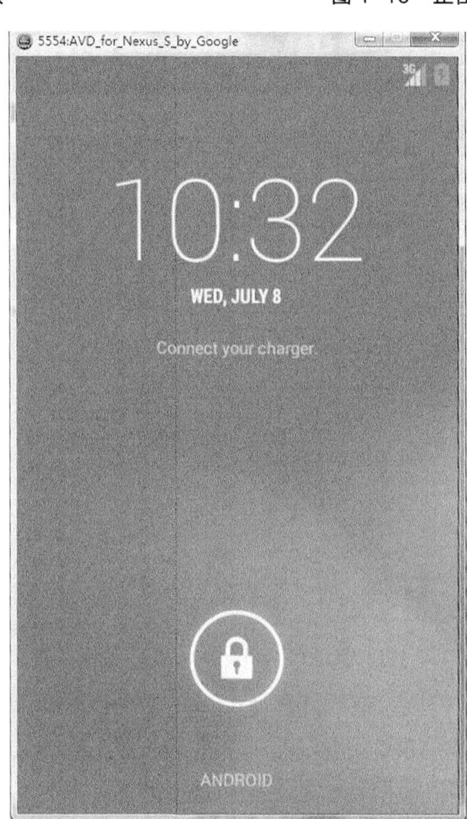

图 1-11 虚拟设备启动完毕

至此，AVD 启动成功，可开始使用该 AVD 来进行一些操作，熟悉环境。按 Home 键可回到主界面，按 ESC 键可返回上一层。

课堂练习

根据真机的操作经验，启动 AVD 进行一些常用功能的测试。

1. 打电话给号码 12345。
2. 发短信给 12345。
3. 设置语言为简体中文。
4. 启动自带浏览器浏览网页。

相关链接及参考

1. 因网络限制，配置 Android 环境从官网下载一些文件时会遇到一些麻烦，关于国内镜像站设置及安装包的下载和配置，详见：http://www.androiddevtools.cn/。

2. 除了 Eclipse，常用的 Android 开发的工具还包括 Android Studio。Android Studio 是 Google 最新发布的官方 Android 开发环境，有兴趣的读者可参阅相关资料。

任务二　Android 程序结构分析

任务分析

我们将从 Eclipse 中创建一个简单的 Android 应用程序项目——HelloAndroid 开始，完成以下任务。

（1）掌握使用 Eclipse 创建一个 Android 项目的过程。

（2）修改这个 Android 项目外观与布局。

（3）了解 Android 项目的基本程序结构。

知识准备

一、Android 的平台架构

Android 的系统架构采用了分层架构的思想，如图 1-12 所示。从上层到底层共包括四层，分别是应用程序、应用程序框架、核心库和 Android 运行时、Linux 内核。

Android 的分层系统架构，层次分明，协同工作。如果从事 Android 应用程序开发及测试，则与 Android 的应用框架层和应用程序层打交道最多；如果从事 Android 系统开发，则应该研究 Android 的系统库和 Android 运行时；如果从事 Android 驱动开发，则重点在 Android 的 Linux 内核。

图 1-12 Android 的系统架构

下面对每层的功能做简要介绍。

（一）应用程序

Android 会同一系列核心应用程序包一起发布，这些应用程序包括 E-mail 客户端、SMS 短消息程序、日历、地图、浏览器、联系人管理程序等。所有的应用程序都是使用 JAVA 语言编写的。这些应用程序都可以被开发人员开发的其他应用程序所替换，这点不同于其他手机操作系统固化在系统内部的系统软件，更加灵活和个性化。

每一个应用程序由一个或者多个活动（Activity）组成。简单地说，活动类似于操作系统上的进程的概念，与进程类似的是，活动可以在多种状态之间进行切换，但活动比操作系统的进程还要更为灵活。

（二）应用程序框架

该层是 Android 应用开发的基础。应用程序框架层包括活动（Activity）管理器、窗口管理器、内容提供者、视图（View）系统、包管理器、电话管理器、资源管理器、定位管理器、消息管理器等部分。在 Android 平台上，开发人员可以完全访问核心应用程序所使用的 API 框架。并且，任何一个应用程序都可以发布自身的功能模块，而其他应用程序则可以使用这些已发布的功能模块（只要遵循框架的安全性限制）。应用程序的架构设计简化了组件的重用，有助于程序员快速的开发程序，并且该应用程序重用机制也使用户可以方便地替换程序组件。

（三）核心库和 Android 运行时

Android 包括一个被 Android 系统中各种不同组件所使用的核心库。该库通过 Android 应用程序框架为开发者提供服务。核心库包括 9 个子系统，分别是图层管理、媒体库、SQLite、OpenGLEState、FreeType、WebKit、SGL、SSL 和 libc 等，兼容了大多数应用程序所需要调用的功能函数。

Android 运行时是一种基于寄存器的 Java 虚拟机。Dalvik 虚拟机主要是完成对生命周期的管理、堆栈的管理、线程的管理、安全和异常的管理及垃圾回收等重要功能。每一个 Android 应用程序都在它自己的进程中运行，都拥有一个独立的 Dalvik 虚拟机实例。Dalvik 虚拟机是基于寄存器的，所有的类都是经由 Java 汇编器编译，然后通过 SDK 中的 DX 工具转化成.dex 格式由虚拟机执行，.dex 文件还做了一些内存优化。Dalvik 虚拟机依赖于 Linux 的一些功能，比如线程机制和底层内存管理机制。

（四）Linux 内核

Android 的核心系统服务依赖于 Linux 内核，如安全性、内存管理、进程管理、网络协议栈和驱动模型。Linux 内核也同时作为硬件和软件栈之间的硬件抽象层。

二、Android 的优势

首先，Android 系统的开放性允许任何移动终端厂商和开发者的加入，大大丰富了软件资源，也积累了广大的用户；其次，由于平台的开放性和数据与软件的极大兼容，硬件的选择更丰富，出现了多种个性化的产品，如互联网电视、智能手表等；再次，Android 平台提供给第三方开发商一个十分宽泛、自由的环境，各种新颖别致的软件应运而生，而融合多种 Google 应用和服务也为用户提供了更好的体验。

在 Android 系统底层方面，Android 使用 C/C++作为开发语言。

在 Android 应用程序开发方面，大多使用 Java 作为编程语言，也可以通过 NDK 使用 C/C++作为编程语言来开发应用程序，还可使用 SL4A 来使用其他各种脚本语言进行编程（如：python，lua，tcl，php 等），还有其他诸如：Qt（qt for android）、Mono（mono for android）等一些著名编程框架也开始支持 Android 编程，甚至通过 MonoDroid，开发者还可以使用 C#作为编程语言来开发应用程序。另外，谷歌还在 2009 年特别发布了针对初学者的 Android Simple 语言，该语言类似 Basic 语言。而在网页编程语言方面，JavaScript、Ajax、HTML5、jQuery、sencha、Dojo、Mobl、PhoneGap 等都已经支持 Android 开发。近年来，还出现了一些更便于初学者开发应用的软件，如 Google App Inventor 等。这些开发方式抛弃了复杂的程式代码，只需要简单的拼装程序即可生成一个 Android 应用，大大降低了应用程序开发的门槛。

任务实施

一、开发最简单的 Android 应用

（1）启动 Eclipse，打开“File/New/Project”菜单，或直接在窗口左侧的 Package Explorer 空白处单击鼠标右键，选择“New/Android Application Project”，如图 1-13 所示。

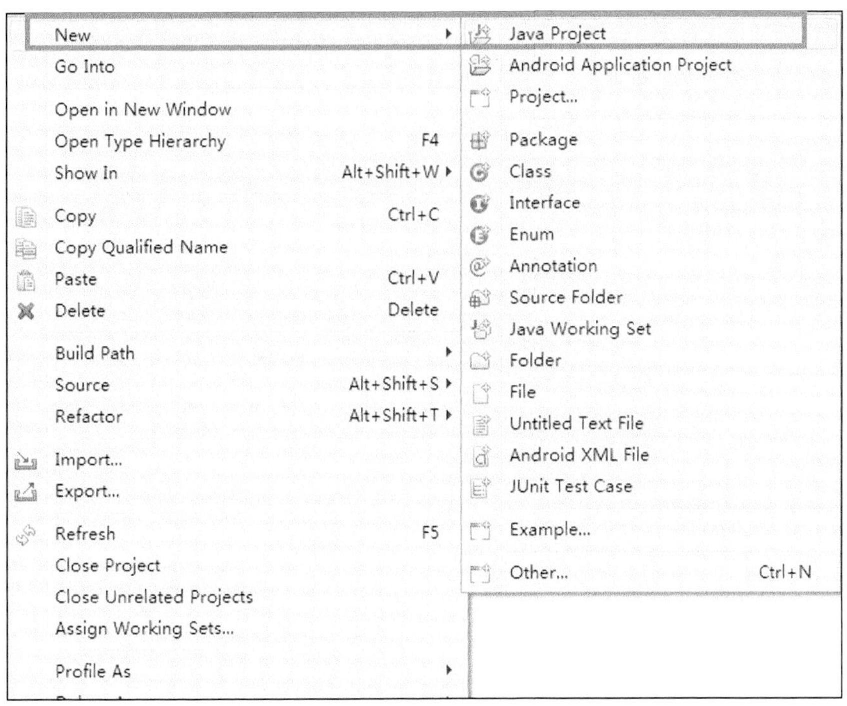

图 1-13 新建 Android 应用项目

（2）弹出图 1-14 所示窗口。依次输入 Android 应用的程序名、项目名、包名，并选择 Android 应用针对的 Android 版本。设置完毕后单击“Next”按钮。

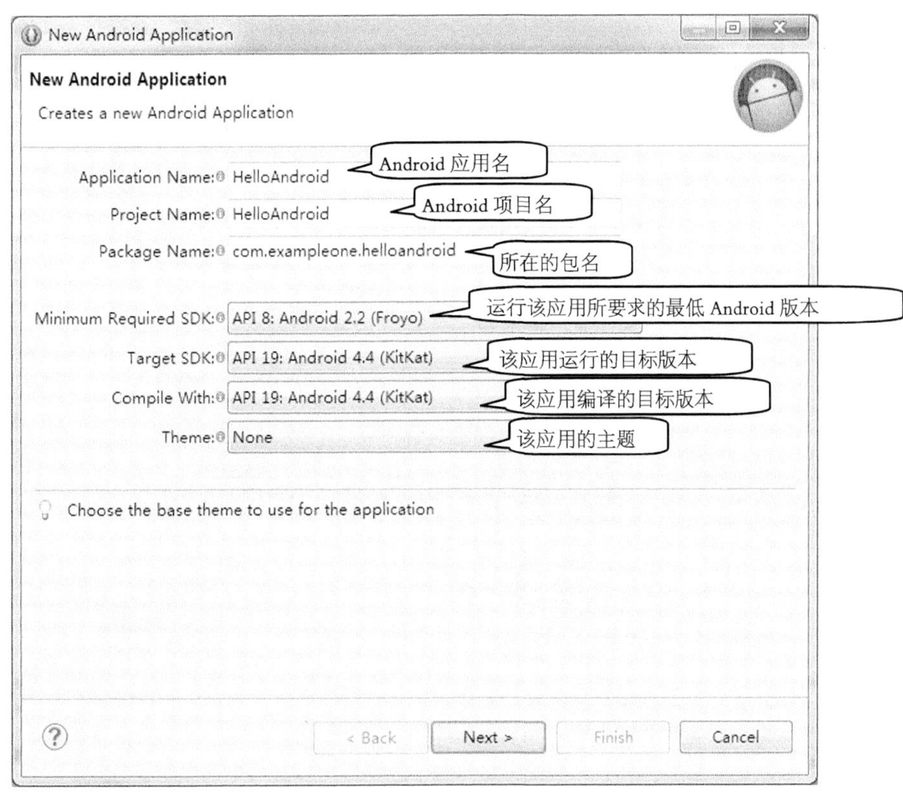

图 1-14 创建 Android 项目

（3）配置项目。打开图 1–15 所示窗口，填写这个 Android 项目的配置信息。在这里我们选择“Create custom launcher icon”（创建应用启动的图标）和“Create activity”（创建活动）这两个选项。设置完毕后单击“Next”按钮。

图 1–15　配置项目

（4）设置自定义图标。打开图 1–16 所示窗口，可设置应用的自定义图标，保留默认设置即可。设置完毕后单击“Next”按钮。

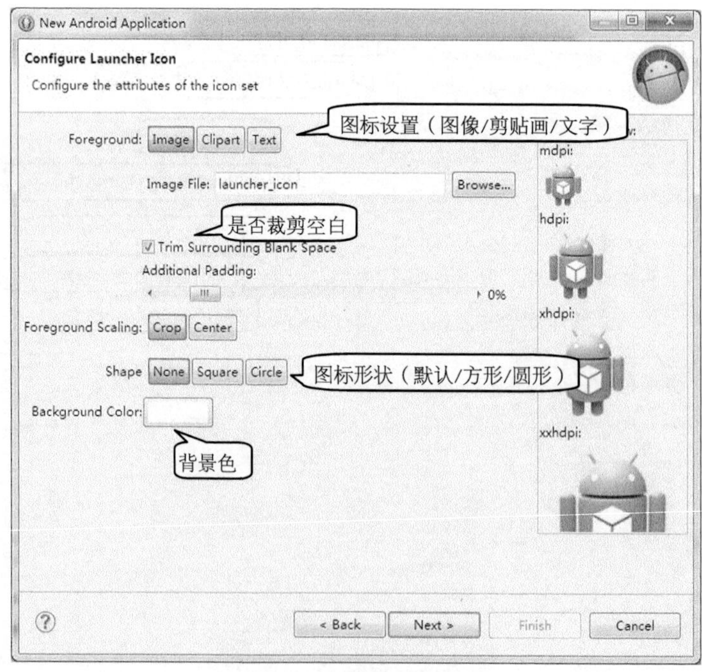

图 1–16　设置自定义图标

（5）设置活动视图。打开图 1-17 所示窗口，选择创建的活动的视图形式。保留默认设置即可。设置完毕后单击“Next”按钮。

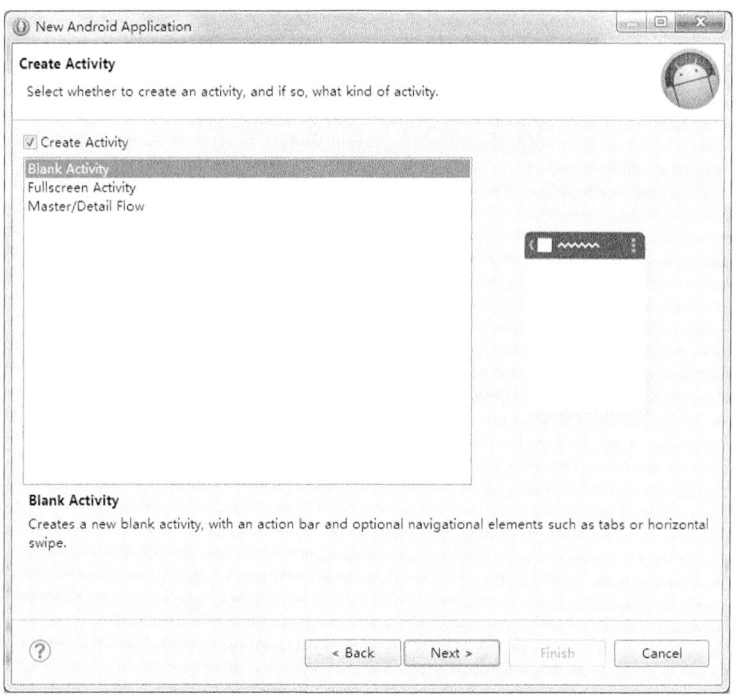

图 1-17　设置活动视图

（6）设置活动信息。打开图 1-18 所示窗口，设置活动的布局、外观等信息。保留默认设置即可。设置完毕后单击“Finish”按钮，完成本项目的设置。

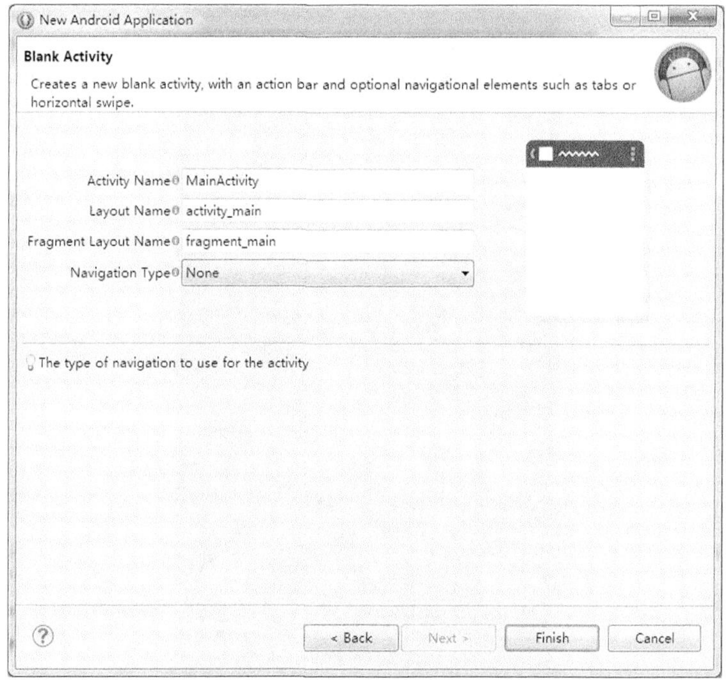

图 1-18　设置活动信息

（7）运行应用。在左侧的项目视图处单击鼠标右键，选择“Run As/Android Application”运行该应用。稍候片刻，即可在已连接的虚拟设备上看到这个应用当前的运行效果，如图 1-19 所示。

图 1-19　HelloAndroid 运行效果

（8）按 ESC 键退出应用，可在应用列表处找到已安装的 HelloAndroid 应用的图标，如图 1-20 中方框所示。

图 1-20　应用列表

（9）编辑应用布局。在 Eclipse 的工作区里，打开了 fragment_mail.xml 文件，可进行可视化布局编辑。可尝试把其他控件拖到视图里，如拖进一个按钮（Form Widgets 的 Button 控件）。把按钮拖移到适当位置，单击鼠标右键选择“Edit Text…”弹出图 1-21 所示窗口，在第二个输入框输入“Click here!”，再单击“OK”按钮。再次运行，效果如图 1-22 所示。

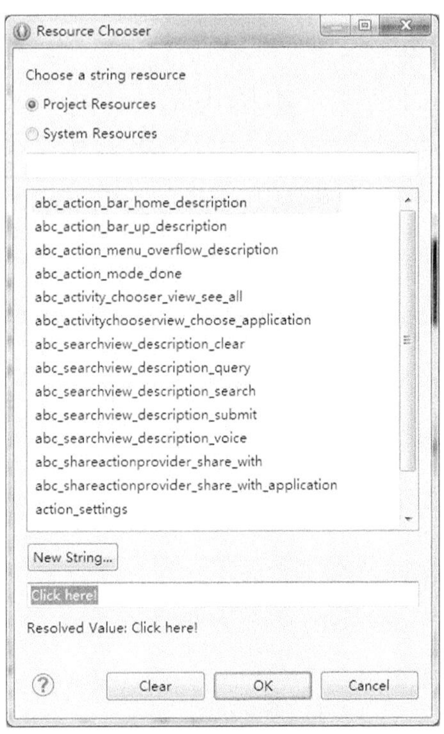

图 1-21　修改按钮文本

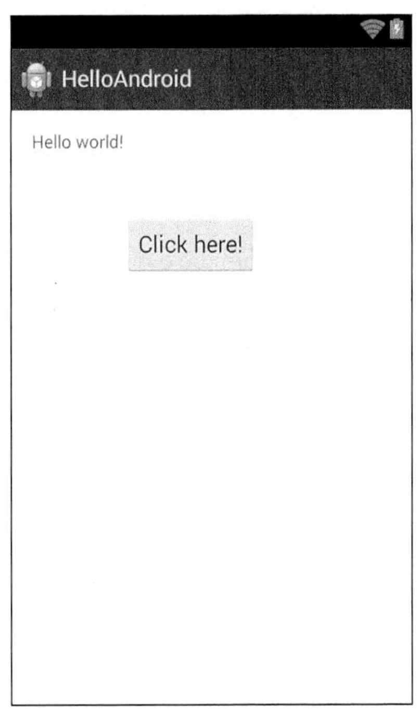

图 1-22　应用运行效果

（10）修改布局元素。在布局界面中可拖动控件放置到合适的位置。如果要修改控件 ID，可选中控件在右键菜单中选中“Edit ID”。如果要删除控件，可选中控件后按 Delete 键删除。

二、Android 应用程序结构分析

项目 HelloAndroid 创建完成后，可在左侧 Package Explorer 中看到该项目的文件结构如图 1-23 所示。下面简要介绍 Android 应用项目的构成。

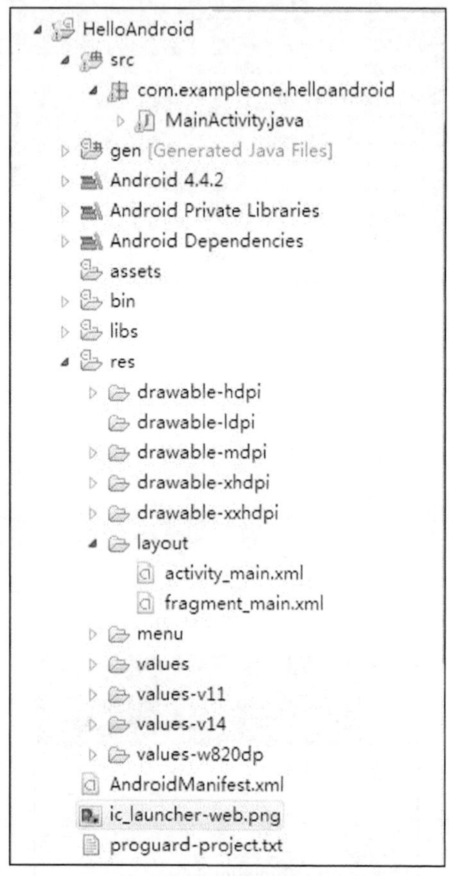

图 1-23　HelloAndroid 项目文件结构

（1）布局文件 fragment_main.xml。该文件在 layout 目录下，既可用图形化布局（Graphical layout）即可视化的方式查看，也可查看其 xml 源代码。

该文件当前代码如下：

```
<RelativeLayout xmlns:android="http://schemas. android. com/apk/res/android"
    xmlns:tools="http://schemas.android.com/tools"
    android:layout_width="match_parent"
    android:layout_height="match_parent"
    android:paddingBottom="@dimen/activity_vertical_margin"
    android:paddingLeft="@dimen/activity_horizontal_margin"
    android:paddingRight="@dimen/activity_horizontal_margin"
```

```
    android:paddingTop="@dimen/activity_vertical_margin"
    tools:context="com.exampleone. helloandroid. MainActivity$PlaceholderFragment" >

    <TextView
        android:id="@+id/textView1"
        android:layout_width="wrap_content"
        android:layout_height="wrap_content"
        android:text="@string/hello_world" />

    <Button
        android:id="@+id/button1"
        android:layout_width="wrap_content"
        android:layout_height="wrap_content"
        android:layout_below="@+id/textView1"
        android:layout_marginTop="47dp"
        android:layout_toRightOf="@+id/textView1"
        android:text="Click here!" />

</RelativeLayout>
```

文件第 1 行的“RelativeLayout”表示该文件是布局的形式，是相对布局，当前该界面包含两个控件：TextView（文本）和 Button（按钮）。每个布局元素有一些共同的属性，例如："android:id”描述了控件在程序中的唯一标识，要访问这个控件可在代码中通过 findViewById 的方法实现；“android:layout_width”和“android:layout_height”描述了控件的宽度和高度，“wrap_content”表示控件的大小由其内容决定，能包裹其内容即可，如果是“match_parent”（如代码第 3 行）则表示控件的大小与其父容器相同；“android:text”表示控件里的文本内容。控件还可能有其他设置外观的属性，如 padding、magin 等，大体上，这些布局相关的属性基本可以做到“见名知义”。

Android 应用程序把布局放在 xml 里面，内容及控制放在其他文件里，实现了布局和内容的分离，以便于程序的更加易读，也更容易维护。

（2）src 文件夹及项目 Java 源文件。src 文件夹里存放的是项目的 Java 源文件，打开 src 下的 MainActivity.java 文件，查看该文件，文件的代码片段如下：

```
public class MainActivity extends ActionBarActivity {
    @Override
    protected void onCreate(Bundle savedInstanceState) {
        super.onCreate(savedInstanceState);
        setContentView(R.layout.activity_main);
……//以下略
```

```
        }
        @Override
        public boolean onCreateOptionsMenu(Menu menu) {
            // 初始化菜单并把菜单项添加进去    getMenuInflater(). inflate(R.menu.
main, menu);
            return true;
        }
        @Override
        public boolean onOptionsItemSelected(MenuItem item) {
            // 响应单击等事件
            ……//以下略
        }
        public static class PlaceholderFragment extends Fragment {
            public PlaceholderFragment() {
            }
            @Override
            public View onCreateView(LayoutInflater inflater, ViewGroup container,
                    Bundle savedInstanceState) {// 生成视图
                View rootView = inflater.inflate(R.layout.fragment_main, container,false);
                return rootView;
            }
        }
    }
```

其中，onCreate(Bundle)函数一般用于初始化活动（Activity），比如完成一些图形的绘制。通常用布局资源（layout resource）调用 setContentView(int)方法定义 UI，用 findViewById(int)在 UI 中检索需要交互的小部件（widgets）。

（3）gen 文件夹存放 ADT 自动生成的一些 JAVA 文件。不要修改里面的文件，避免程序不能运行。

（4）assets 文件夹用于存放程序中所需要的媒体资源文件，如图片、音频、视频等。

（5）bin 文件夹用于存放编译过后的文件。例如打包后的.apk 文件等。

（6）libs 文件夹存放第三方的 jar 文件，即引用的第三方的代码。

（7）res 文件夹存放程序中所有的资源文件。每个生成的文件都有唯一的 ID 标注。

res 文件夹中的 drawable–ldpi 等 4 个子文件分别存放低、中、高、超高等 4 种不同分辨率的图片。layout 子文件夹下存放的是布局相关的 xml 文件，例如前面提到的 fragment_main.xml。menu 子文件夹下存放设置菜单及相关的文件。values 子文件夹下存放字符串及基本样式等各种 xml 资源文件。

（8）项目根目录下的 AndroidManifest.xml 文件是项目的系统文件清单。Activity、Service、ContentProvider、BroadcastReceiver 四大组件都要在此配置。

该文件当前代码如下：

```
<?xml version="1.0" encoding="utf-8"?>
<manifest xmlns:android="http://schemas.android.com/apk/res/android"
    package="com.exampleone.helloandroid"
    android:versionCode="1"
    android:versionName="1.0" >
    <uses-sdk
        android:minSdkVersion="8"
        android:targetSdkVersion="19" />
    <application
        android:allowBackup="true"
        android:icon="@drawable/ic_launcher"
        android:label="@string/app_name"
        android:theme="@style/AppTheme" >
        <activity
            android:name="com.exampleone.helloandroid.MainActivity"
            android:label="@string/app_name" >
            <intent-filter>
                <action android:name="android.intent.action.MAIN" />
                <category android:name="android.intent.category.LAUNCHER" />
            </intent-filter>
        </activity>
    </application>
</manifest>
```

文件中“android:minSdkVersion”指明了运行该应用所要求的最低 Android 版本，“android:targetSdkVersion”指明了该应用运行的目标版本。<application>标签内定义了应用的一些外观设置，如应用的图标（icon）、应用的标题（label）、应用的主题（theme）等。<activity>则指定了应用启动时的主活动（Activity）及相关的设置。

任务拓展

经过上述修改后，可看到 HelloAndroid 项目有一个 Warning（警告）信息：

```
Hardcoded string "Button", should use @string resource fragment_main.xml
```

切换到 fragment_main.xml 的代码视图，可以看到在这个按钮的设置：

```
android:text="Click here!"
```

按钮文本采用了常量来设置，对于代码维护存在以下不利的影响：

（1）字符串设置夹杂在布局文件中，影响代码可读性；

（2）假如程序中存在多个这样的按钮，那么对每个按钮都要设置一模一样的字符串（大小写、空格都要注意），否则会造成不美观、不统一，如果要修改按钮的内容，则要对程序中所有的按钮逐一修改，增加了维护的难度。

因此，我们可通过字符串定义的方式，尝试排除这个 Warning，并借此对 Android 应用程序中资源的引用方式稍做了解。

一、引用字符串资源

（1）选择按钮“Click here!”，单击鼠标右键，选择“Edit Text...”弹出图 1-24 所示的对话框。

图 1-24　修改按钮文本对话框

（2）单击图 1-24 的“New String...”按钮，弹出对话框如图 1-25 所示。填写“String”和“New R.string”，并同时选中下面两个选项，单击“OK”按钮确定修改。

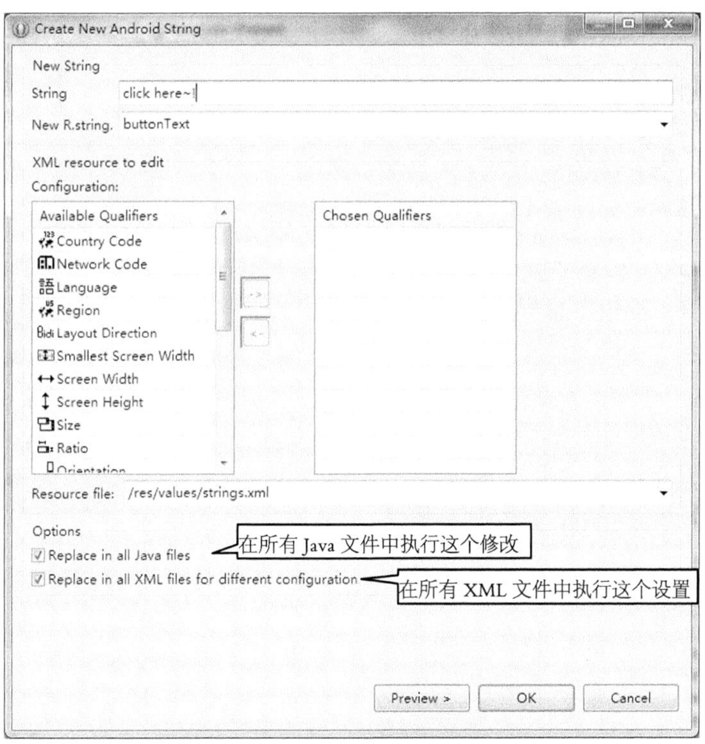

图 1-25　建立新的字符串变量

（3）确认选中新建的 buttonText 变量，文本被修改为“@string/buttonText”，如图 1-26 所示。单击“OK”按钮确认修改。

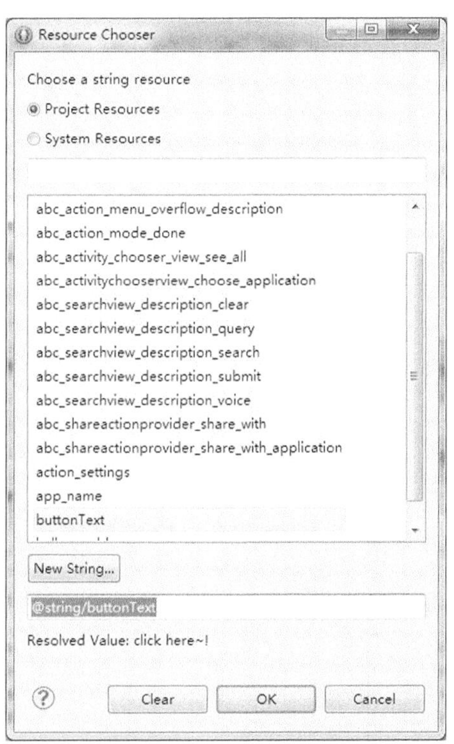

图 1-26　确认文本修改

（4）此时按钮的文本已被修改为“click here~!”，对应的 XML 代码被修改为

```
android:text="@string/buttonText"
```

在 XML 文件中要引用指定资源，格式为

```
@<资源类型>/<资源的名称>
```

其中，资源的类型可以是内部类的类名（如字符串 string），也可以是标识符（id）。因此 XML 文件中的 android:text="@string/buttonText"即按钮文本设置为一个 string 类型的变量，变量名为 buttonText，android:id="@+id/button1"表示这个资源的 id 是 button1。

（5）修改按钮文本的字符串变量。如何找到前面定义的 buttonText 变量并做出修改呢？buttonText 是 string 类型的，因此在专门用于存放程序各种资源的 res 文件夹下，values 子目录用于存放各种文本、样式的设置，打开 strings.xml 文件。字符串 buttonText 设置的代码为

```
<string name="buttonText">click here~!</string>
```

两个 string 标签之间的内容即为该字符串当前的值。修改为“Click here!”，并保存，切换回之前的布局视图，可发现按钮文本也发生了改变。如果无法自动刷新，可手动刷新一下，如关闭后再重新打开。

课堂练习

新建另一个按钮，设置其文本同为字符串变量 buttonText。

二、修改 Android 程序标题

在文件 AndroidManifest.xml 中，有关于当前应用程序的标题设置的代码：

```
android:label="@string/app_name"
```

根据前面的分析，应用的标题由 string 变量 app_name 设置。

在文件 strings.xml 中，找到关于 string 变量 app_name 的定义，修改为

```
<string name="app_name">HelloAndroid:my first android app</string>
```

重新运行应用，或刷新 fragment_main.xml 文件，应用的标题修改结果如图 1-27 所示。

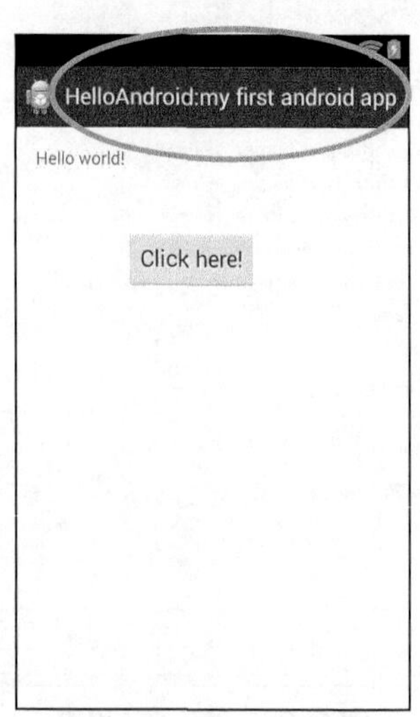

图 1-27　修改应用标题

任务三　Android 程序发布与签名

任务分析

Android 应用程序项目在发布时需要打包成 apk 文件，而每个发布的 apk 文件都要进行唯一签名。本任务通过对 Android 应用程序进行打包发布及签名，了解 Android 签名的机制。

知识准备

在 Android 系统中，所有安装到系统的应用程序都必有一个数字证书。Android 使用 Java 的数字证书相关的机制来给应用程序加盖数字证书，数字证书的私钥则保存在程序开发者的手中。Android 将数字证书用来标识应用程序的作者和在应用程序之间存在的信任关系。这个数字证书并不需要权威的数字证书签名机构认证，它只是用来让应用程序包进行自我认证。

Android 的签名有两种，debug 签名和 release（即正式发布的）签名。通过 Eclipse 上的"运行"按钮直接在手机或者模拟器上启动程序，采用的是系统自动生成的 debug 签名，在每次编译程序时开发根据都会使用调试用的数字证书给程序签名。这个签名没有多大的实际意义，仅供程序调试或测试使用。只有 debug 签名的应用是不能在 Android Market 上架销售的。

而正式发布的签名不仅可以起到防止交易抵赖的作用，还可以防止其他人混淆替换已经安装的程序，以保证签名不同的包不被替换，还利于应用的模块化开发部署和程序间数据共享。

数字证书都是有有效期的，但 Android 只是在应用程序安装的时候才会检查证书的有效期。如果程序已经安装在系统中，即使证书过期也不会影响程序的正常功能。

任务实施

一、Android 应用程序的发布和签名（release 模式）

（1）程序开发完毕后，打开"File"菜单，选择"Export"发布应用，如图 1-28 所示。

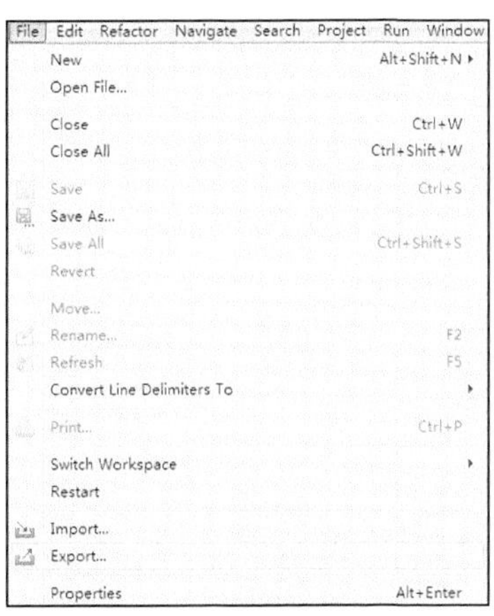

图 1-28　发布应用程序

（2）选择发布的目标为 Android 应用，如图 1-29 所示。

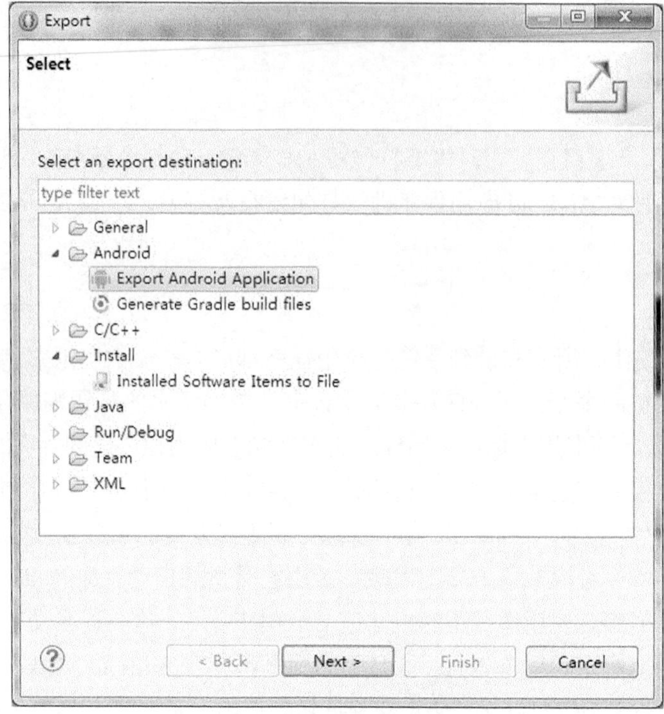

图 1-29　发布类型选择

（3）选择要发布的项目并单击确定，若项目没有错误，即可继续，如图 1-30 所示，单击“Next”。

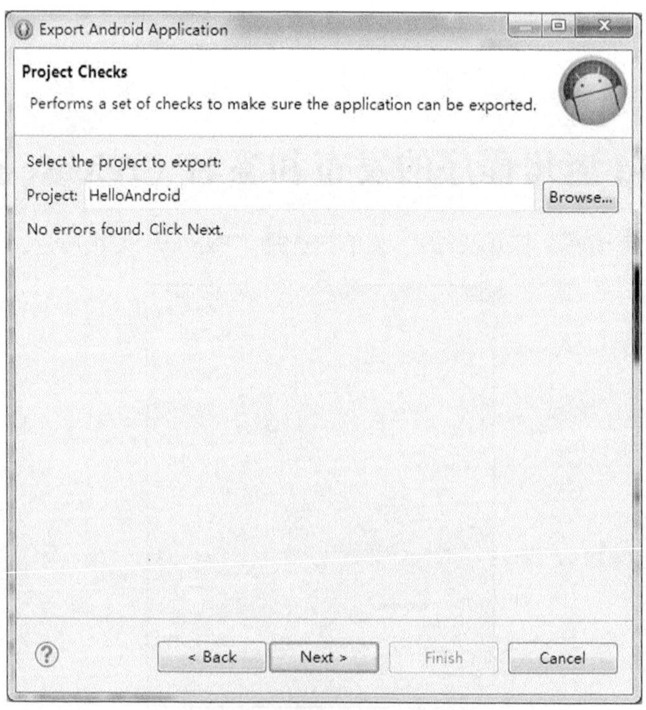

图 1-30　选择要发布的项目

（4）如果已有签名文件，可选择“Use existing keystore”（使用已有签名）；如果还没有，选择“Create new keystore”（创建新签名），选择存放签名文件的位置，输入密码并确认，如图 1-31 所示。单击“Next”。

图 1-31　创建签名

（5）输入签名信息。必填项包括别名（Alias）、密码及确认密码、有效时间（Validity）。有效时间的单位是年，要求输入 1 到 1000 单位以内的数字，推荐是 25 年。需要充分预计数字证书的有效期，数字证书的有效期要包含程序的预计生命周期，一旦数字证书失效，持有改数字证书的程序将不能正常升级。第二部分是选填项，但要求至少填写一项，如图 1-32 所示。填写完毕后单击“Next”。

图 1-32　填写签名信息

（6）选择生成的 apk 文件存放的地址，如图 1-33 所示。填写完毕后单击 Finish，稍候片刻即可完成项目发布。

图 1-33　选择发布的 apk 保存的位置

二、debug 签名设置

在程序调试或测试时，Eclipse 会自动使用其 debug 的签名。打开“Window”菜单，选择“Preferences”窗口，选择“Android”下的“Build”即可看到当前 debug 签名的保存位置，如图 1-34 所示。其中，“Default debug keystore”是 IDE 默认的 debug keystore 保存位置。而“Custom debug keystore”则为用户设置的 debug keystore 保存位置，若要设置 debug keystore 为自定义的位置，则修改该项。若要用回 IDE 默认的位置，单击“Restore Defaults”即可。

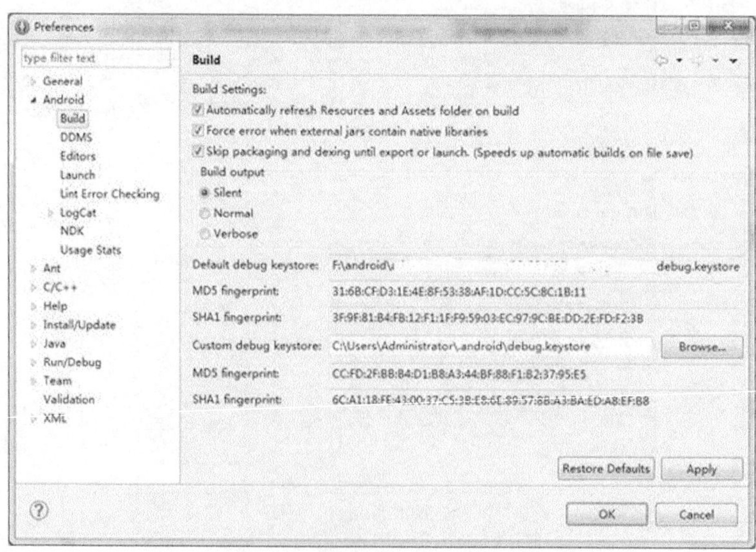

图 1-34　debug keystore 保存位置

任务拓展

Android 基本组件介绍

Android 应用程序由一些组件组成，通过一个工程 manifest 绑定在一起。在 manifest 中，描述了每一个组件及其作用。

Android 中的组件类型简要介绍如下。

1. Activities（活动）

应用程序的显示层。在应用程序中，一个 Activity 通常就是一个单独的屏幕，它上面可以显示一些控件也可以监听并处理用户的事件并作出响应。

2. Services（服务）

Service 组件运行时不可见，但它负责更新的数据源和可见的 Activity，以及触发通知。一个 Service 是一段长生命周期的，没有用户界面的程序，常用来实现一些需要持续运行的处理，如监控类程序。

3. Content Provider（内容提供器）

Content Provider 用来管理和共享应用程序的数据库。在应用程序间，Content Provider 是共享数据的首选方式。可以配置自己的 Content Provider 去存取其他的应用程序或者通过其他应用程序暴露的 Content Provider 去存取它们的数据。

4. Intents（意图）

Intents 是一个简单的消息传递框架。使用 Intent，可以在整个系统内广播消息或者给特定的 Activity 或者服务来执行指定的行为意图。Activity 之间通过 Intent 进行通信。

5. Broadcast Receivers（广播接收器）

Intent 广播的“消费者”。通过创建和注册一个 Broadcast Receiver，应用程序可以监听符合特定条件的广播的 Intent。Broadcast Receiver 会自动启动应用程序去响应新来的 Intent。Broadcast Receiver 是实现事件驱动程序的理想手段。

6. Notifications（通知）

用户通知的框架。Notification 用来在不需要焦点或不中断当前 Activity 的情况下提示用户，是 Service 或 Broadcast Receiver 获得用户注意的首选方式。例如，当设备收到文本信息或外部来电时，它通过闪光，发声，显示图标或显示对话框信息来提醒你。

图 1-35 描述了线程与 Android 组件之间的关系。

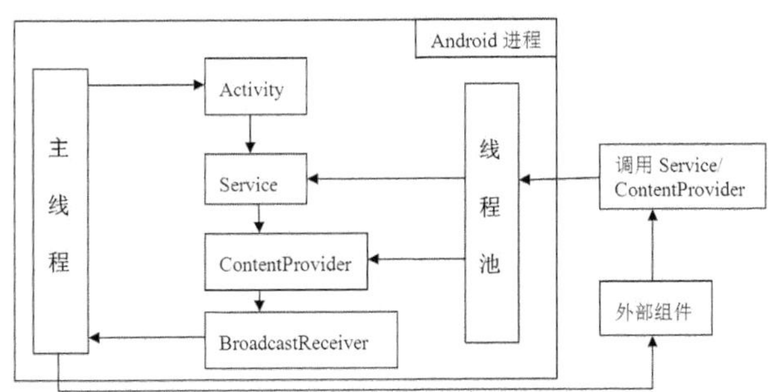

图 1-35 Android 组件和线程框架

实训项目

一、实训目的与要求

创建一个简单的 Android 项目，能使用可视化界面进行增删控件、修改控件 ID 及文本等属性，并使用自定义 keystore 打包发布该项目。

二、实训内容

创建一个 Android 应用，实现图 1-36 所示的程序视图。创建个人自定义 keystore 并使用这个 keystore 将项目发布为带数字签名的 apk 文件。

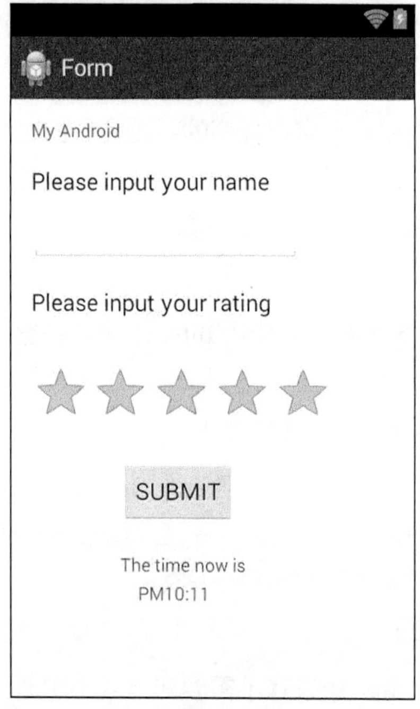

图 1-36　要实现的应用界面

提示

提示文字使用的控件为“Medium Text”，时间的显示使用了“DigitalClock”（数字时钟）控件。可按前面介绍的方法，修改应用标签和其他控件属性。

本章小结

在本章中我们主要学习了Android应用的运行环境的配置，并对Android做了初步的认识，如程序的主要结构、Android的平台架构和组件等，为后面测试工作的开展做好准备。

习题

一、问答题

1. Android 的平台架构是怎样的？
2. Android 包含哪些基本组件？
3. Android 应用有哪两种签名形式？每种签名分别使用在什么场合？
4. 若 fragment.xml 文件中出现了以下代码，请作简要解释。若要修改控件文本，要修改哪个文件中的哪些部分？

```
<TextView
    android:id="@+id/textView1"
    android:layout_width="wrap_content"
    android:layout_height="wrap_content"
    android:text="@string/hello_world" />
```

二、实验题

1. 创建一个新的 AVD，并尝试启动这个 AVD。
2. 创建 Android 应用程序，界面设计为一个调查表单，并使用自己的签名发布此应用。

PART 2 项目二 Android 应用基本功能测试

项目导引

在对 Android 的运行环境、程序结构有了初步认识后，我们开始对 Android 应用程序进行一些简单的手工功能测试任务。在此项目中，我们将先介绍一些关于软件测试的基本概念，并使用 Android 系统自带的 DDMS 和 adb 来辅助手工测试的开展。

学习目标

☑ 了解软件测试的基本概念
☑ 掌握测试用例的编写
☑ 了解 Android 应用功能测试的类型和要点
☑ 了解 DDMS 的主要功能
☑ 能使用 DDMS 对 Android 应用进行手工测试
☑ 了解 adb 的简单使用
☑ 能使用 adb 对程序进行安装、卸载等操作
☑ 能对指定 Android 应用组织手工功能测试

任务一　使用 DDMS 测试收发短信功能

任务分析

本任务主要对 Android 自带短信收发程序进行基本功能测试，测试过程中的一些环节需要结合 DDMS 的使用来实现，并借此过程认识软件测试的一些基本概念。

要求理解以下概念。

（1）软件测试与测试用例；

（2）软件测试的阶段与类型。

要求实现以下测试。

（1）发送/接收短信的功能及相关界面显示测试；

（2）操作时的打断测试。

知识准备

一、软件测试基本概念

软件测试主要的目的是检验软件是否满足规定的需求，发现软件中的缺陷，进而评估系统风险。软件测试贯穿于整个软件生命周期，是保证软件质量的重要手段。

软件测试的概念往往与调试的概念混淆，事实上两者的概念与范畴都有较大区别，主要体现在以下几点。

（1）软件测试主要目的是找出软件已经存在的错误，其对象可能是软件生命周期中产生的所有文档（包括代码、说明书等）；而程序调试是定位错误、修改程序以修正错误的过程，其对象只包括代码本身。

（2）软件测试的执行者可能是开发员，也可能是测试员甚至是用户，而调试只能由开发员完成。

（3）软件测试贯穿于整个软件生命周期，而调试只属于软件开发阶段的一项工作。

在软件测试中如何发现缺陷？首先需要明确当前测试的需求，主要是在这次测试中要完成或达到哪些目标，然后把这些目标分解成一系列的测试要点，即测试项。每个测试项可能需要经过多方面的检验，这些检验的活动称之为测试用例。执行测试用例后得到的结果，综合过程中其他的记录，就可以得到最后的测试报告。

测试用例（Test Case）是为某个特殊目标而编制的一组测试输入、执行条件及预期结果，以便测试某个程序路径或核实是否满足某个特定需求，是测试执行的最小实体。概括地说，测试用例主要由以下 3 个部分组成。

测试用例=输入+输出+测试环境

其中，测试环境指的是测试开展时的软件、硬件环境搭建与其他可能影响测试的条件，可概括为“测试环境=硬件+软件+网络+历史数据”；输入不仅包括输入的数据，还包括测试中需要执行的操作步骤描述；输出包括系统显示、系统的环境变化等，要求与预期的结果与通过标准进行比对，从而判断测试是否通过。

表 2-1 是一个测试用例表的示例。每个机构、组织的测试用例撰写要求可能有所区别，但必须包括测试目标、测试环境、输入数据、测试步骤、预期结果、实际结果和用例执行信息等内容，还可能包含验收标准、脚本等内容。

表 2-1　测试用例示例

<table>
<tr><td colspan="2">项目名称</td><td colspan="5"></td></tr>
<tr><td colspan="2">模块名称</td><td colspan="5"></td></tr>
<tr><td colspan="2">测试类型</td><td colspan="2"></td><td>参考信息</td><td colspan="2"></td></tr>
<tr><td colspan="2">用例作者</td><td colspan="2"></td><td>设计日期</td><td colspan="2"></td></tr>
<tr><td colspan="2">测试人员</td><td colspan="2"></td><td>测试日期</td><td colspan="2"></td></tr>
<tr><td colspan="2">用例描述</td><td colspan="5"></td></tr>
<tr><td colspan="2">前置条件</td><td colspan="5"></td></tr>
<tr><td>编号</td><td>测试项</td><td>操作步骤</td><td>测试数据</td><td>预期结果</td><td>实际结果</td><td>结果比较说明</td></tr>
<tr><td></td><td></td><td></td><td></td><td></td><td></td><td></td></tr>
<tr><td></td><td></td><td></td><td></td><td></td><td></td><td></td></tr>
</table>

如何设计测试用例中的测试数据与输入？按测试时代码是否可见，可把测试区分为黑盒测试与白盒测试。黑盒测试主要检查软件功能是否符合需求定义，主要考虑软件的外部表现；而白盒测试则主要检查软件的代码逻辑结构。由于着眼点和目标的区别，黑盒测试与白盒测试在设计测试方面的思路有较大的区别。

黑盒测试设计测试用例主要有以下方法。

（1）等价类法。等价类法是一种非常常用的测试用例方法，它的主要实现思路是将程序所有可能的输入数据（有效的和无效的）划分成若干个等价类，然后从每个部分中选取具有代表性的数据作为测试用例，这样测试某等价类的代表值，就等效于对这个等价类中其他值的测试。测试用例由有效等价类（有意义、合理的输入）和无效等价类（无意义、非法的输入）的代表组成，从而保证测试用例具有完整性和代表性。

等价类的划分可依据数值区间、数值集合、限制条件等进行，常用的思路是先划分出若干大类，再在确认已划分的等价类中各元素在程序中的处理方式不同的情况下，进一步细分出更小的等价类。

测试数据覆盖的原则是：对于有效等价类，设计一个新的测试用例，使其能够尽量覆盖尚未覆盖的有效等价类，并重复这个步骤直到所有的有效等价类均被测试用例所覆盖；对于无效等价类，设计测试用例，每次仅覆盖一个尚未覆盖的无效等价类，即有多个输入的情况下，每次只允许一个非法值，以便于测试不通过时的缺陷识别与定位。

例如，某注册界面要求用户名长度为 4～10 位，只能含字母、数字及下划线，密码长度为 5～20 位任意字符串，则等价类划分及测试用例如表 2-2 和表 2-3 所示。

表 2-2　等价类划分表

输入项	有效等价类	无效等价类
用户名	① 长度为 4～10 位 只含字母、数字、下划线	③ 空；④ 长度为 1～3 位；⑤ 长度大于 10 位； ⑥ 含其他字符
密码	② 5～20 位任意字符串	⑦ 空；⑧ 长度为 1～5 位；⑨ 长度大于 20 位

表 2-3 测试用例覆盖

测试用例序号	用户名	密码	覆盖的等价类编号
1	abcd	12345	①②
2	空	12345	①②③
3	A	12345	①②④
4	12345678901	12345	①②⑤
5	abcd@	12345	①②⑥
6	abcd	空	①②⑦
7	abcd	1	①②⑧
8	abcd	111…11（21 个）	①②⑨

（2）边界值法。边界值法往往作为等价类法的补充，实践表明，大量的故障往往发生在输入定义域或输出值域的边界上，因此针对各种边界情况设计测试用例，通常会取得较好的测试效果。因此，在覆盖等价类时，往往倾向于选择边界值作为测试的数据。一般会选取“刚好在边界”和“刚好超过边界”的值。假如用户名的长度要求为 4～10 位，那么在覆盖对应测试用例时依次选择长度分别为 4 位、10 位（“刚好在”）及 3 位、11 位（“刚好超出”）的字符串。

（3）场景法。场景法往往用于检查软件的基本功能点及业务流程，一般先考虑最常用、正常的使用场景，并根据场景需要设计一系列测试满足场景的要求，然后再根据需求，分析一些错误处理或异常的流程。场景法是测试软件功能点和业务流程的重要方法。

（4）功能图法。功能图法有时也称为状态迁移法，设计测试的主要依据是软件的状态迁移和逻辑功能说明。对于一些业务流程并不明显的系统，可使用这种方法检测其主要功能点及状态转变过程。

（5）决策表与因果图法。决策表和因果图是分析和表达多逻辑条件下执行不同操作的工具，其优点在于能把复杂的问题按各种可能的情况一一列举出来，简明而易于理解，同时可以避免遗漏。这两种方法常用于检验一些输入的组合问题，特别是一些较复杂的输入条件组合及处理。

（6）正交试验法。正交试验法常用于配置项测试，其主要思路是在配置项组合较多的时候，选取其中的一些较“有代表性”的用例。现在有一些小工具可以辅助自动生成测试用例，如微软的 pict。

（7）错误推测法。错误推测法往往作为其他测试方法的补充，主要靠经验和直觉猜测程序中可能存在的各种软件错误，从而有针对性地编写检查这些错误的测试用例。基本思路是列出程序中所有可能出现的故障或容易发生故障的情况，然后根据它们开发测试用例。这种方法比较依赖测试者的经验和知识。

设计黑盒测试的一般思路是，先分析系统的主要业务逻辑或功能点，使用场景法测试系统的主要业务流程，必要时结合功能图法。然后对于某个具体环节的处理，特别是输入/输出的检查，使用等价类和边界值的方法设计测试。如果输入项较为复杂，则可能要使用决策表和因果图；如果输入项或配置项的组合较多，可能要使用正交试验法进行精简。最后，针对系统中可能出现的最常见的故障，补充基于错误推测法的测试用例。

而白盒测试从设计思路的角度分为逻辑覆盖和路径覆盖两个方向。逻辑覆盖主要的类型说明如表 2–4 所示。

表 2-4　逻辑覆盖类型

类型	定义	备注
语句覆盖	使得程序中每个语句至少都能被执行一次	一般要求 100%语句覆盖，否则表明程序中存在无法被执行的“死代码”
分支覆盖（判定覆盖）	使得程序中的每一个分支至少都通过一次	不需分解判定条件，满足分支覆盖必定满足语句覆盖
条件覆盖	使得判定中的每个条件获得各种可能的结果	需分解判定条件
判定/条件覆盖	使得分支中每个条件取到各种可能的值，并使每个分支取到各种可能的结果	需分解判定条件
条件组合覆盖	使得每个判定中条件各种可能组合都至少出现一次	需分解判定条件
修正条件判定覆盖	在一个程序中每一个判断和条件必须产生所有可能的输出结果至少一次，并且每一个判定中的每一个条件必须能够独立影响一个判定的输出	需分解判定条件

需要注意的是，达到完全的条件覆盖不一定达到判断覆盖，甚至不一定满足语句覆盖。例如对语句 IF(A AND B)THEN S，假如使 A 为真并使 B 为假，以及使 A 为假而且 B 为真，则这两组数据满足了条件覆盖，但却都未能使语句 S 得以执行。判定/条件覆盖则同时满足了条件覆盖与判定覆盖的双重标准。

路径覆盖主要是考虑覆盖所有可能的执行路径，但对于较复杂的程序，特别是包含循环结构的程序，这往往不能达到，因此一般采用简化了的路径覆盖标准，如循环结构只考虑执行和不执行两种情形。

二、认识 DDMS

DDMS 的全称是 Dalvik Debug Monitor Service，是 Android 开发环境中的 Dalvik 虚拟机调试监控服务，可提供的功能包括：为测试设备截屏，针对特定的进程查看正在运行的线程及堆信息、Logcat 信息显示、广播状态信息、模拟电话呼叫、接收 SMS、虚拟地理坐标等。

每一个 Android 应用都运行在一个 Dalvik 虚拟机实例里，而每一个虚拟机实例都是一个独立的进程空间。虚拟机的线程机制、内存分配和管理等都是依赖底层操作系统实现的。所有 Android 应用的线程都对应一个 Linux 线程，虚拟机因而可以更多的依赖操作系统的线程调度和管理机制。

DDMS 在 IDE 与设备或模拟器之间起着中间的角色。DDMS 将搭建起 IDE 与测试终端

（Emulator 或者 connected device）的链接，它们应用各自独立的端口调试器的信息，DDMS 可以实时监测到测试终端的连接情况。当有新的测试终端连接后，DDMS 将捕捉到终端的 ID，并通过 adb 建立调试器，从而实现发送指令到测试终端的目的。

单击 Eclipse 右上角的界面切换，选中“DDMS”，即可打开 DDMS。若没有这个选项，可在“Window”选项的“Perspective/Other...”中打开视图选项，选中 DDMS 并打开。

除了上述方法外，还可以运行 Android SDK 目录下的 tools 里的 ddms.bat 或 monitor.bat 打开 DDMS。

（一）进程分析

打开 DDMS 后，左侧的 Devices 界面如图 2-1 所示。在这个界面中可以查看到所有与 DDMS 连接的模拟器详细信息，以及每个模拟器正在运行的程序的进程信息（包名、进程端口等），每个进程最右边相对应的是与调试器链接的端口。

Name		
emulator-5554	Online	AVD_fo
system_process	381	8600
com.android.inputmethod.lat	516	8603
com.android.phone	529	8604
com.android.launcher	542	8605

图 2-1　Devices 界面

由图 2-1 可见，DDMS 监听第一个终端进程的端口为 8600（图中的 system_process），后面更多进程将按照这个顺序依次类推。

单击第一个图标，可进行进程调试。该选项可以在工作区打开选中进程对应的源项目文件，方便调试对应的程序及进程。

选中指定进程，单击按钮，可查看进程的内存信息。在右侧窗口打开“Heap”视图，单击“Cause GC”按钮开始进行垃圾回收，完成后可以看到一组对象类型和为每种类型已分配的内存，单击列表中的一个对象类型，可看到为选中对象进行内存分配的情况，如图 2-2 所示。

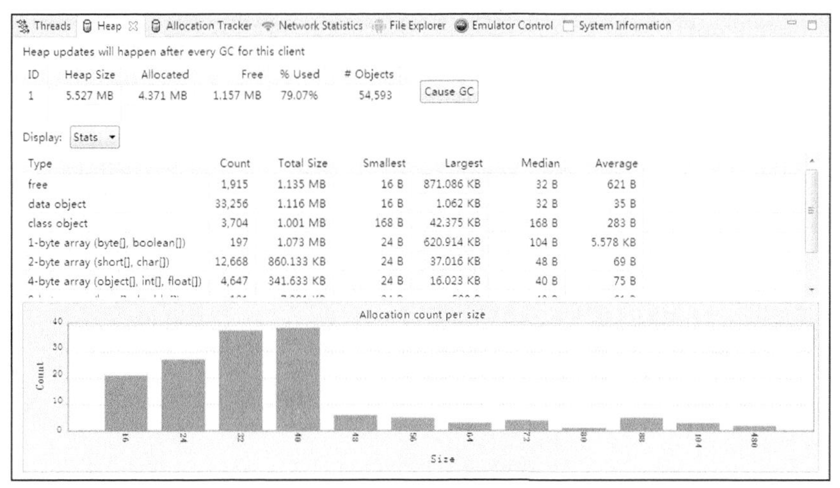

图 2-2　查看内存分配情况

在此视图中主要关注两项数据：Heap Size 和 Allocated。Heap Size，堆的大小，当资源增加，当前堆的空余空间不够时，系统会增加堆的大小，若超过上限该进程将会被“杀掉”；Allocated，堆中已分配的大小，是应用程序中实际占用的内存大小，资源回收后，此项数据会变小。可对单一操作（比如添加、删除）进行反复操作，如果堆的大小一直增加，则有内存泄漏的隐患。

若要停止内存检查，再次对进程单击按钮取消即可。

单击工具栏上的按钮，可将当前内存使用信息保存成 hprof 格式的文件（HPROF，全称 Heap and CPU Profiling Agent）。若对程序运行时的内存使用情况有怀疑，可通过分析导出的 hprof 文件定位内存使用可能存在的问题。

单击按钮可开始进行垃圾回收（Cause GC）。

单击按钮可强制停止选中进程。

如果要跟踪当前进程的内存分配，还可以打开右侧的“Allocation Tracker”。选中一个进程，单击“Start Tracking”按钮，即可看到下方的窗口显示当前进程数据类型及内存分配的信息，如图 2-3 所示，还可根据跟踪需要选中“Inc. trace”选项。选中任意一个数据类型，即可跟踪这类数据的内存分配信息。若要停止内存检查，可单击“Stop Tracking”按钮。

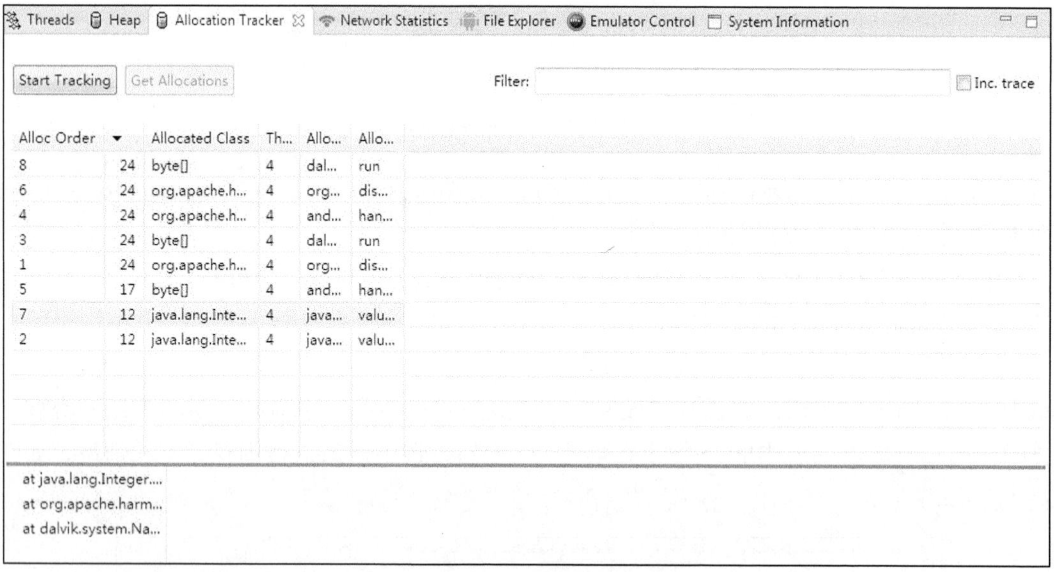

图 2-3　Allocation Tracking 信息

（二）线程分析

对指定进程单击按钮可查看当前线程信息，如图 2-4 所示。

单击按钮，可以对进程中每个线程中所调用的函数进行具体分析，有两种分析方法，如图 2-5 所示。

第一个选项是在虚拟机中增加一个线程样本，通过隔一定时间间隔对此线程进行调用栈信息收集实现。在图 2-5 的对话框中选中第一种方法，可在线程视图中看到一个新增的 Sampling Thread（样本线程），如图 2-6 所示。这个线程隔一定的时间分别处于运行或等待的状态。

Threads | Heap | Allocation Tracker | Network Statistics | File Explorer | Emulator Control | System Information

ID	Tid	Status	utime	stime	Name
1	1223	Native	22	21	main
*2	1227	VmWait	1	1	GC
*3	1228	VmWait	0	0	Signal Catcher
*4	1229	Runnable	7	9	JDWP
*5	1230	VmWait	0	1	Compiler
*6	1231	Wait	0	0	ReferenceQueueDaemon
*7	1232	Wait	0	0	FinalizerDaemon
*8	1233	Wait	0	0	FinalizerWatchdogDaemon
9	1234	Native	3	0	Binder_1
10	1235	Native	0	0	Binder_2
11	1242	Wait	1	0	pool-1-thread-1
12	1243	Native	0	0	AlertReceiver async
13	1328	Wait	0	0	pool-2-thread-1
15	1329	Wait	0	2	AsyncTask #1
16	1331	Native	1	0	AsyncQueryWorker
17	1334	Wait	0	0	AsyncTask #2

图 2-4　查看线程信息

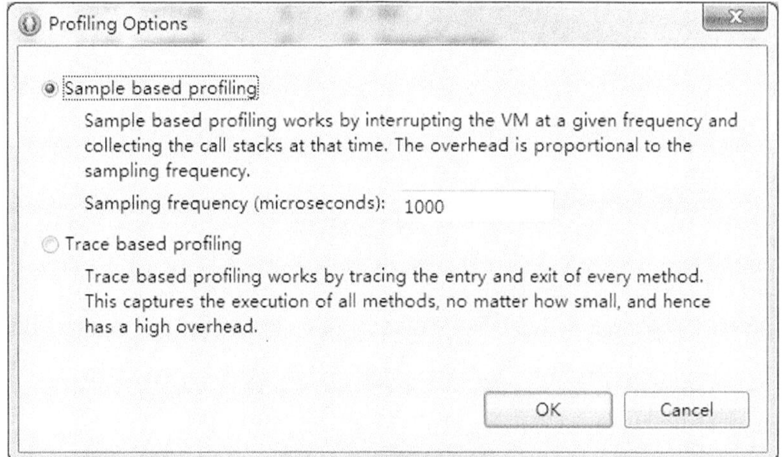

图 2-5　线程分析设置

Threads | Heap | Allocation Tracker | Network Statistics | File Explorer | Emulatc

ID	Tid	Status	utime	stime	Name
1	1223	Native	22	21	main
*2	1227	VmWait	1	7	GC
*3	1228	VmWait	0	0	Signal Catcher
*4	1229	Runnable	229	554	JDWP
*5	1230	VmWait	24	3	Compiler
*6	1231	Wait	0	0	ReferenceQueueDaemon
*7	1232	Wait	0	0	FinalizerDaemon
*8	1233	Wait	0	0	FinalizerWatchdogDaemon
9	1234	Native	3	0	Binder_1
10	1235	Native	0	0	Binder_2
11	1242	Wait	1	0	pool-1-thread-1
12	1243	Native	0	0	AlertReceiver async
13	1328	Wait	0	0	pool-2-thread-1
*14	3953	Runnable	246	393	Sampling Thread

图 2-6　样本线程示例

再次单击按钮停止分析，可打开类似图 2-7 的分析结果，查看该线程占用 CPU 时间的情况。

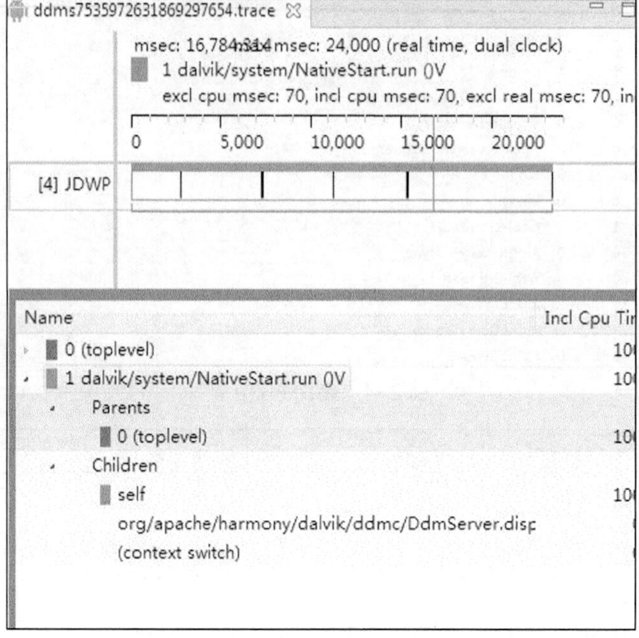

图 2-7　线程分析结果

第二个选项是跟踪每个函数的调用入口和出口，从而获取所有方法的执行情况。选中此选项后，开启分析一定时间后停止可得到类似图 2-8 的分析结果。

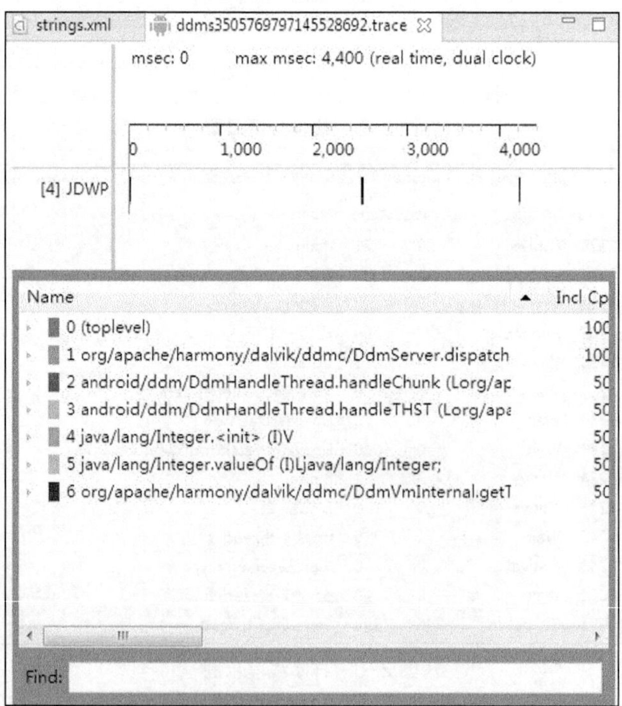

图 2-8　函数调用分析结果示例

（三）其他性能监测

打开右侧的“Network Statistics”，选中一个进程，即可监测该进程的网络使用情况。“Speed”选项可设置数据刷新的速度，分别有“Fast(100ms)”“Medium(250ms)”“Slow(500ms)”3 种，下方统计总的数据信息，如图 2-9 所示。

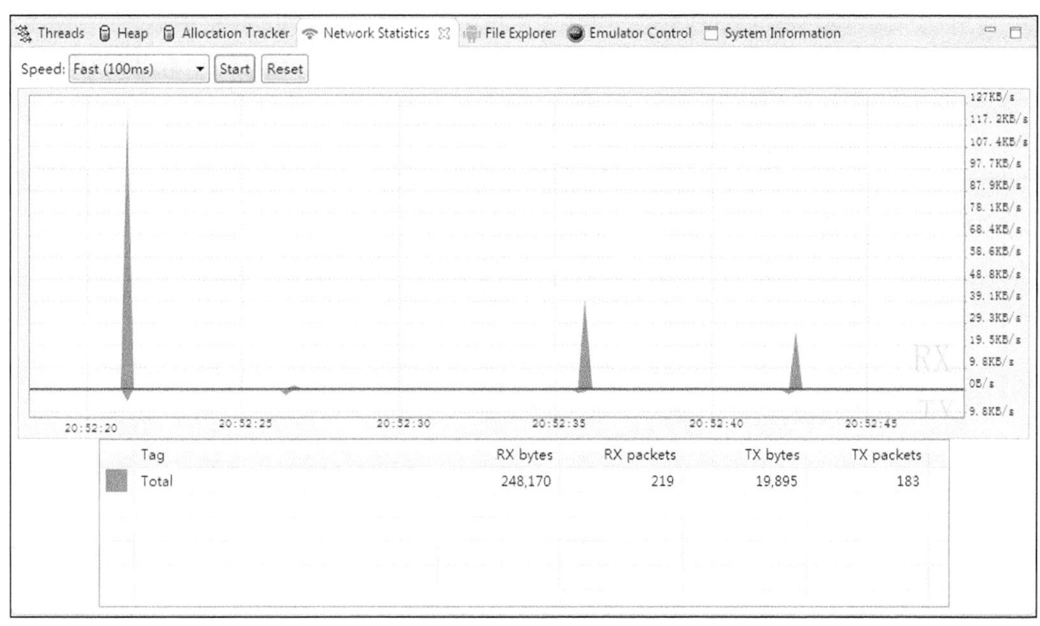

图 2-9　网络使用统计

右侧还有一项“System Information”，可查看当前系统资源的使用状况，如图 2-10 所示。可分别选择查看 CPU 使用状况、每个进程的内存使用和帧渲染时间（Frame Render Time）。

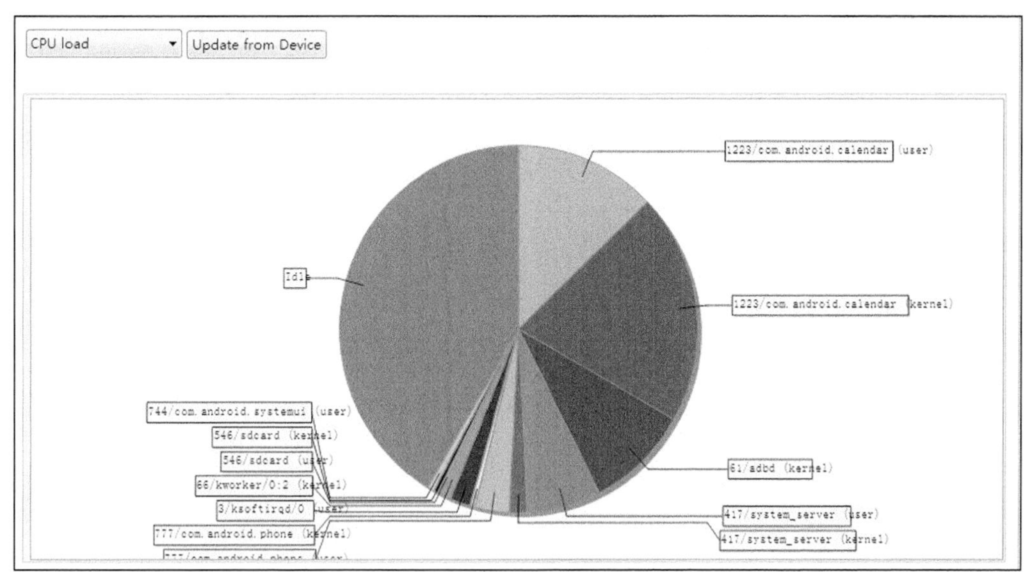

图 2-10　查看系统资源使用

（四）辅助功能

单击 按钮可对虚拟机进行截屏操作。对截取到的屏幕，可进行刷新、旋转、保存、复制等操作。

单击 按钮可使用 UI Automator 对当前界面进行布局元素分析。

使用 DDMS 浏览虚拟机上的文件，可单击右侧的“File Explorer”，即可打开可视化的文件浏览视图，如图 2-11 所示。选中文件或文件夹，使用右上角的按钮可分别进行文件导入、导出等操作。

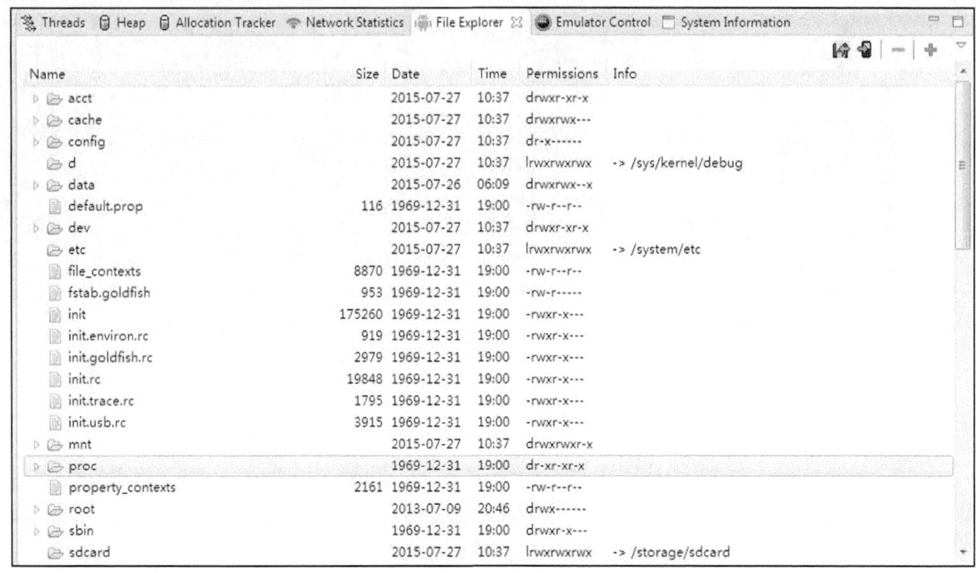

图 2-11　文件浏览

（五）模拟交互功能

打开右侧的“Emulator Control”，可打开模拟器控制，实现对虚拟设备的呼入、发送短信、发送位置信息等操作，方便程序的调试与测试，如图 2-12 所示。

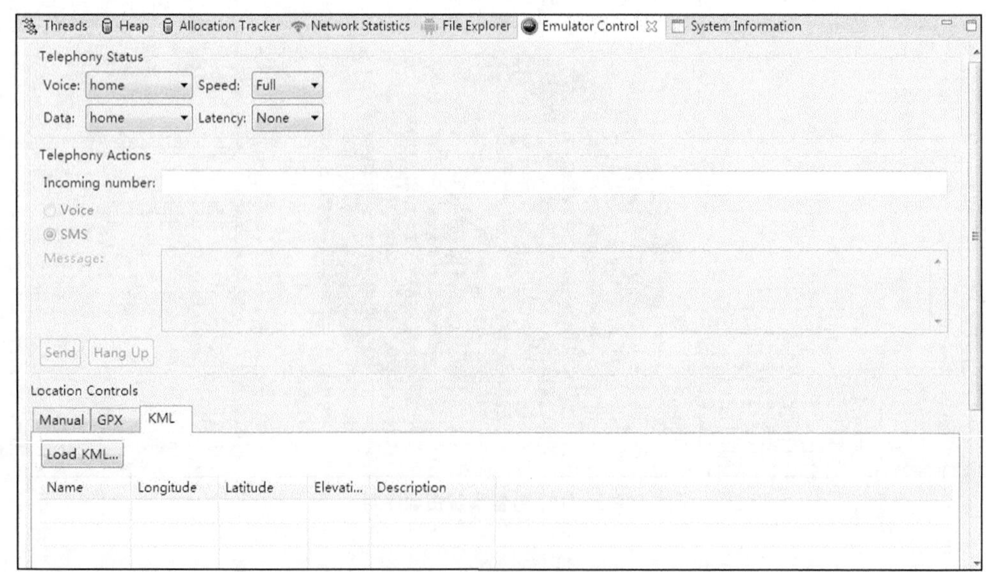

图 2-12　模拟操作界面

在“Incoming number”处填入要模拟的号码，若要模拟呼入的操作，选择“Voice”选项；若要发送短信到虚拟设备，则选择“SMS”。可根据测试的需要，设置声音（Voice）、连接速度（Speed）、数据类型（Data）、延迟（Latency）等选项。

任务实施

一、进入短信界面及 DDMS 界面

（1）启动虚拟设备。

（2）在 eclipse 中切换到 DDMS 视图。

（3）单击图标进入短信界面。

（4）观察 DDMS 左侧进程列表，应出现短信程序的进程“com.android.mms”。在测试时可随时通过 DDMS 查看该线程的情况。

二、收发短信测试

（1）短信接收测试：打开 DDMS 右方的“Emulator Control”界面。在“Incoming number”处输入“12345”，发送类型选择“SMS”，“Message”处输入任意内容，单击“Send”对模拟设备发送信息。很快，虚拟设备即可收到发送的短信，可打开并查看这个短信。

（2）短信发送测试：打开虚拟设备的新建短信界面，输入任意内容的短信并发送给号码 12345。

（3）收发短信时，可根据等价类及边界值的思路，设计并尝试不同长度的短信是否能正常收/发，以及是否有提示。例如，文本长度为 0 的短信是否能发送/接收，文本超过一定长度的短信收发时是否有提示（例如假定一条短信可容纳的英文字符长度为 160）。

（4）多次进行短信的收发测试，如图 2-13 所示，可同时观察 DDMS 线程的相关指标。

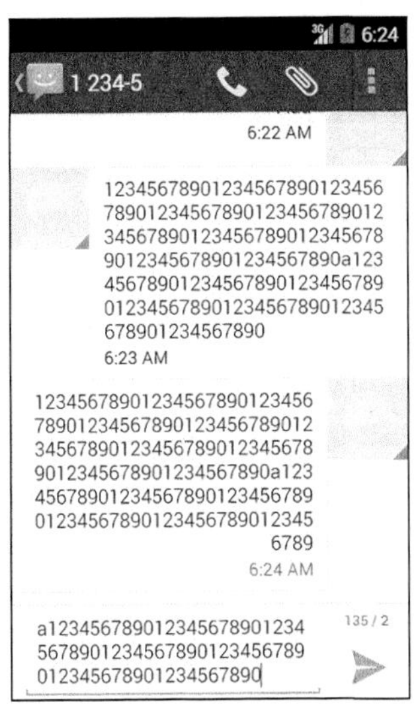

图 2-13　短信收发测试

三、打断事件测试

在编辑短信时，如果忽然有来电打断这个过程，或用户按了 Home 按钮，已输入的信息是否能保存？这就需要进行打断事件的测试。通常，对于应用程序中的重要功能，都需要考虑这种打断事件的测试。

打断事件一般分为系统基本打断和交互式打断（Interaction interruptions）。其中，系统基本打断事件包括：按下 Home 键、按下 Back 键、按下 Power 键关机、内容冲突检测（content provider）等；交互式打断事件则包括在程序运行时有信息、来电、闹铃、蓝牙请求等。

打开编辑短信界面，在短信内容处输入任意内容，按表 2-5 的测试项列表进行打断事件测试，填充表格内容，观察在各个打断事件后输入的信息是否能保存，联系人为空和不为空的情形可分别测试。

表 2-5　编辑短信时打断事件测试

测试项	主要操作步骤	结果（主要看已输入的信息是否能保存）
按下 Home 键	编辑短信时，按下 Home 键回到主界面，再回到程序	
按下 Back 键	编辑短信时，按下 Back 键	
编辑时有信息	编辑短信时，通过 DDMS 发送短信到设备	
编辑时有来电	编辑短信时，通过 DDMS 模拟来电到设备	
编辑时有闹铃	编辑短信时，提前设置的闹铃响起	

任务扩展

测试类型

软件测试从不同的角度可以进行不同的类型划分。

（1）按是否需要执行被测软件的角度，可划分为静态测试和动态测试。静态测试是指不运行被测程序本身，仅通过分析或检查软件文档及源程序，包括代码检查、静态结构分析、代码质量度量等方式，可以由人工进行，也可以借助软件工具自动进行。静态测试发现错误的效率较高，而且看到的是问题本身而非征兆，但是往往比较依赖于知识和经验的积累。动态测试就是通常意义上的测试，通过运行和使用软件，检查运行结果与预期结果的差异，可使用白盒测试或黑盒测试从不同的角度设计测试用例。

（2）按实施的阶段的不同，可划分为单元测试、集成测试、系统测试、验收测试等。表 2-6 列出了各个阶段的测试对象与主要任务。

表 2-6　测试阶段说明

类型	测试对象	主要目的与测试内容	参与人员
单元测试	最小单元（函数或对象）	模块内部结构，包括模块接口、局部数据结构、边界条件、执行路径和错误处理等	开发人员

续表

类型	测试对象	主要目的与测试内容	参与人员
集成测试	若干单元组成的一个模块	模块间的集成和调用关系	开发人员、测试人员
系统测试	整个系统（所有模块）	功能测试、界面测试、性能测试、确认测试、回归测试、兼容性测试等	测试人员
验收测试	整个系统	检查系统各方面表现是否满足用户需求	测试人员、用户

（3）按测试的目的不同，可分为功能测试、性能测试、界面测试、兼容性测试、安全测试等。

相关链接及参考

DDMS的官方说明文档，可参考http://developer.android.com/tools/debugging/ddms.html。

任务二　使用adb命令进行安装及卸载测试

任务分析

本任务要求在设备上安装文件管理器应用ES File Explorer，要求实现以下任务。

（1）使用adb命令安装应用；

（2）测试该应用的功能；

（3）卸载应用。

知识准备

要操纵虚拟设备进行应用安装、文件导入导出等操作，可借助adb命令来实现。adb（Android Debug Bridge），就是Android调试桥，借助adb工具，我们可以管理设备或手机模拟器的状态，还可以进行很多手机操作，如安装软件、运行shell命令等。简而言之，adb就是连接Android手机与PC端的桥梁，可以让用户在电脑上对手机进行全面的操作。adb的工作方式是通过采用监听Socket TCP 5554等端口的方式让IDE和Qemu通信，默认情况下运行Eclipse时adb进程就会自动运行。

adb的主要功能有以下几项。

（1）运行设备的shell(命令行)；

（2）管理模拟器或设备的端口映射；

（3）计算机和设备之间上传/下载文件；

（4）将本地apk软件安装至模拟器或android设备。

在使用adb之前，记得先把Android SDK下的tools和platform-tools的路径添加到Windows的环境变量Path，如图2-14所示。

图 2-14　环境变量 Path 设置

表 2-7 列出了一些 adb 常用的命令和参数说明，完整的说明可在控制台命令行下输入 adb help 命令查看。

表 2-7　adb 常用命令参数说明

类型	参数/命令	说明
命令参数	-a	监听连接的所有接口
	-d	使命令针对唯一连接的 USB 设备
	-s <specific device>	以设备名指定执行命令的设备
	-H	指定 adb 服务器名（默认为 localhost）
	-P	指定 adb 服务器的端口（默认为 5037）
设备管理	adb devices [-l]	列出所有已连接的设备，若有参数-l 则列出设备详细信息
	adb connect <host>[:<port>]	通过 TCP/IP 连接到指定设备，默认端口是 5555
	adb disconnect [<host>[:<port>]]	断开通过 TCP/IP 连接的指定设备，默认端口是 5555。如果没有参数，将断开所有通过 TCP/IP 连接的设备
设备操作	adb push <local> <remote>	复制指定文件到设备
	adb pull <remote> [<local>]	从设备导出文件
	adb shell	进入设备或模拟器的交互式 shell 环境。如果只想执行一条 shell 命令，可以采用以下的方式： adb shell [command]
	adb emu <command>	运行模拟器控制台命令
	adb logcat [<filter-spec>]	查看设备日志
	adb forward --list	列出前面所有 socket 连接
	adb install [-l] [-r] [-s] <file>	将指定文件复制到设备并安装。参数-l 表示锁定这个 app，-r 表示若重新安装则保留用户数据，-s 表示安装到 SD card
	adb uninstall [-k] <package>	卸载指定的包。参数-k 表示保留用户数据和缓存
	adb bugreport	以缺陷报告（bug report）形式从设备返回所有信息
	adb backup [-f <file>]	导出设备的数据备份文件。若没有指定导出的位置，则备份保存在当前目录下的 backup.ab 文件夹中
	adb restore <file>	使用指定备份文件恢复设备内容

续表

类型	参数/命令	说明
脚本控制（Scripting）	adb wait-for-device	等待直到设备被连接
	adb get-state	打印设备状态信息：offline | bootloader | device
	adb get-serialno	打印设备序号
	adb status-window	持续打印指定设备的状态信息
	adb remount	重新安装设备分区
	adb reboot [bootloader|recovery] –	重启设备 reboots the device, optionally into the bootloader or recovery program
	adb root	在具有 root 权限下重启 adb
	adb usb	重启 USB 监听
	adb tcpip <port>	重启指定端口的 TCP 监听
其他	adb help	显示帮助信息
	adb version	显示 adb 版本信息

需要注意的是，当多个设备连接到 adb 时，若要使用表 2-7 列出的设备操作和脚本控制的命令操纵设备，必须指定接收命令的单个设备，而不能直接对所有设备执行。

例 1：查看当前已连接的设备信息。

打开控制台命令行窗口，输入以下命令：

```
adb devices
```

按回车运行，将得到类似图 2-15 所示的信息。这是一条非常常用的命令，特别是当测试时出现设备不受控的情形时，可以通过这个命令及时查看设备的连接状态。若要显示更详细的信息，如设备类型、设备型号等，可在命令后加上参数-l。

```
List of devices attached
emulator-5554   device
7N2MWW146F011490        device
```

图 2-15 显示当前已连接的设备

课堂练习

比较命令 adb devices –l 输出的信息与图 2-15 的区别。

例 2：复制文件到虚拟设备 5554，并查看文件复制情况。

在控制台命令行下输入以下命令：

```
adb -s emulator-5554 push e:\Doc1.doc /sdcard/
```

按回车运行，将显示文件的传输速度（kB/s）、传输的总大小和传输时间等信息。命令中“-s emulator-5554”的参数是指定传输文件的目标设备。在进行文件复制、应用安装、文件导出等操作时，若当前连接了多个设备，则必须使用-s 参数来指明要操作的设备。如果连接的设备只有一个，只连接了虚拟机设备 emulator-5554，则可以省略命令中的“-s emulator-5554”。

要查看文件复制情况，可依次输入以下命令序列：

```
adb shell
root@generic:/ # cd sdcard
……
root@generic:/sdcard # ls -s
```

每行命令输入后按回车运行。其中，第 1 行的“adb shell”用于进入交互式 shell 环境，而后面的命令中符号#前面的字符是系统自动显示不需要输入的。“cd sdcard”用于进入虚拟设备存储目录中的“sdcard”，而“ls”命令用于当前目录下的文件或文件夹，参数-s 用于输出所有文件和文件夹及它们的大小。执行完这些命令后，将可以看到之前复制的文件 Doc1.doc 的大小，大小将与原文件一致。

要退出 shell 环境，可使用 exit 命令。

除了可以使用 shell 交互命令来查看复制后的文件，还可以使用 DDMS。打开 DDMS 视图，在右边单击进入“File Explorer”界面，在 storage/sdcard 目录下，可以找到复制的文件 Doc1.doc，如图 2-16 所示。

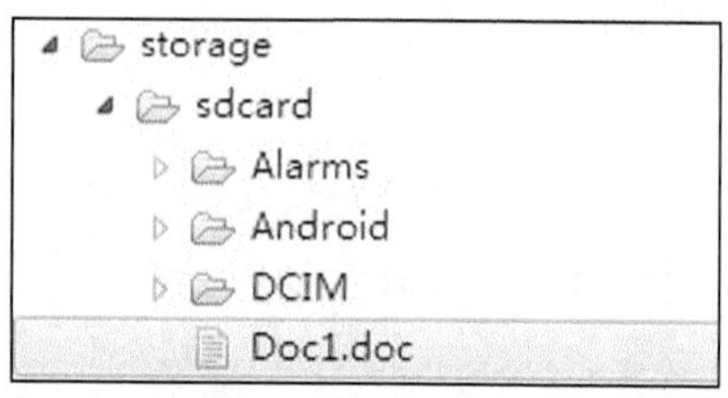

图 2-16　DDMS 查看文件复制结果

例 3：在设备上安装 WPSOffice_126.apk 应用并编辑刚才的文件。

在控制台命令行下（非 shell 交互式环境）输入以下命令：

```
adb  -s emulator-5554 install E:\WPSOffice_126.apk
```

输入后按回车运行。将可看到类似图 2-17 的提示信息。图中显示了上传的安装包大小、上传速度、安装情况等信息。切换到虚拟设备界面，可以看到已安装好的应用图标如图 2-18 所示。

```
841 KB/s (19531221 bytes in 22.661s)
        pkg: /data/local/tmp/WPSOffice_126.apk
Success
```

图 2-17　应用安装提示信息

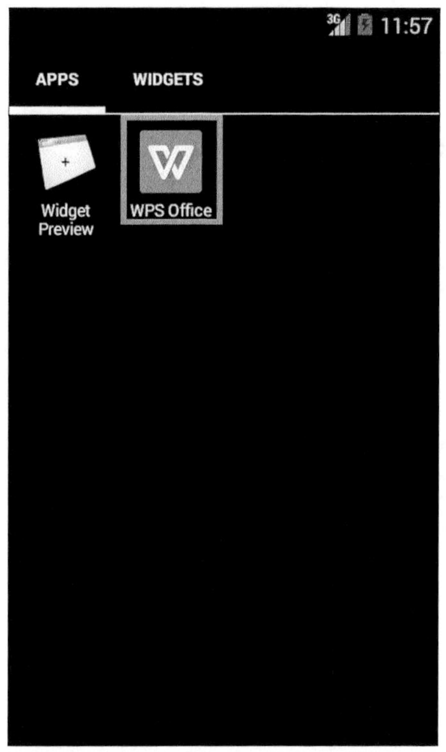

图 2-18 应用安装完毕提示

单击该图标打开应用，按提示找到 Doc1.doc 并打开进入编辑状态，在编辑界面输入“Edit in emulator…”或其他文字并保存，过程类似真机端操作的过程，这里不再赘述。

例 4：导出修改后的文件。

要导出设备里的文件，有两种方法：可以使用 adb 命令，也可以使用 DDMS 文件浏览的导出功能。

使用 adb 命令，在控制台窗口输入以下命令并执行：

```
adb pull /sdcard/Doc1.doc D:/
```

其中前面的地址是要导出的文件所在虚拟设备文件目录的位置，而后面的地址是要保存的本地目录地址。

若要使用 DDMS 的文件导出功能，可在 DDMS 的“File Explorer”界面中，先选中 storage/sdcard 目录下的 Doc.doc 文件，再单击右上角的按钮（pull a file from device），选择要保存的目标位置，单击“确定”按钮即可。

课堂练习

使用 DDMS 导入一个文件到虚拟设备的目录 storage/sdcard 下，并思考以下问题。

1. DDMS 显示的文件目录与使用 shell 命令列出的文件目录有何区别？（提示：shell 命令下的 sdcard 目录，在文件浏览器里实际上是 storage/sdcard/目录。）

2. 使用 DDMS 的导入命令是否可以在任何目录下导入任意指定文件？对文件名有没有要求（如是否兼容中文文件名）？

任务实施

一、apk 上传及安装

首先使用 adb 命令，检查设备的连接的连接状态。在控制台命令行窗口输入以下命令：

```
adb devices
```

按回车运行该命令。若 adb 能检测到正常连接的设备，则可继续在控制台命令行窗口输入以下命令：

```
adb install e:\ESFileExplorer.apk
```

按回车运行该命令，即可安装文件管理器 ES File Explorer 应用。

二、测试应用的基本功能

安装成功后，可在虚拟设备上双击图标打开这个文件管理器应用，测试文件的新建、复制、剪切、删除、重命名等功能。可参考表 2-8 的测试用例。

表 2-8　文件管理器应用基本功能测试用例（仅供参考）

测试项	主要操作步骤	预期结果	测试结果（通过/不通过）
新建文件	在 sdcard 目录下新建文件或文件夹，输入长度为 256 个字符的文件名	提示文件名过长	
	在 sdcard 目录下新建文件或文件夹，设置文件名长度为空	提示文件名不能为空	
	在 sdcard 目录下新建文件或文件夹，设置长度为 1 个字符（或任意合法长度）的文件名，且不与已有文件重名的文件名	成功创建	
	在 sdcard 目录下新建文件或文件夹，输入与已有文件或文件夹相同的名称	出现不能重名的提示	
	在只具有只读权限的目录下创建任意文件或文件夹	不能创建	
复制文件	把单个文件复制到 sdcard 目录下	复制成功	
	复制多个文件到 sdcard 目录下	复制成功	
	复制文件到只具有只读权限的目录下	复制失败	
打开文件	打开支持的文件类型	能正确显示，不出现异常	
	打开不支持的文件类型	有不支持的提示	

课堂练习

补充完善文件管理器基本功能的测试用例，增加剪切、删除、重命名、加密、压缩等操作的测试用例（提示：用例的编写类似复制操作）。

三、卸载应用

要卸载该应用，有两种方法：一种是直接在虚拟设备界面上，拖动应用图标并选择删除，此方法与平时在真机上的应用卸载操作类似，在此不再赘述；另一种方法是使用 adb 命令。因为 adb uninstall 命令的参数是已安装应用的包，因此要使用这个命令必须先获得应用的包名。获得应用的信息有一个较有效又快速的方法，就是观察 logcat 的提示信息。

打开 logcat 信息输出窗口，运行该应用，可看到有类似图 2-19 的提示信息：

```
1108    1108    com.estrongs.android.pop
```

图 2-19 logcat 应用运行提示信息

显然，应用包名为 com.estrongs.android.pop。在控制台窗口输入以下命令并运行：

```
adb uninstall com.estrongs.android.pop
```

若成功卸载，将显示“Success”信息。

任务拓展

一、设备的 root 权限

也许有读者发现，在使用交互式 shell 命令时，进入不同类型设备的 shell 会有不同的提示信息。例如进入 Android SDK 启动的虚拟设备时，显示的是类似图 2-20 上方的提示信息，命令提示符是“#”；但若连接的是真机设备，如华为的某款设备，显示的可能是类似图 2-20 下方的提示信息，命令提示符是“$”。为什么会有区别？原因就在于是否具有 root 权限。细心观察可发现，上方是使用了 root 用户，而下方的设备并没有 root 的权限。

```
C:\Users\Administrator>adb shell
root@generic:/ #
```

```
C:\Users\Administrator>adb shell
shell@hwp7:/ $
```

图 2-20 连接不同设备的不同 shell 信息

很多安卓手机用户在删除系统软件（特别是自带的软件）或者是实用某些工具（如关闭开机启动的进程）时都会提示需要获取 root 权限。什么是手机的 root？ root 是 Linux 和 unix 系统中的超级管理员用户账户，该账户拥有整个系统最高的权力，可以操作系统的任何对象，从 windows 的角度也可理解为 Administrators 用户。因此，root 权限可让 Android 手机获得最高的权限（控制权），可以进行修改或删除系统核心文件等 root 前不允许的操作。具体地说，获得 root 权限以后，可以执行以下操作。

（1）可以备份手机系统、软件应用、联系人信息等所有的私人资料和用户设置，这样即使手机出现故障丢失了相关数据，也可以在备份中还原。

（2）有些应用的使用必须要具备 root 程序，如一些进程管理工具、文件管理工具等。

（3）可以修改手机系统，包括所有内部程序和文件，如修改 build.prop 来 DIY 手机信息。

（4）可以卸载系统程序，如可以删除原厂系统自带的应用软件。

（5）可以管理开机启动项，禁用不需要后台运行的程序或进程，进行手机优化。

要想获取 root 权限可使用现有的一些 root 工具，如百度 root、卓大师、腾讯管家等工具都有获取 root 权限的功能，使用方法也较简单，这里不作赘述。但 root 权限可能影响手机保修，且可能增加设备被入侵的风险，若 root 使用不当还容易导致系统不稳定或损坏。因此，在 root 之前要谨慎，尤其是对于一些重要文件要做好备份。

二、shell 文件管理命令

shell 实际上是一个命令解释器，它接收用户输入的命令并把它送入内核去执行，提供了用户与内核进行交互操作的一种接口。下面给出一些 Android 系统常用的 shell 文件管理命令，要更详细了解 shell 命令，可参考 Linux 相关的资料。

1．目录列表命令：ls

使用格式：ls <参数>

常用参数说明：

-a 列出目录下的所有文件，包括以 . 开头的隐含文件。

-l 列出文件的详细信息。

-s 在每个文件名后输出该文件的大小。

例如，命令“ls -l”将列出文件的所有详细信息。

2．创建目录命令：mkdir

使用格式：mkdir <参数> <目录>

常用参数说明：

-p 如果路径中的某些目录不存在，则会自动创建目录，否则将无法创建。

例如，命令“mkdir a1”则在当前目录下创建名为 a1 的文件夹；而命令“mkdir -p /sdcard/k/a”将在 sdcard 目录下的 k 文件夹里创建文件夹 a，若目录 k 不存在则强制创建，如果没有参数 p，在目录 k 不存在时将显示创建失败。

3．复制文件或者目录命令：cp

使用格式：cp <参数> <源文件> <目标位置>

常用参数说明：

-R 递归复制。

-f 强制复制，即使有重复或其他疑问都不会询问。

-i 若目标已经存在时，复制时将询问。

4．移动或更名文件或目录命令：mv

使用格式：mv <参数><源文件><目标文件>

常用参数说明：

-f 强制复制，即使有重复或其他疑问都不会询问。

-i 若目标已经存在时，复制时将询问。

5．删除文件或者目录命令：rm

使用格式：rm <参数> <要删除的文件或目录>

常用参数说明：

-R 或-r 递归删除。如果删除的对象是目录，则必须要有这个参数。

-f 强制删除。

限于篇幅和内容所限，在此不再展开介绍其他 shell 命令。但若要在手工测试过程中更灵活的使用 shell 命令，读者可能需要参阅更多关于 Linux 的资料加深了解。

实训项目

一、实训目的与要求

熟悉移动应用测试的流程、环境，能使用 adb 命令进行连接设备的查看及控制，能使用 adb 命令在设备上进行应用程序的安装、卸载及文件的上传、导出等操作，能结合 DDMS 对应用进行基本功能测试及打断事件测试。

二、实训内容

下载一个兼容当前虚拟机系统的 apk，安装到设备上，并实现以下测试。

（1）按程序的菜单列出程序的基本功能，设计测试用例。

（2）根据程序功能的使用场景，设计测试用例。

（3）考虑程序的运行状态转换，编写测试用例进行测试。

（4）考虑程序对各种输入的处理，编写测试用例进行测试。

（5）打断事件测试。

（6）对较有可能出错的地方，进行额外的测试。

本章小结

本章介绍了软件测试的一些基本概念，并引入了两种在手工测试中最常用的辅助工具——DDMS 和 adb，并初步尝试了对应用程序开展的手工功能测试，借此更熟悉移动应用测试的环境和操作，还简单介绍了在功能测试中经常可能涉及的 root 权限和 shell 命令。在文件管理方面，虽然使用 DDMS 或其他方式也可以实现文件的上传、导出等操作，但通过 adb 可以使得对设备的文件管理更简洁、更灵活，尤其是批量操纵设备时。因此 adb 在操纵设备方面有其不可替代的优势，掌握 adb 的使用是本章的重点及难点。

习题

一、问答题

1. 测试用例主要包括哪些部分？
2. 测试用例有哪些设计方法？
3. 按阶段可以把软件测试如何划分？每个阶段分别有哪些主要测试目标或任务？
4. 在 DDMS 下如何查看及管理进程？
5. 打断事件测试主要考虑哪些事件？
6. 什么是设备的 root 权限？root 权限有什么好处？有何风险？
7. 如何使用 adb 查看已连接的设备及查看设备里的文件结构？

二、实验题

1. 使用 DDMS 查看设备进程的运行、内存使用等情况。
2. 上传文件到设备及从设备导出文件可使用 adb 或 DDMS 的 File Explorer。请分别使用这两种方法实现文件的上传与导出。
3. 使用 adb 安装任意应用并进行基本功能、打断事件测试。
4. 在 adb shell 下进行文件的查看、新建、复制、剪切等操作。

PART 3

项目三 Android 应用自动化黑盒测试

项目导引

在对 Android 的环境和简单的测试有了初步的认识了解后，我们下面开始进行一些自动化测试：针对指定的 Android 应用（源码不可见），开展自动化黑盒测试。为完成特定测试任务，我们将使用 Android 的黑盒测试工具：Monkey 和 MonkeyRunner。

在本项目中，我们将分别使用 Monkey 和 MonkeyRunner 测试 Android 自带的计算器程序。

学习目标

☑ 能使用 Monkey 工具对指定应用进行测试
☑ 能使用 MonkeyRunner 工具对指定应用进行测试
☑ 了解 Python 脚本的语法
☑ 能阅读和编写简单的 Python 测试脚本
☑ 掌握 Monkey 和 MonkeyRunner 的简单脚本编写

任务一　使用 Monkey 工具

任务分析

使用 Monkey 工具，测试指定的应用程序（Android 自带的计算器程序），实现如下测试。

（1）随机命令序列测试：要求程序能接受 1000 次随机命令序列测试，不发生崩溃。

（2）指定比例命令序列测试：要求随机命令序列中有指定比例的触摸事件和轨迹事件，

程序能接受这些随机命令序列测试，不发生崩溃。

（3）指定命令序列测试：针对计算机的加法运算功能，接受特定的命令序列并连续执行若干次，能正常运行不发生错误。

知识准备

Monkey 是 Android 中的一个命令行工具，可以运行在模拟器里或实际设备中。它向系统发送伪随机的用户事件流（如按键输入、触摸屏输入、手势输入等），实现对正在开发的应用程序进行压力测试，是一种为了测试软件的稳定性、健壮性的快速有效的方法。

简单地说，Monkey 就是像猴子一样乱点，也可以指定简单的命令序列，主要是为了测试软件的稳定性、健壮性。

一、启动 Monkey

使用 Monkey 前，记得先把 Android SDK 下的 tools 和 platform–tools 的路径添加到 Windows 的环境变量 Path，如图 3–1 所示。

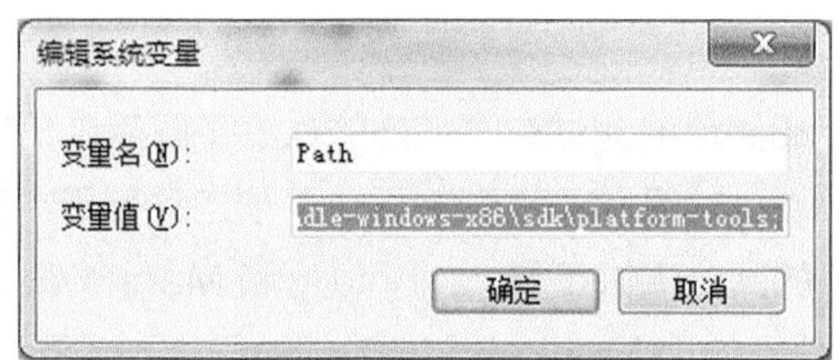

图 3–1　环境变量 Path 设置

（一）在 shell 命令模式下使用 Monkey

启动虚拟机，打开控制台。输入 adb shell，进入 shell 命令调试模式，如图 3–2 所示。

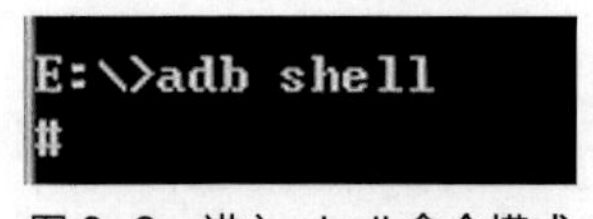

图 3–2　进入 shell 命令模式

因为使用 Monkey 命令需要知道被测应用的包名，因此我们在还不清楚包名的情况下，需要使用 shell 命令获取被测应用的包名。

在 shell 命令行依次输入（#后是对命令的说明）：

```
ls          #展示文件夹列表
cd data     #进入 data 文件夹
ls          #展示 data 里的文件夹列表
cd data     #进入目录下的 data 文件夹
ls          #展示文件夹列表
```

通过这一连串的命令，可以查看到所有已经安装的应用包，这些应用包都在 data 文件夹里。因此，要测试哪个应用，只需将其包名复制过来即可。

下面我们对已有的包进行测试。

命令：monkey -p 要测试的包名 -v 次数

其中，-p 后的字符串表示对象包，-v 用于指定反馈信息级别（即日志的详细程度），假如没有-v 将只显示较少信息，-v 后的数字表示发送随机命令的次数。

例 1：对 Android 系统自带的短信模块功能进行 50 次随机测试。

在 shell 命令模式下运行以下命令：

```
monkey -p com.android.mms -v 50
```

完整命令列表如表 3-1 Monkey 命令参数说明所示。

表 3-1 Monkey 命令参数说明

类别	选项	说明
常规	--help	列出简单的用法
	-v	每一个 -v 将增加反馈信息的级别 Level 0 (没有-v) ：只有启动提示、测试完成和最终结果信息 Level 1 (-v)：提供较为详细的测试信息，如逐个发送到 Activity 的事件 Level 2 (-v -v)：提供更加详细的设置信息，如测试中被选中的或未被选中的 Activity 一般只需要一个 v
事件	-s <seed>	伪随机数产生器的 seed 值。如果用相同的 seed 值再次运行 monkey，它将生成相同的事件序列
	--throttle <milliseconds>	在事件之间插入固定延迟（单位为毫秒）。通过这个选项可以减缓 Monkey 的执行速度。如果不指定该选项， Monkey 将不会被延迟，事件将尽可能快地被完成
	--pct-touch <percent>	调整触摸事件的百分比
	--pct-motion <percent>	调整动作事件的百分比
	--pct-trackball <percent>	调整轨迹事件的百分比
	--pct-nav <percent>	调整“基本”导航事件的百分比
	--pct-majornav <percent>	调整“主要”导航事件的百分比。这些导航事件通常引发图形接口中的动作，如 5-way 键盘的中间按键、回退按键、菜单按键
	--pct-syskeys <percent>	调整“系统”按键事件的百分比。这些按键通常被保留，由系统使用，如 Home、Back、Start Call、End Call 及音量控制键
	--pct-appswitch <percent>	调整启动 Activity 的百分比。在随机间隔里，Monkey 将执行一个 startActivity()调用，作为最大程度覆盖包中全部 Activity 的一种方法
	--pct-anyevent <percent>	调整其他类型事件的百分比，包括所有其他类型的事件，如按键、其他不常用的设备按钮等

续表

类别	选项	说明
约束限制	-p <allowed - package -name>	通过用此参数指定一个或几个包，Monkey 将只允许系统启动这些包里的 Activity。如果应用程序还需要访问其他包里的 Activity(如选择取一个联系人)，那些包也需要在此同时指定。如果不指定任何包，Monkey 将允许系统启动全部包里的 Activity。要指定多个包，可使用多个-p 选项，每个-p 只能用于一个包
	-c <main- category>	如果用此参数指定了一个或几个类的活动，Monkey 将只允许系统启动被这些类中的 Activity。如果不指定任何类，Monkey 将选择下列类中的 Activity：Intent.CATEGORY_LAUNCHER 或 Intent.CATEGORY_MONKEY。要指定多个类，需要使用多个-c 选项，每个-c 只能用于一个类
调试	--dbg-no-events	设置此选项,Monkey 将执行初始启动,进入到一个测试 Activity，然后不会再进一步生成事件。为了得到最佳结果，把它与-v、一个或几个包约束，以及一个保持 Monkey 运行 30 秒或更长时间的非零值联合起来，从而提供一个环境，可以监视应用程序所调用的包之间的转换
	--hprof	设置此选项，将在 Monkey 事件序列之前和之后立即生成 profiling 报告。这将会在 data/misc 中生成大文件(~5MB)，所以要小心使用它
	--ignore-crashes	通常，当应用程序崩溃或发生任何失控异常时，Monkey 将停止运行。如果设置此选项，Monkey 将忽略上述异常，继续向系统发送事件，直到计数完成
	--ignore-timeouts	通常，当应用程序发生任何超时错误(如“Application Not Responding”对话框)时，Monkey 将停止运行。如果设置此选项，Monkey 将忽略超时，继续向系统发送事件，直到计数完成
	--ignore-security-exceptions	通常，当应用程序发生许可错误(如启动一个需要某些许可的 Activity)时，Monkey 将停止运行。如果设置了此选项，Monkey 将继续向系统发送事件，直到计数完成
	--kill-process-after -error	通常，当 Monkey 由于一个错误而停止时，出错的应用程序将继续处于运行状态。当设置了此选项时，将会通知系统停止发生错误的进程。注意，正常的(成功的)结束，并没有停止启动的进程，设备只是在结束事件之后，简单地保持在最后的状态
	--monitor-native-crashes	监视并报告 Android 系统中本地代码的崩溃事件。如果设置了--kill-process-after-error，系统将停止运行
	--wait-dbg	停止执行中的 Monkey，直到有调试器和它相连接

例 2：在 shell 命令模式下运行下面命令，分析输出结果。

```
monkey -p com.android.mms -v 50
```

输出结果及说明：

```
:Monkey: seed=1410595955003 count=50
:AllowPackage: com.android.mms
:IncludeCategory: android.intent.category.LAUNCHER
:IncludeCategory: android.intent.category.MONKEY
// Event percentages:
//   0: 15.0%
//   1: 10.0%
//   2: 2.0%
//   3: 15.0%
//   4: -0.0%
//   5: 25.0%
//   6: 15.0%
//   7: 2.0%
//   8: 2.0%
//   9: 1.0%
//   10: 13.0%
:Switch: #Intent;action=android.intent. action.MAIN;category=android. intent.categ
ory.LAUNCHER;launchFlags=0x10200000;component=com.android.mms/.ui.Conver
sationLi
st;end
    // Allowing start of Intent { act=android.intent.action.MAIN cat=
[android.in
tent.category.LAUNCHER] cmp=com.android.mms/.ui.ConversationList } in
package co
m.android.mms
    // Rejecting start of Intent { act=android.intent.action.MAIN cat=
[android.i
ntent.category.HOME] cmp=com. android. launcher/com. android. launcher2.
Launcher } i
n package com.android.launcher
:Switch: #Intent;action=android.intent. action.MAIN;category=android. intent.categ
ory.LAUNCHER;launchFlags=0x10200000;component=com.android.mms/.ui.Conver
sationLi
st;end
```

伪随机数生成器的 seed 值。产生 50 个随机事件

指定包，运行所包含的 Activity

将要产生的各种随机事件的比例
各数字分别表示:
0: [--pct-touch PERCENT]
1: [--pct-motion PERCENT]
2: [--pct-trackball PERCENT]
3: [--pct-syskeys PERCENT]
4: [--pct-nav PERCENT]
5: [--pct-majornav PERCENT]
6: [--pct-appswitch PERCENT]
7: [--pct-flip PERCENT]
8: [--pct-anyevent PERCENT]

下面是随机事件序列

```
// Allowing start of Intent { act=android.intent.action.MAIN cat=[android.intent.category.LAUNCHER] cmp=com.android.mms/.ui.ConversationList } in package com.android.mms
:Sending Touch (ACTION_DOWN): 0:(294.0,166.0)
:Sending Touch (ACTION_UP): 0:(292.14313,167.0065)
:Sending Touch (ACTION_DOWN): 0:(188.0,287.0)
:Sending Touch (ACTION_UP): 0:(179.56331,273.34555)
:Sending Touch (ACTION_DOWN): 0:(126.0,307.0)
:Sending Touch (ACTION_UP): 0:(148.90646,342.5079)
:Sending Trackball (ACTION_MOVE): 0:(-4.0,2.0)
:Sending Trackball (ACTION_MOVE): 0:(1.0,1.0)
Events injected: 50
:Sending rotation degree=0, persist=false
:Dropped: keys=1 pointers=0 trackballs=0 flips=0 rotations=0
## Network stats: elapsed time=8137ms (0ms mobile, 0ms wifi, 8137ms not connected)
// Monkey finished
```


（二）adb 命令形式

如果已经知道包的名称，可以直接在控制台输入：

```
adb shell monkey -p 包名 命令次数
```

命令行允许的参数：

```
adb shell monkey [-p ALLOWED_PACKAGE [-p ALLOWED_PACKAGE] ...]
            [-c MAIN_CATEGORY [-c MAIN_CATEGORY] ...]
            [--ignore-crashes] [--ignore-timeouts]
            [--ignore-security-exceptions]
            [--monitor-native-crashes] [--ignore-native-crashes]
            [--kill-process-after-error] [--hprof]
            [--pct-touch PERCENT] [--pct-motion PERCENT]
            [--pct-trackball PERCENT] [--pct-syskeys PERCENT]
            [--pct-nav PERCENT] [--pct-majornav PERCENT]
            [--pct-appswitch PERCENT] [--pct-flip PERCENT]
            [--pct-anyevent PERCENT]
            [--pkg-blacklist-file PACKAGE_BLACKLIST_FILE]
            [--pkg-whitelist-file PACKAGE_WHITELIST_FILE]
            [--wait-dbg] [--dbg-no-events]
```

```
[--setup scriptfile] [-f scriptfile [-f scriptfile] ...]
[--port port]
[-s SEED] [-v [-v] ...]
[--throttle MILLISEC] [--randomize-throttle]
[--profile-wait MILLISEC]
[--device-sleep-time MILLISEC]
[--randomize-script]
[--script-log]
[--bugreport]
COUNT
```


使用这种方法时，别忘记加上后面的次数。关于参数的使用可参考表 3-1，参数名称与 shell 模式类似，只是形式上有少许区别。

课堂练习

试使用 Monkey 命令对 Android 自带浏览器进行 100 次随机测试（提示：浏览器应用包名为 com.android.browser）。

二、Monkey 命令参数使用

Monkey 命令包括许多选项，大致分为四大类：

（1）基本配置选项，如设置尝试的事件数量；

（2）运行约束选项，如设置对指定的包进行测试；

（3）事件类型和频率；

（4）调试选项。

Monkey 运行时，将生成随机事件并发给系统。同时，Monkey 还对测试中的系统进行监测，对下列 3 种情况进行特殊处理。

- 如果限定了 Monkey 运行在一个或几个特定的包上，那么它会监测试图转到其他包的操作，并对其进行阻止。
- 如果应用程序崩溃或接收到任何失控异常，Monkey 将停止并报错。
- 如果应用程序产生了应用程序不响应（application not responding）的错误，Monkey 将会停止并报错。

下面尝试使用一些常见的参数设置。

（一）事件参数设置

1．事件延迟设置

参数：--throttle 以毫秒为单位的延迟时间

例 3：在 shell 命令模式下，输入以下命令，观察运行结果。

```
monkey -p com.android.mms  --throttle 1000  -v 50
```

注意

-v 50 最好放在后面，以免参数被忽略。

显然，设置了延迟后，Monkey 命令完成的时间显然比没有设置延迟之前要长。比较结果如图 3-3 所示。

```
## Network stats: elapsed time=19289ms
```

```
## Network stats: elapsed time=4851ms
```

图 3-3　设置了延迟的完成时间与没有设置的区别

2．事件比例设置

Monkey 产生的命令是伪随机的，可以通过设置伪随机数产生器的 seed 值，但这种方法并不实用。为了能精确地控制指定事件的比例，我们可以使用事件比例设置的参数，将指定操作限制在一定的比例。

例 4：指定发送的随机事件全部为触摸事件。

```
monkey -p com.android.mms  -s 20  --pct-touch 100 -v 10
```

事件比例的输出如图 3-4 所示。

```
// Event percentages:
//   0: 100.0%
//   1: 0.0%
//   2: 0.0%
//   3: 0.0%
//   4: 0.0%
//   5: 0.0%
//   6: 0.0%
//   7: 0.0%
//   8: 0.0%
```

图 3-4　指定 100%触摸事件后的输出

例 5：指定触摸事件和主要导航事件的比例。

```
monkey  -p  com.android.mms   -s  20   --throttle  1000  --pct-touch  80
--pct-majornav 20 -v 10
```

事件比例的输出如图 3-5 所示。

```
// Event percentages:
//   0: 80.0%
//   1: 0.0%
//   2: 0.0%
//   3: 0.0%
//   4: 20.0%
//   5: 0.0%
//   6: 0.0%
//   7: 0.0%
//   8: 0.0%
```

图 3-5　指定 100%触摸事件后的输出

如果指定的动作不足 100%，剩下的部分将按随机种子的比例分配。

课堂练习

试写出指定基本导航事件的百分比（nav）为 40%,触摸事件为 40%,其他类型事件 anyevent 为 20%的 Monkey 命令。

（二）调试选项

默认情况下，如果应用程序崩溃或接收到任何失控异常，Monkey 将停止并报错。如果要忽略异常继续发送随机命令，则可以使用调试选项参数。

例 6：使用--ignore-crashes 指定在测试时忽略崩溃或失控异常。

```
monkey -p com.android.browser --ignore-crashes 50
```

课堂练习

试写出在测试时忽略无响应异常的命令（提示：使用参数--ignore-timeouts）。

任务实施

一、获得计算器程序的包名

在命令提示符下输入 adb shell 进入 shell 命令行，在 shell 命令行下依次输入：

```
ls          #展示文件夹列表
cd data     #进入 data 文件夹
ls          #展示 data 里的文件夹列表
cd data     #进入目录下的 data 文件夹
ls          #展示文件夹列表
```

找到自带计算器的包名：com.android.calculator2。

二、使用随机命令序列测试计算器程序

在 shell 命令行下输入：

```
monkey -p com.android.calculator2 -v 1000
```

monkey 命令运行结果如图 3-6 所示。

```
Events injected: 1000
:Sending rotation degree=0, persist=false
:Dropped: keys=2 pointers=16 trackballs=0 flips=0 rotations=0
## Network stats: elapsed time=54808ms (0ms mobile, 0ms wifi, 54808ms not connec
ted)
// Monkey finished
```

图 3-6　运行指定 monkey 命令后的输出

没有发生崩溃，本项测试通过。

三、使用指定比例的命令序列测试计算器程序

由于计算器程序平时比较多的是接受触摸事件和轨迹事件。指定触摸事件比例为 50%，轨迹事件比例为 30%。在 shell 命令行下输入：

```
monkey -p com.android.calculator2 --pct-touch 50 --pct-trackball -30 -v 1000
```

可看到事件的比例分配如图 3-7 所示。

```
:Monkey: seed=1415206753305 count=1000
:AllowPackage: com.android.calculator2
:IncludeCategory: android.intent.category.LAUNCHER
:IncludeCategory: android.intent.category.MONKEY
// Event percentages:
//   0: 50.0%
//   1: 5.8823533%
//   2: 1.1764706%
//   3: 8.82353%
//   4: -0.0%
//   5: 14.705883%
//   6: 8.82353%
//   7: 1.1764706%
//   8: 1.1764706%
//   9: 0.5882353%
//   10: 7.647059%
```

图 3-7　运行指定 monkey 命令后的输出

测试结果如图 3-8 所示。可见测试顺利完成没有发生崩溃，本项测试通过。

```
Events injected: 1000
:Sending rotation degree=0, persist=false
:Dropped: keys=1 pointers=8 trackballs=0 flips=0 rotations=0
## Network stats: elapsed time=48189ms (0ms mobile, 0ms wifi, 48189ms not connec
ted)
// Monkey finished
```

图 3-8　运行指定 monkey 命令后的输出

四、使用指定命令序列测试计算器程序

1. 编写下面脚本代码，并保存为 script1.txt。

```
count = 10
speed = 1
start data >>
captureDispatchPress(KEYCODE_2)
captureDispatchPress(KEYCODE_PLUS)
captureDispatchPress(KEYCODE_4)
captureDispatchPress(KEYCODE_EQUALS)
```

2. 把 script1.txt 上传到虚拟机 sd 卡的 sdcard 文件夹下（使用命令行或 ddms 均可），在命令行输入：

```
adb shell monkey -p com.android.calculator2 --setup scriptfile -f /sdcard/script1.txt 2
```

这个命令的意思是执行指定脚本文件 script1.txt 里面的命令序列 2 次。

可以见到模拟器启动了自带计算器，并按了 2 次 2 + 4 =。

增加命令执行的次数为 20 次。看能不能顺利执行完 20 次的计算(可以调整脚本修改加数)。

任务拓展

一、Monkey 测试脚本的编写

默认情形下，Monkey 将发送一系列的随机命令序列进行测试。但有时要求对应用的一些功能进行重点测试时，可能需要使用指定的命令序列。Monkey 允许执行一系列指定的命令序列，但这些序列只能是顺序执行，无法设置跳转和循环。

从 Monkey 程序的源代码 MonkeySourceScript.java 的注释里，可以找到一段关于 Monkey 脚本编写的说明：

```
/**
 * monkey event queue. It takes a script to produce events sample script format:
 *
 * <pre>
 * type= raw events
 * count= 10
 * speed= 1.0
 * start data &gt;&gt;
 *
captureDispatchPointer(5109520,5109520,0,230.75429,458.1814,0.20784314,0.06
666667,0,0.0,0.0,65539,0)
 * captureDispatchKey(5113146,5113146,0,20,0,0,0,0)
 * captureDispatchFlip(true)
 * ...
 * </pre>
 */
```

根据这个说明，我们可以用以下方式编写脚本(#后的文字是对编写说明)：

```
type= user  #这行如果没有，则以默认用户执行
count= 10  #这行也可以没有，则在执行时以 monkey 命令的参数指定执行次数
speed= 1.0  #执行速度，保留默认值，可在执行时以 monkey 命令的参数指定
start data >>
#后面开始脚本...
```

二、常用脚本命令参考

1. captureDispatchPress(int keyCode)

这个命令用于模拟敲击键盘。具体的 keyCode 可参考相关文档。

例：captureDispatchPress(KEYCODE_4)

这个命令的意思是模拟敲击键盘上的数字按键 4。

2. UserWait(long sleeptime)

用于模拟用户停顿，时间单位为毫秒。

例：UserWait(300)

如果在脚本中添加了这条命令，则系统在执行完前面的命令后会暂时停顿 0.3 秒。

3. captureDispatchPointer(long downTime, long eventTime, int action, float x, float y, float pressure, float size, int metaState, float xPrecision, float yPrecision, int device, int edgeFlags)

captureDispatchPointer 用于向一个指定位置发送单个手势消息。downTime 是发送消息的时间，eventTime 为发送两个事件之间的停顿。action 表示手势类型，action=0 时为按下，action=1 时为移动，action=2 时为抬起，action=3 时为取消。x、y 为坐标点（像素）。pressure 为压力值，类型为 float。size 为单击范围大小，类型为 float。device 为 deviceID。后面 7 个参数可以设置为 0。

例 7：编写脚本指定操作命令序列，并执行。

（1）编写以下脚本代码，并保存为 script2.txt。

```
count= 10
speed= 1.0
start data >>
captureDispatchPointer(0,0,0,200,600,0,0,0,0,0,0,0);
captureDispatchPointer(1,1,1,200,600,0,0,0,0,0,0,0);
UserWait(300);

captureDispatchPointer(0,0,0,100,400,0,0,0,0,0,0,0);
captureDispatchPointer(1,1,1,100,400,0,0,0,0,0,0,0);
```

（2）把 script2.txt 上传到虚拟机 sd 卡的 sdcard 文件夹下（使用命令行或 ddms 均可），在命令行输入：

```
adb shell monkey -p com.android.calculator2 --setup scriptfile -f/
sdcard/script2.txt 3
```

（3）观察计算器的操作。会发现计算器会根据指令在指定的地方单击。

4. captureDispatchTrackball(long downTime, long eventTime, int action, float x, float y, float pressure, float size, int metaState, float xPrecision, float yPrecision, int device, int edgeFlags)

这个命令的使用方法和参数与 DispatchPointer 完全相同。只是该命令用于向指定位置发送单个跟踪球信息。

5. captureDispatchKey(long downTime, long eventTime, int action, int code, int repeat, int metaState, int device, int scancode)

这个命令用于发送按键消息。downTime 是发送消息的时间，eventTime 为发送两个事件之间的停顿。action 表示手势类型，action=0 时为按下，action=1 时为移动，action=2 时为抬起，action=3 时为取消。code 是按键的值。repeat 指按键重复的次数。其他参数可以设置为 0。

6. captureDispatchFlip(boolean keyboardOpen)

这个命令用于打开或关闭软键盘。参数可取 true 为打开，false 为关闭。

相关链接及参考

KeyCode 编码：常用编码见附录。完全的编码表详见如下网址：

http://developer.android.com/reference/android/view/KeyEvent.html

任务二　使用 MonkeyRunner 工具

任务分析

使用 MonkeyRunner 工具，测试指定的应用程序（Android 自带的计算器程序），实现如下测试。

（1）计算功能测试及按键测试。

（2）多设备执行相同测试并自动保存截图，检查程序兼容性。

知识准备

一、MonkeyRunner 简介

MonkeyRunner 也是 Android 自带的一个用于黑盒测试的工具，通过 MonkeyRunner 工具，可以通过 Python 程序对指定的 Android 应用程序执行一系列操作，如运行、发送模拟击键、截取用户界面图片并保存等。MonkeyRunner 工具的主要设计目的是用于测试功能/框架水平上的应用程序和设备，或用于运行单元测试套件。

Monkey 与 MonkeyRunner 的区别如下。

（1）Monkey 工具直接运行在设备或模拟器的 adb shell 中，生成用户或系统的伪随机事件流，虽然也可以指定一些简单的命令序列，但只支持较简单的一些脚本命令。Monkey 一般用于性能测试如可靠性测试等。

（2）MonkeyRunner 工具通过 API 定义的特定命令和事件控制设备或模拟器，脚本使用 Python 程序编写，脚本可实现的功能较丰富、强大，常用于功能测试或回归测试。

使用 MonkeyRunner 的优势如下。

（1）多设备控制：MonkeyRunner API 可以跨多个设备或模拟器实施测试套件。可以实现在同一时间连接多个设备，然后同时运行一个或多个测试。

（2）自动化测试：MonkeyRunner 可以实现自动化的功能测试，并提供按键或触摸事件的输入数值，对输出结果进行截屏和保存。

（3）回归测试：MonkeyRunner 可以运行某个应用，并将其结果截屏并保存，通过与既定已知的正确结果截屏相比较，可以测试应用的兼容性与稳定性。

（4）可扩展的自动化：由于 MonkeyRunner 是一个 API 工具包，可以基于 Python 模块和程序开发一整套系统，以此来控制 Android 设备。除了使用 MonkeyRunner API 之外，还可以使用标准的 Python os 和 subprocess 模块来调用 Android Debug Bridge 这样的 Android 工具。

二、MonkeyRunner 脚本录制与回放

MonkeyRunner 本身提供了脚本录制与回放的功能。将录制脚本用的脚本 monkey_recorder.py 和回放使用的脚本 monkey_playback.py 放在某个文件夹里，如 E 盘根目录下（脚本文件 monkey_recorder.py 和 monkey_playback.py 将在本书的资源包里面提供）。

运行 MonkeyRunner 之前必须先运行相应的模拟器，不然 MonkeyRunner 将无法连接设备。

例 1：使用 MonkeyRunner 录制 Android 系统自带的短信模块的功能测试脚本。

（1）打开编写短信的界面。假如录制的脚本存放在 E 盘下，在命令行中输入：

```
monkeyrunner E:\monkey_recorder.py
```

即可打开录制界面进行录制。录制的过程可能较慢，最好在执行测试前先关掉一些不必要的服务和进程。在右侧会自动生成录制的脚本。其中 Tap 表示脚本记录的在屏幕上的单击。如图 3-9 所示。

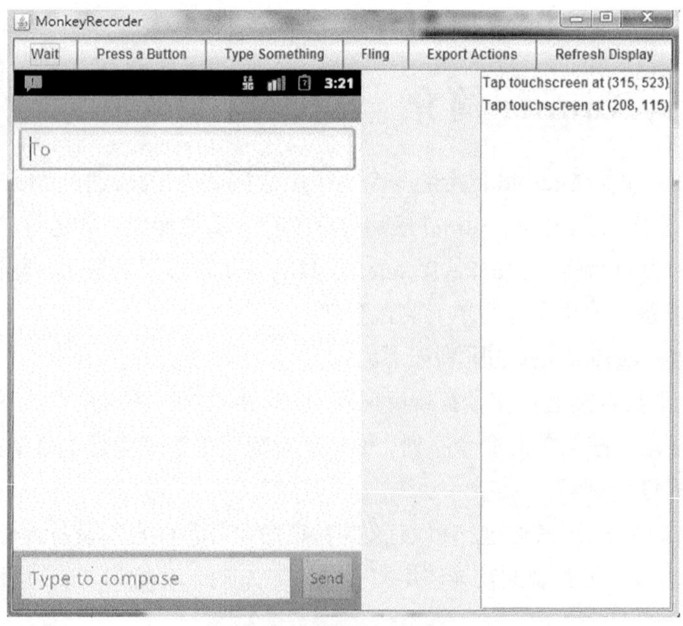

图 3-9　脚本录制界面

（2）要输入字符串，单击 Type Something，并输入字符串。不建议直接用屏幕的软键盘输入，因为可能不能保证脚本回放且脚本兼容性较差。单击接收人号码处，单击 Type Something，输入 12345。用相同的方法在短信内容中输入“Hello”，然后单击发送。最好在前面一个操作完成后等待一些时间再执行后面的操作，这时可以单击 Wait 然后输入要等待的时间，如图 3-10 和图 3-11 所示。

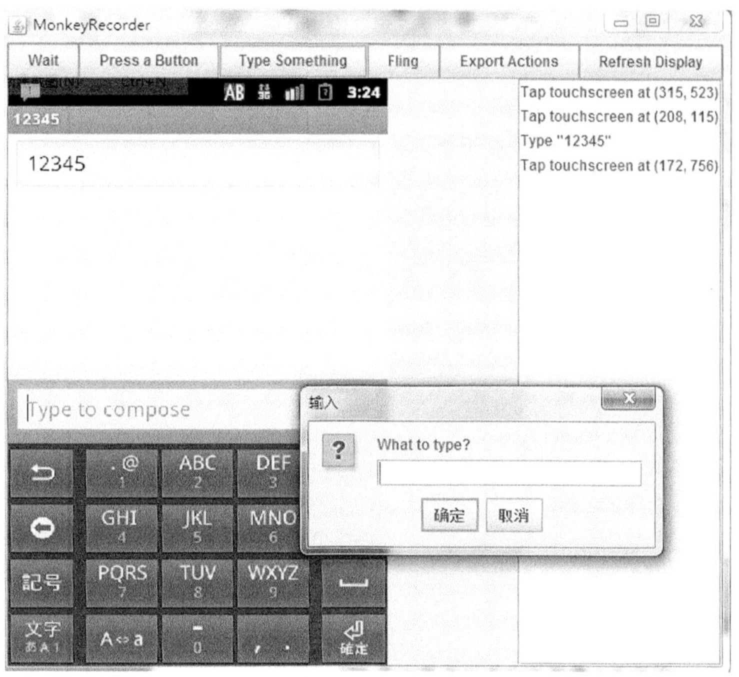

图 3-10 输入字符串

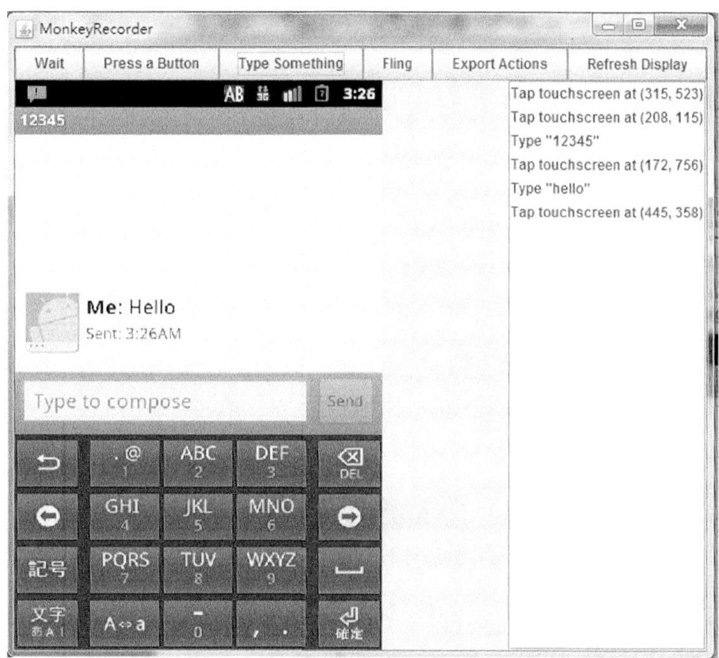

图 3-11 模拟发送短信的操作完毕

（3）录完一个脚本后，将其保存为.mr 文件。把上面录制的脚本保存为 test.mr。单击 Export Actions 进行保存，如图 3–12 所示。

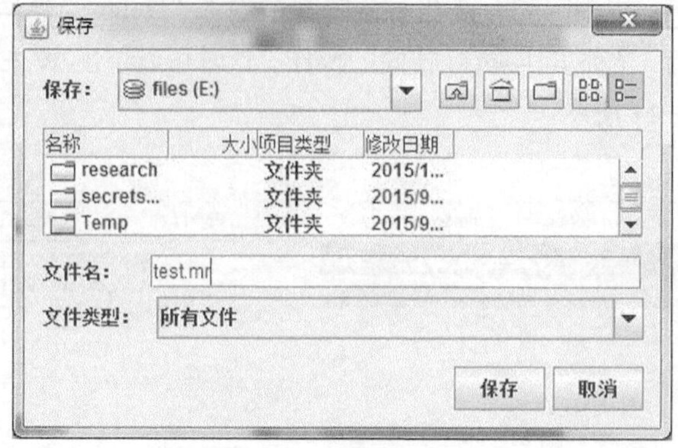

图 3–12　保存脚本文件

在脚本录制过程中还可以使用 Press Button 进行模拟的按键操作，使用 Fling 可以模拟滑动手势。

例 2：回放脚本。

（1）重置测试环境。删除刚才录制时发送的短信，打开短信编辑界面。

（2）假如刚才录制好的脚本放在 E 盘下，在命令行输入以下命令即可进行脚本的回放。

```
monkeyrunner E:\monkey_playback.py E:\test.mr
```

有时因为虚拟机响应时间、屏幕分辨率等问题，回放的结果可能跟录制的有差别。因此，需要保证回放成功可能要对脚本进行一些调整。

（3）如果需要在多设备上测试，可以修改 monkey_playback.py 中的代码。修改方法请查看后面编写 Python 测试脚本的部分。

三、手动编写 Python 测试脚本

Monkeyrunner 实际上是一个 python 语言解释器，测试脚本使用 Python 来编写，Monkeyrunner 会逐行解释运行时指定的脚本并执行对应操作。例如，我们可以这样编写一个 a.py 文件并保存在 E 盘下：

```
print "Hello,world!"
```

然后在命令行用 MonkeyRunner 解释：

```
monkeyrunner E:\a.py
```

得到的输出如图 3–13 所示。

```
Hello,world!
```

图 3–13　命令行输出

开发 Python 程序有不少工具可以选择，如果想用 Eclipse 来开发可以安装一个插件 Pydev，当然也可以用文本编辑工具 Editplus 等，但不建议用 Windows 自带的记事本及写字板，因为容易造成不必要的字符错误。

例 3：使用 Python 脚本对当前操作界面进行截图。

（1）脚本代码如下（#后的内容为注释）：

```
#导入我们需要用到的包和类并且起别名
import sys
from com.android.monkeyrunner import MonkeyRunner as mr
from com.android.monkeyrunner import MonkeyDevice as md
from com.android.monkeyrunner import MonkeyImage as mi

#connect device 连接设备
#第一个参数为等待连接设备时间
#第二个参数为具体连接的设备
device = mr.waitForConnection(1.0,'emulator-5554')
if not device:
   print >> sys.stderr,"fail"
   sys.exit(1)
#sleep 暂停 3 秒
mr.sleep(3.0)
#takeSnapshot 截图
result = device.takeSnapshot()
#save to file 保存到文件
result.writeToFile('E:\\takeSnapshot\\result1.png','png');
```

（2）将这个脚本保存为 py 文件，命名为 takescreen.py 保存到 E 盘下，在命令行输入：

```
monkeyrunner E:\takescreen.py
```

（3）执行完毕后查看 E 盘下的 takeSnapshot 文件夹，可以看到已保存的截图。

说明

（1）import 语句。Python 中 import 用于导入所需要的模块。可以使用 import 或者 from...import 来导入相应的模块。所以第一行的 import sys 实际上就是导入 sys 模块，sys 模块包含了与 Python 解释器和环境有关的函数。而 from…import 语句可以将模块中的对象直接导入到当前的名字空间，as…则是给这个对象起了个别名，因此第 2 行 from…as mr 的作用除了导入 MonkeyRunner 对象外，还给它起了个别名 mr，这样在后面使用 MonkeyRunner 对象的一些方法时就可以直接用别名，如 mr.sleep(3.0)。

（2）mr.waitForConnection 用于连接设备，两个参数分别是等待时间和连接的设备，连接一个设备及没有超时限制时也可以不带参数。连接的设备名可以在命令行下使用 adb devices 命令查看。如果要连接多个设备，则需使用多个 waitForConnection 语句。

（3）takeSnapshot 用于对设备的当前操作界面截图，然后使用 writeToFile 写入文件系统。请注意路径的书写格式。

从上面例子可见，灵活使用脚本，可以实现多设备的自动化测试及截图。MonkeyRunnerAPI在 com.android.monkeyrunner 包中，一共包含 MonkeyRunner、MonkeyDevice 和 MonkeyImage 3 个模块。这 3 个模块及其常用的方法说明如下。

（1）MonkeyRunner：为程序提供工具方法的类。这个类提供了用于连接设备或模拟器的方法 waitForConnection，常用的还有 sleep 的方法等。

（2）MonkeyDevice：表示一个设备或模拟器，提供了安装和卸载程序包的方法、启动活动的方法，还有发送键盘或触摸事件等方法。各种常用的方法介绍如表 2-2 MonkeyDevice 常用方法所示。

注意

这些方法调用时均要使用已连接好的设备或模拟器对象。

表 3-2　MonkeyDevice 常用方法

方法名	方法说明	参数说明	示例
installPackage(String[])	安装制定的包	字符串参数表示要安装的包所在的路径	device.installPackage('E:/MyApplication.apk')
removePackage(String[])	卸载指定的包	字符串参数表示要卸载的包名	device.removePackage('com.android.example')
startActivity(component=String[])	启动指定任务	字符串表示要启动的包及活动	具体格式为 startActivity(component="(包名)/(包名.活动名)") 或者 startActivity(component="(包名) /.(活动名)") 例如： device.startActivity(component="com.package.your/com.package.your.TestActivity")或者 device.startActivity(component="com.package.your/.TestActivity")

续表

方法名	方法说明	参数说明	示例
touch(X, Y, 'DOWN_AND_UP')	模拟一个触摸事件	X、Y 分别是触摸的坐标	
press(KeyNameString[],'DOWN_AND_UP')	模拟一个按键事件	KeyNameString 是按键对应的名称。完整列表见附录。常用按键名称如表 3-3 按键名称字符串所示	device.press('KEYCODE_ENTER')或者 device.press(KEYCODE_ENTER', 'DOWN_AND_UP')
type(String[])	模拟一个输入	字符串是要输入的内容	device.type('a s')
drag((X,Y),(X,Y),time,step)	模拟一个拖动事件	参数包括开始坐标(X,Y)，结束坐标(X,Y)，在多长时间内拖动（单位为秒，默认为 1.0），要采取的步骤（默认是 10）	device.drag((250,850),(250,110),0.1,10)

表 3-3 按键名称字符串

按键	名称字符串
home 键	KEYCODE_HOME
back 键	KEYCODE_BACK
call 键	KEYCODE_CALL
end 键（结束通话）	KEYCODE_ENDCALL
ok 键	KEYCODE_DPAD_CENTER
上音量键	KEYCODE_VOLUME_UP
下音量键	KEYCODE_VOLUME_DOWN
power 键	KEYCODE_POWER
camera 键	KEYCODE_CAMERA
menu 键	KEYCODE_MENU

（3）MonkeyImage：表示一个截图对象。这个类提供了截图、将位图转换成其他格式、比较两个 MonkeyImage 对象及写图像到文件的方法。MonkeyImage 的常用方法介绍如表 3-4 所示。

表 3-4　MonkeyImage 常用方法

方法名	方法说明	参数说明
convertToBytes(String[])	将位图转换成其他格式	字符串参数指明要转换的类型名称
sameAs(String[])	比较两个 MonkeyImage 对象	字符串指明要比较的对象，返回一个布尔值
writeToFile(String[])	写图像到文件	字符串指明要保存的路径和名称

例 4：使用脚本对指定 apk 包进行安装、启动、卸载。

（1）假如要安装 E 盘下的 Helloandroid.apk，运行然后卸载，脚本如下。

（注：Helloandroid.apk 只是一个简单的 Android 的 HelloWorld，实验时可以用其他 apk 代替）

```
#coding=utf-8
import sys
from com.android.monkeyrunner import MonkeyRunner as mr
device = mr.waitForConnection(1.0,'emulator-5554')
if not device:
    print >> sys.stderr,"fail"
    sys.exit(1)
#安装。参数必须是绝对路径或相对路径，路径级别用/号
device.installPackage("E:/Helloandroid.apk")
#因为安装 apk 需要一些时间，所以需等待一下再继续执行，否则会出现启动错误
mr.sleep(10)
#启动
device.startActivity(component="com.example.helloandroid/.Helloandroid")
#卸载
device.removePackage ('com.example.helloandroid')
```

（2）把脚本保存到 E 盘下，命名为 install_apk.py。在命令行输入：

```
monkeyrunner E:\install_apk.py
```

即可在虚拟机观察到脚本执行的过程。

怎么找到要启动的包名和活动的类名？除了前面提到的方法外，logcat 里面的信息也可以找到一些提示。例如，启动上面的 Helloandroid 程序时，logcat 里面有个提示：

```
ActivityManager          Displayed com.example.helloandroid/.Helloandroid: +2s862ms
```

显然，程序包名为 com.example.helloandroid，活动的类名为 Helloandroid。

例 5：使用脚本进行多设备控制。

（1）假设当前连接了两个虚拟机，使用 adb devices 命令查看有如下显示。

```
List of devices attached
emulator-5554   device
emulator-5556   device
```

（2）脚本代码如下（#后的内容为注释）:

```
import sys
from com.android.monkeyrunner import MonkeyRunner as mr
from com.android.monkeyrunner import MonkeyDevice as md
from com.android.monkeyrunner import MonkeyImage as mi

#connect device 连接设备
#连接第一个设备并进行操作
device = mr.waitForConnection(1.0,'emulator-5554')
device.press('KEYCODE_CALL')
result = device.takeSnapshot()
result.writeToFile('E:\\takeSnapshot\\result_v1.png','png')
#连接第二个设备
device2 = mr.waitForConnection(1.0,'emulator-5556')
device2.press('KEYCODE_CALL')
result2 = device2.takeSnapshot()
result2.writeToFile('E:\\takeSnapshot\\result_v2.png','png')
```

（3）把脚本保存为 connect_more.py 并保存在 E 盘下。在命令行输入:

```
monkeyrunner E:\ connect_more.py
```

（4）执行结果如图 3-14 所示。

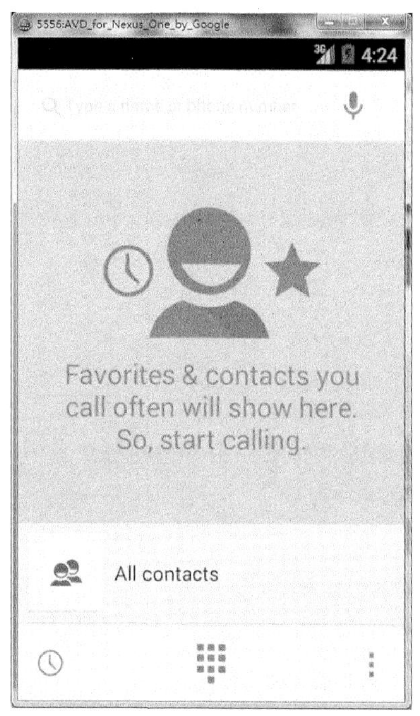

图 3-14 多设备运行结果截图

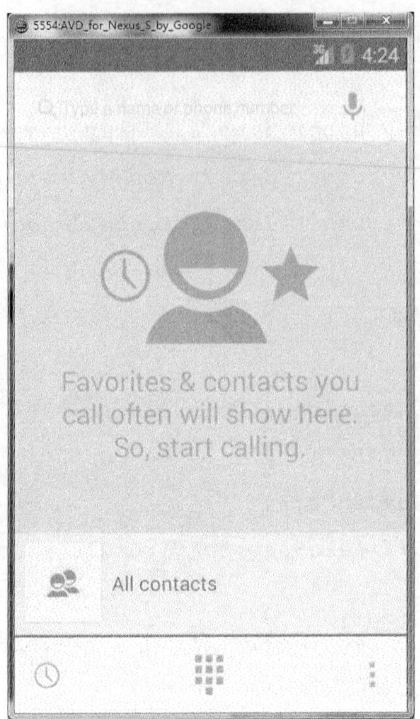

图 3-14　多设备运行结果截图（续）

例 6：修改原来的 monkey_playback.py 脚本，把录制好的脚本运行到多设备上。

（1）按下面提示修改 monkey_playback.py 脚本，另存为 E:\monkey_playback4more.py（提示：加粗部分表示有修改的内容）。

```
#coding=utf-8
#……中间部分代码省略
def main():
    file = sys.argv[1]
    fp = open(file, 'r')
    device = MonkeyRunner.waitForConnection(1.0,'emulator-5554')
    process_file(fp, device)
    fp.close()
    file = sys.argv[1]
    fp = open(file, 'r')
    device2 = MonkeyRunner.waitForConnection(2.0,'emulator-5556')
    process_file(fp, device2)
    fp.close()
    result = device.takeSnapshot()
    result.writeToFile('E:\\takeSnapshot\\result1.png','png');
    result = device2.takeSnapshot()
    result.writeToFile('E:\\takeSnapshot\\result2.png','png');
```

```
if __name__ == '__main__':
    main()
```

（2）在命令行输入下面命令，执行结果如图 3-15 所示。

```
monkeyrunner E:\monkey_playback4more.py E:\test.mr
```

图 3-15　多设备运行结果截图

说明

上面例子中，def 语句的作用是定义一个函数，而在脚本的最后调用了前面定义的函数 main。

四、shell 命令调试

MonkeyRunner 除了可以解释并执行编写好的 Python 脚本，还能以交互模式执行用户输入的每条命令。

在命令提示符下输入 monkeyrunner，进入命令交互模式，可以看到提示信息如图 3-16 所示。

```
Jython 2.5.3 (2.5:c56500f08d34+, Aug 13 2012, 14:54:35)
[Java HotSpot(TM) Client VM (Sun Microsystems Inc.)] on java1.6.0_10-rc2
>>>
```

图 3-16　进入交互模式提示

Jython 是运行在 Java 平台上的 Python 解释器，可以直接把 Python 代码编译成 Java 字节码执行。简而言之，Jython 是一个 Python 语言在 Java 中的一种完全实现。Jython 有很多优点，包括 Jython 程序可以和 Java 实现无缝集成，可以直接访问所有有效的 Java 类。因此，除了一些标准模块外，Jython 可以使用所有的 Java 类，如用户界面可以使用 Swing、AWT 或 SWT 等。

进入交互模式后，在交互式环境的提示符>>>下，直接输入代码，按回车，就可以立刻得到代码执行结果。跟在 py 文件中类似，我们可以逐条输入所需指令。例如：

```
>>>from com.android.monkeyrunner import MonkeyRunner, MonkeyDevice
>>>device = MonkeyRunner.waitForConnection()
......
```

这种方式将逐条给模拟器发送命令，模拟器接收到命令后将立即执行。所有命令输入并发送完毕，将可以得到最后的输出。

例 7：在交互模式下输入命令，分别实现 apk 的安装、启动、卸载。

依次输入以下命令（>>>为交互模式的输入提示符，不需输入）。

```
>>> import sys
>>> from com.android.monkeyrunner import MonkeyRunner as mr
>>> device = mr.waitForConnection()
>>> device.installPackage("E:/Helloandroid.apk")
>>>
 device.startActivity(component="com.example. helloandroid/com. example.
helloandroid.Helloandroid")
>>> device.removePackage ('com.example.helloandroid')
```

可得到图 3-17 所示的执行结果。也可以同时观察虚拟机的执行过程。

```
管理员: 命令提示符 - monkeyrunner
E:\>monkeyrunner
Jython 2.5.3 (2.5:c56500f08d34+, Aug 13 2012, 14:54:35)
[Java HotSpot(TM) Client VM (Sun Microsystems Inc.)] on java1.6.0_10-rc2
>>> import sys
>>> from com.android.monkeyrunner import MonkeyRunner as mr
>>> device = mr.waitForConnection()
>>> device.installPackage("E:/Helloandroid.apk")
True
>>> device.startActivity(component="com.example.helloandroid/com.example.helloan
droid.Helloandroid")
>>> device.removePackage ('com.example.helloandroid')
True
>>>
```

图 3-17 在交互模式下输入命令并执行

说明

（1）因为交互模式下是执行完前一个命令再执行下一个，所以在执行完安装命令后不需要再用 sleep 让机器强制等待，出现>>>提示符意味着安装的操作已经结束，因此可以直接执行启动的命令。

（2）这里的 startActivity 用了另外一种格式，请比较跟前面例子写法的区别。两种格式的写法执行结果都是一样的。

（3）在交互模式下，如果执行的函数有返回值，将直接显示这个函数执行后的返回值结果。

（4）要退出交互模式，在 Windows 下可以键入 Ctrl+z。

任务实施

一、搭建环境及准备

连接多个设备（虚拟机或真机）。在这里我们分别启动 2 个虚拟机，使用 adb devices 命令检查连接状态如下：

```
List of devices attached
emulator-5554   device
emulator-5556   device
```

至于要测试的自带计算器程序，我们可以先尝试在一个虚拟机上启动计算器程序，观察到 logcat 里面有类似以下的提示信息。

```
ActivityManager          Diaplayed com.calculator2/.Calculator: +3s147ms
```

因此计算器程序的包名和活动类名为 com.android.calculator2/.Calculator:。

二、脚本编写

（1）编写脚本如下。编写好的脚本保存到 E 盘下，命名为 calculator.py。

```
#coding:utf-8
import sys
from com.android.monkeyrunner import MonkeyRunner as mr
from com.android.monkeyrunner import MonkeyDevice as md
from com.android.monkeyrunner import MonkeyImage as mi

#connect device 分别连接已有设备
d = mr.waitForConnection(1.0,'emulator-5554')
d2= mr.waitForConnection(1.0,'emulator-5556')

#devices 是一个列表对象，其元素是之前已获取的连接对象
devices=[d,d2]

#定义要启动的 Activity
componentName='com.android.calculator2/.Calculator'

#用一个循环，遍历列表里的所有设备，即对所有设备执行以下相同操作。len 是用于获取当前列表的长度。
for x in range(len(devices)):
    devices[x].startActivity(component=componentName)
    mr.sleep(5.0)

#输入要计算的式子。可根据测试需要修改成其他式子
    devices[x].type('123456789*123456789')
    devices[x].press('KEYCODE_ENTER')
#takeSnapshot 截图
    mr.sleep(3.0)
    result = devices[x].takeSnapshot()

#save to file 保存到文件，使用循环变量作为文件名的一部分，避免覆盖
    result.writeToFile('E:\\takeSnapshot\\result'+str(x)+'.png','png');
```

（2）在命令提示符下输入：

```
monkeyrunner E:\calculator.py
```

即可观察到脚本依次在 2 个已连接的虚拟机上执行。运行结束后，在文件夹

E:\takeSnapshot 下可以查看运行结果的截图如图 3-18 所示。

result0.png

result1.png

图 3-18　运行结果截图

说明

（1）在这个程序中，先依次获取已连接的设备，将它们保存在一个列表对象里。列表对象类似数组，是 Python 内置的一种数据类型，是一种有序的集合，可以随时添加和删除其中的元素。

（2）使用 len()方法可以获取列表对象的大小，再使用 for x in range(len(devices))这个循环结构，可以遍历列表对象从下表为 0 到 len(devices-1)的元素。

（3）若需要连接更多的设备，只需在上面程序增加 waitForConnection 语句及增加列表 devices 里的元素即可。

课堂练习

请补充程序代码，分别测试计算器加、减、乘、除 4 种运算，并考虑一些特殊的计算（如除数为 0）。

任务拓展

Python 语法初步

在这里只简要介绍一下 Python 语言的一些初级语法，只要求能看懂并编写简单的 MonkeyRunner 脚本，更多更详细的内容可参阅 Python 的相关书籍。事实上 Python 的功能非常强大，使用也越来越广泛，要开发功能更强大的脚本、实现更复杂的测试任务可能需要深入学习这门语言。

Python 是一种弱类型控制的脚本语言，对于同一个变量可以赋予不同类型的值。输入输出的函数分别为 raw_input()和 print。

例 8：Python 的输入和输出。

（1）在命令提示符下输入 monkeyrunner 进入交互模式，分别输入以下命令。

```
>>> name = raw_input('please enter your name: ')
>>> print 'hello,', name
```

（2）脚本运行结果如图 3-19 所示。

```
管理员: 命令提示符 - monkeyrunner
>>> name = raw_input('please enter your name: ')
please enter your name: abc
>>> print 'hello,', name
hello, abc
>>> _
```

图 3-19　Python 的输入和输出。

#号在 Python 中表示注释内容。不同于 Java 等语言，Python 语言是通过语句缩进来控制语句块的。

例 9：Python 的控制结构示例。

（1）编写脚本如下，保存到 E 盘下，命名为 structure.py。

```
def isAdult(age):
    if age <= 6:
        print 'kid\n'
    elif age >= 18:
        print 'adult\n'
    else:
        print 'teenager\n'

def AddToN(n):
    sum = 0
    for x in range(n):#从 0 到 n-1，步长为 1
        sum = sum + x
    return sum

def AddStep2(n):
    sum = 0
    while n > 0:
        sum = sum + n
```

```
        n = n - 2
    return  sum

isAdult(17)
isAdult(20)
isAdult(6)
result=AddToN(101)
print result
result=AddStep2(11)
print result
```

（2）在命令提示符下输入：

```
monkeyrunner E:\structure.py
```

说明

① Python 没有花括号，使用程序缩进表示语句块，缩进较多表示在上一个控制结构内。但必须注意不能使用来 Tab 键控制缩进，会导致出错。

② Python 的函数使用“def 函数名(参数列表):”的格式定义。

③ 选择结构的格式为“if…(elif)…else:”。

④ 循环结构有两种写法：for 和 while。

限于篇幅和内容，这里仅对 Python 的语法做简单介绍。事实上若要使得 MonkeyRunner 脚本的作用更强大，可能需要对 Python 有更深入的了解，并结合 Java 的类库，才能开发出更灵活、更强大的脚本。

相关链接及参考

Python 脚本常见错误解决。

（1）Non-ASCII character in file：Python 默认是 ASCII 模式，没有支持 utf8，代码中假如出现中文等字符就会导致出现这个错误。解决方法：在源代码文件第一行添加#coding:utf-8 即可。

（2）SyntaxError: ("mismatched input '' expecting DEDENT", (..., "\t...")) 这往往是编辑器的 bug 导致的问题，在 Python 脚本里面缩进不允许用 Tab 键，必须以空格键的缩进控制程序块。解决方法：删除 Tab 键控制的缩进处，改用空格键。

实训项目

一、实训目的与要求

对于一个 Android 应用（被测程序可自行选择），能使用 Monkey 工具和 MonkeyRunner 工具实现简单的自动化黑盒测试。

二、实训内容

使用 Monkey 工具，实现如下测试。

（1）随机命令序列测试：接受 1000 次及以上随机命令序列，不发生崩溃。

（2）指定比例命令序列测试：接受指定比例的触摸事件和轨迹事件，不发生崩溃。

（3）指定命令序列测试：针对特定功能，接受指定命令序列并连续执行若干次，能正常运行不发生错误。

使用 MonkeyRunner 工具，实现如下测试。

（1）测试程序基本功能的自动化脚本录制与脚本开发，能保证脚本的正常回放。

（2）修改完善 Python 脚本，使用等价类、边界值、错误推测法等方法，补充测试数据并执行测试，使得功能测试更加完善，同时为回归测试做好准备。

（3）修改完善脚本，使得测试可以在多设备上执行，并检查程序兼容性。

三、总结与反思

与手工测试相比，使用 Monkey 与 MonkeyRunner 工具实现的自动化测试有什么好处？在实现什么测试任务的时候，这种自动化能发挥最大的优势？

本章小结

Monkey 和 MonkeyRunner 是 Android 黑盒测试中常用的两个工具。Monkey 一般生成实现一些随机事件，也可以指定事件比例和给出简单的操作序列，一般用于程序的性能测试如可靠性测试。而 MonkeyRunner 的功能相对较强大，可以实现脚本的录制与回放，还可以通过编写 Python 脚本实现多设备控制等较复杂的测试任务，一般用于功能测试、回归测试等。

习题

一、问答题

1. Monkey 命令的参数包括几大类？分别举例说明。
2. 试解释以下 Monkey 命令，并说明出现的参数的作用。

```
adb shell monkey -p com.android.calculator2 --setup scriptfile -f/
sdcard/script.txt --ignore-crashes 2
```

3. 举例说明如何设置 Monkey 命令中触摸事件、动作事件、轨迹事件的百分比。
4. 简述使用 MonkeyRunner 的优势。
5. MonkeyRunnerAPI 包含哪几个模块？每个模块主要提供什么方法？
6. 举例说明如何在 MonkeyRunner 的脚本中实现模拟按键事件和输入事件。
7. Jython 和 Python 有什么关系？使用 Jython 有什么好处？

二、实验题

1. 使用 Monkey 命令对指定 Android 应用进行 300 次随机测试(这个程序可自由指定)。
2. 按要求写出对指定 Android 应用实现 Monkey 测试的脚本(这个程序可自由指定)。
3. 打开 Android 自带的 clock 程序，录制一个新建闹钟的脚本并回放。
4. 手动编写 Python 脚本，实现同时在多个机器上启动同一个程序(这个程序可自由指定)。

PART 4 项目四 Android 白盒单元测试

项目导引

对 Android 应用程序的结构有了一定认识后，将对 Android 程序的代码进行进一步分析。白盒测试是针对程序代码组织的测试，是软件开发初期保证开发质量的重要手段。在本项目中，我们将从 JUnit 的框架出发，初步认识 Android 的单元测试框架 Instrumentation。

学习目标

☑ 掌握使用 JUnit3 和 JUnit4 框架的使用
☑ 掌握对 Java 代码进行覆盖率测试的方法
☑ 了解 Android 的单元测试框架 Instrumentation 的结构
☑ 了解 Instrumentation 测试类的构造函数、setUp、测试函数等编写的主要方法
☑ 能使用 Instrumentation 对 Android 应用程序进行简单的单元测试

任务一　基于 JUnit 框架的覆盖率测试

任务分析

针对给定的代码片段，要求编写测试代码，实现以下测试。

（1）分别编写基于 JUnit3、JUnit4 的测试代码。

（2）使用覆盖率检查工具，达到指定的覆盖率要求。

知识准备

JUnit 是由 Kent Beck 和 Erich Gamma 建立的单元测试框架，也是现在使用最广的 Java 单

元测试框架，多数 Java 的开发环境都已经集成了 JUnit 作为单元测试的工具，成为 xUnit 系列测试驱动开发的测试框架中最成功的其中一个成员。xUnit 系列框架现在已经被广泛使用在各种开发语言中。

JUnit3 和 JUnit4 是 xUnit 系列中较典型、较具有代表性的两种形式，另外还有一些衍生的框架如 TestNG 等可以弥补 JUnit 的一些不足。下面先回顾 JUnit 的基本实现形式，使用 JUnit 实现基本的单元测试，并使用 Ecl Emma 检查代码覆盖情况。

一、JUnit3 框架回顾

基于 JUnit3 编写的测试类有以下要求。

（1）需通过 import 引入必须的 JUnit 类，且定义的测试类必须是公有类。

（2）测试类必须继承自 TestCase。

（3）测试类必须包含一些以 test 开头的测试方法，且这些方法必须是 public void 类型的。

（4）每个方法包含一个或者多个断言（assert）语句。

JUnit 的 TestCase 类提供了 setUp 和 tearDown 方法，用于进行测试环境的搭建和资源的清理。执行过程如图 4-1 所示。

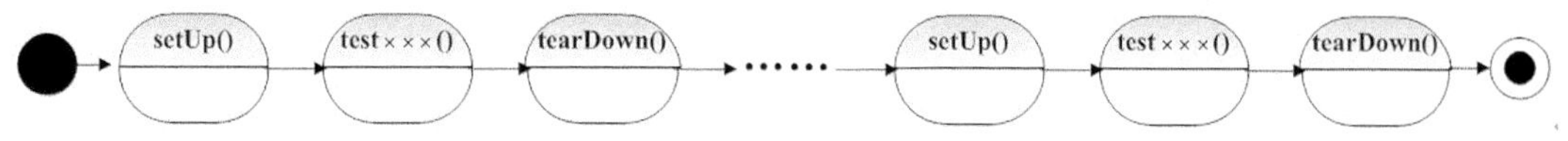

图 4-1　JUnit3 测试执行次序

如果测试类里面包含 setUp，那么在每个 test _ ×××的测试方法执行前都要执行一次 setUp 函数，因此，可以把一些搭建测试环境、初始化数据等的语句放到 setUp 函数里。同样地每个 test×××的测试方法执行后都要执行一次 tearDown 函数，可以把一些进行恢复环境、资源清理等收尾工作的语句放到 tearDown 函数里。setUp 和 tearDown 都是 protected void 类型的。

因此，使用 JUnit3 运行测试的步骤如下。

（1）重载 setUp 函数，封装测试环境初始化及测试数据准备。

（2）设计一系列测试方法，以 test×××命名。

（3）在测试方法中加入断言语句，如 assertEquals，assertTrue 等。

（4）设计测试套件，或使用缺省的测试套件，调用 TestRunner 执行测试，生成测试结果。

（5）重载 tearDown 函数析构测试环境，执行收尾工作。

二、浅谈 JUnit4 框架

JUnit4 根据 Java 5.0 中的新特征（注解，静态导入等）构建而成，与 JUnit3 最大的不同就是引入了注解（annotation）的方式，通过解析注解就可以为测试提供相应的信息。

JUnit4 与 JUnit3 编写的测试类有以下几个区别。

（1）不要求测试类继承自 TestCase。

（2）测试方法不必以 test 开头。

（3）使用注解（annotation）表示测试执行的各个阶段。

这样，JUnit4 去掉了测试类与 TestCase 类的偶联性，同时测试类中函数的命名也更加灵活方便。

测试类中不同的函数使用了不同的注解（annotation），注解的介绍如下。

（1）@Test：测试方法。@Test 的方法只能是 public void 类型的。

（2）@Before：注解的方法将在每个测试方法执行之前都执行一次，作用相当于 JUnit3 中的 setUp，只能修饰 public void 方法。

（3）@After：注解的方法将在每个测试方法执行之后都执行一次，作用相当于 JUnit3 中的 tearDown，只能修饰 public void 方法。

（4）@BeforeClass：将在所有测试方法执行之前执行一次，只能修饰 public static void 方法。

（5）@AfterClass：将在所有测试方法执行结束后执行一次，只能修饰 public static void 方法。

JUnit4 的执行顺序如图 4-2 所示。

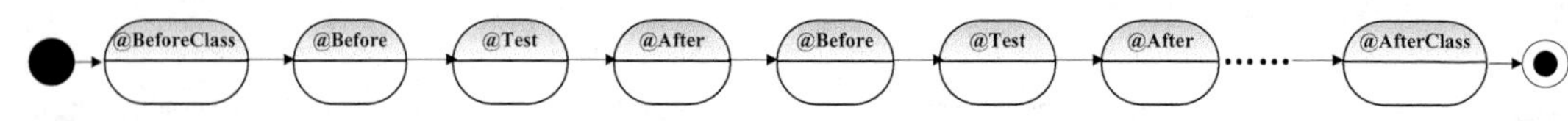

图 4-2 JUnit4 执行次序

另外，在 JUnit4 中还提供了一种参数化的方法，以便于实现代码与数据的分离。特别是测试数据量较大、测试用例比较多的时候，这种分离就显得更加重要，可以避免代码的混乱，提高代码的可读性和可维护性。

要在 JUnit4 中实现参数化，需要做两方面的准备：测试运行器和测试数据生成函数。

首先，测试类必须由 Parameterized 测试运行器修饰。要在测试类上用@RunWith(Parameterized.class)的注解指定测试运行器。

其次，需要定义一个方法，生成测试用的数据。这个方法需要满足以下要求。

（1）该方法必须由 Parameters 注解修饰。

（2）该方法必须为 public static 类型的。

（3）该方法必须返回 Collection 类型。

（4）该方法的命名没有要求，但必须没有参数。

这个方法返回的 Collection 类型的数据包含的成员数量，取决于一组测试包含的数据数量。例如一组测试用例一共有 3 个输入的参数和 1 个预期值，那么 Collection 返回的数据就要求每组 4 个。

下面是一个简单的例子。

```
//测试类定义。参数化的测试类必须有 Parameterized 测试运行器修饰
@RunWith(Parameterized.class)
public class SimpleTest {
    private int input1;
    private int input2;
```

```
    private int expected;  //假设一组测试有两个输入数值，以及一个用于对比的预期值
  //准备数据。数据的准备需要在一个方法中进行， 该方法必须由 Parameters 注解修饰
   @Parameters
   @SuppressWarnings("unchecked")
  public static Collection prepareData(){  //必须返回 Collection 类型,且是 public
static 的
  Object [][] bject = {{-1,-2,-3},{0,2,2},{-1,1,0},{1,2,3}};
  return Arrays.asList(object);
  }
  //测试类的构造函数。依次用@Parameters 产生的数据对类的私有数据进行初始化
  public AddTest3(int input1,int input2,int expected){
          this.input1 = input1;
          this.input2 = input2;
          this.expected = expected;
      }
  ……
  @Test
  public void test()
  {……}
  }
```

这样，在prepareData产生的测试数据将在每次测试运行时依次赋值给测试类的私有数据，在测试方法test()里直接调用已赋值的input1、input2、expected等进行测试即可。

三、代码覆盖率

代码覆盖率是衡量白盒测试的一项重要的指标。常用的代码覆盖大致上可分为逻辑覆盖和路径测试两大类。其中，逻辑覆盖一般包含语句覆盖、条件覆盖、判定覆盖、判定/条件覆盖、修正条件判定覆盖、条件组合覆盖等，主要是从控制逻辑的角度出发的；而路径测试则可能包含路径覆盖（即要求覆盖所有可能的执行路径）、LCSAJ（线性代码序列和跳转）覆盖、循环覆盖等，主要是考虑程序的可执行路径的组合。

Java有一系列开源的代码覆盖率工具，其中较常用的是Emma和Cobertura。两者都支持Ant、Maven，且都提供了对应Eclipse插件。对于初学者来说，在Eclipse里Emma相对较容易使用而且运行基本不会出错。因此，我们在本任务中使用Emma来统计代码覆盖率。

Emma在Eclipse中的运行非常简单，运行后将以不同的颜色分别标记未运行过的代码、运行了部分分支的代码、运行了所有分支的代码，而且可以自动导出统计结果与报告。

对于复杂的条件组合，Emma 是根据程序分析条件的逻辑统计分支执行情况的。例如，若程序中有语句 if(a&&b)…else…，那么 Emma 会把这个条件的分支分解为以下情况。

（1）如果条件 a 为 false，则直接执行 else 语句。

（2）如果条件 a 为 true，则分析条件 b，若 b 为 false 则执行 else 语句。

（3）条件 a 与 b 同为 true 时，执行 if 后的语句。

因此，Emma 将把上面这个复合的逻辑式分解为 3 条分支，只有当 3 个分支都被执行过，才算达到 100%的覆盖率。

Emma 会对程序中出现的所有复合表达式进行类似的分支分解。因此 Emma 会把 a&&b 和 a||b 的复合条件，分解为图 4-3 所示的情形。在使用 Emma 统计覆盖率时，了解它的统计机制，有助于设计较有效的测试用例。

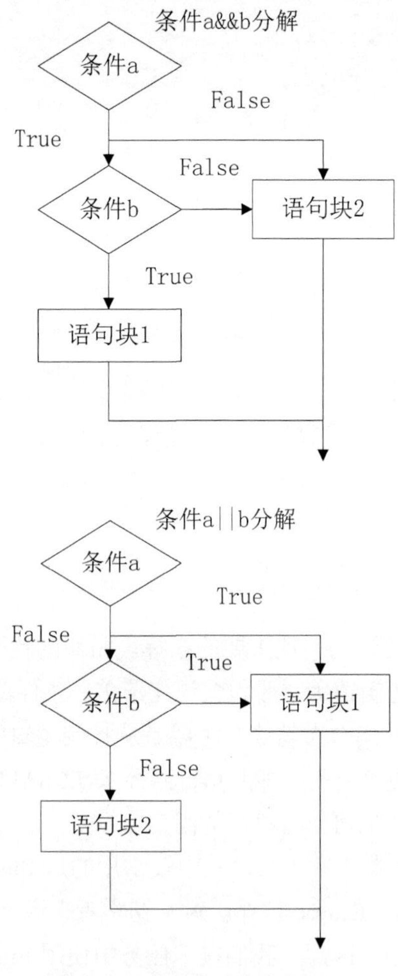

图 4-3　复合条件分支分解

任务实施

在以下任务中，考虑为下面简单的代码片段编写测试用例。

```
public class StringSample {
    private String accountName;
    public StringSample(String name){accountName=name; }
    public String getName(){return accountName;}
    public void setName(String name)
    {if(name!=""&&accountName!=name)accountName=name;}
}
```

在编写测试代码时，需要注意由于面向对象的封装、继承、多态等机制，在测试时需要考虑更多的因素。例如，这个 StringSample 的类，私有成员 accountName 不能直接读取，需要通过 getName 来获取当前的值，而且 accountName 的值也不能直接修改，需要通过 setName 提供的接口来修改。

一、使用 JUnit3 编写测试代码

在 Eclipse 中，选中当前 Java 文件，打开右键菜单的“New/JUnit Test Case”新建测试类，如图 4-4 所示。

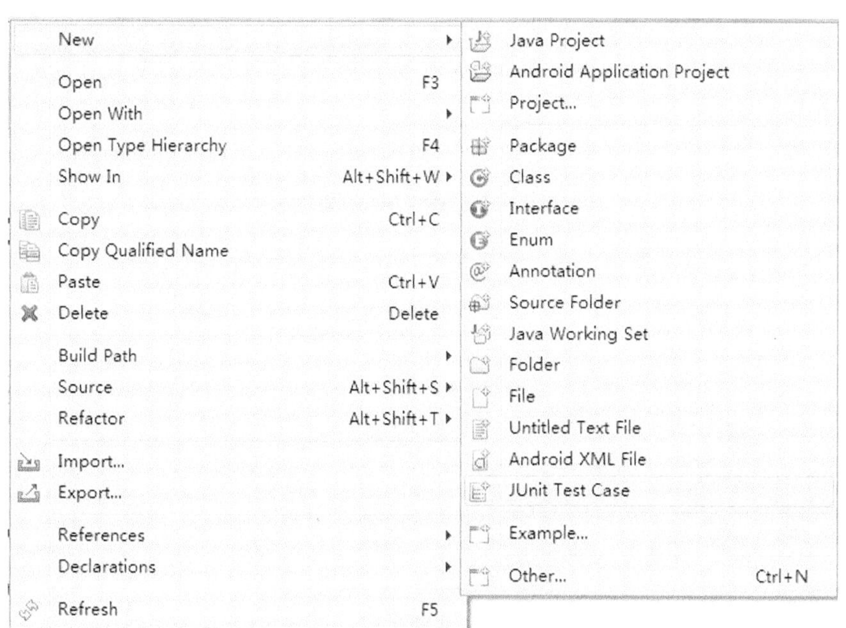

图 4-4 新建 JUnit 测试类

在弹出的对话框中选择测试类为“New JUnit3 test”，并视测试类的需要选择 setUp 和 tearDown 的方法，如图 4-5 所示。

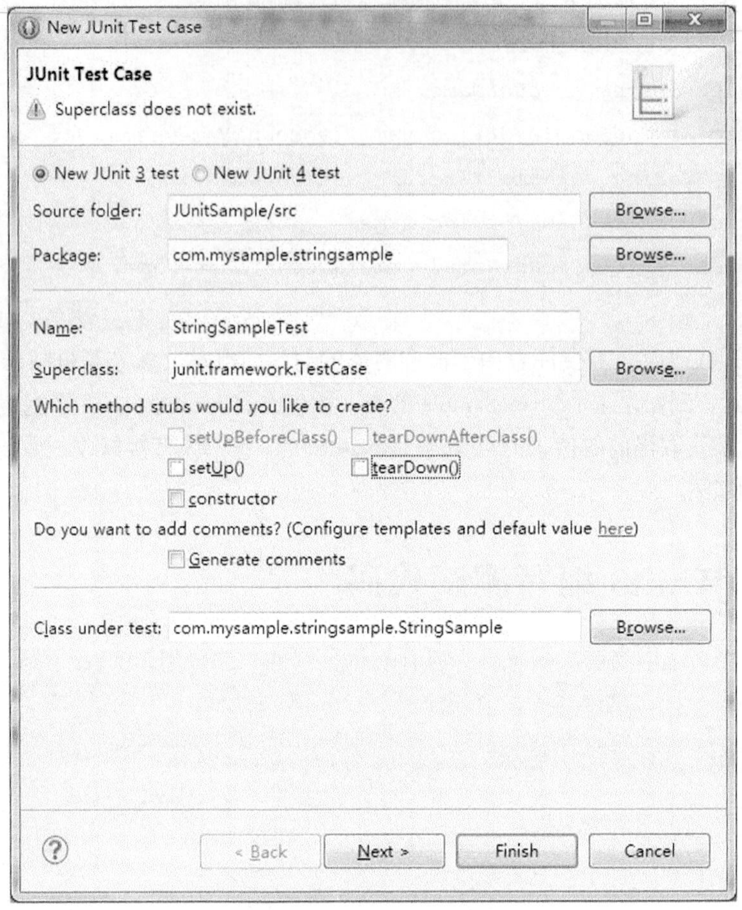

图 4-5 新建 JUnit3 测试类

单击“Finish”完成新建测试类。如果 JUnit3 的库没有被包含到项目中，可以在弹出的图 4-6 的提示框中通过项目的配置项把 JUnit3 的库所在的路径添加进来。

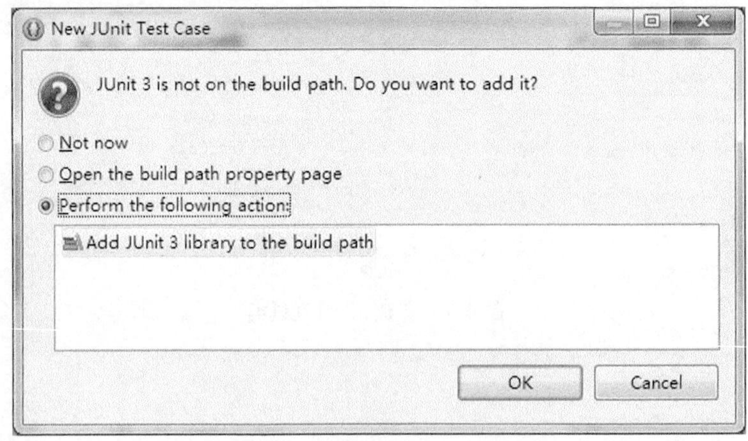

图 4-6 提示添加 JUnit3 的库

针对 StringSample 类，可编写测试类如下：

```
   import junit.framework.TestCase;
public class StringSampleTest extends TestCase {
     private StringSample test;
     protected void setUp(){test=new StringSample("test");  }//对象初始化
     public void testGetName() {assertEquals("test",test.getName());}//测试
     public void testSetName()
     {   test.setName("testSet");
         assertEquals("testSet",test.getName());}
}
```

运行测试。如果弹出测试启动器选项，按需要选择要运行测试的启动器，如图 4-7 所示。

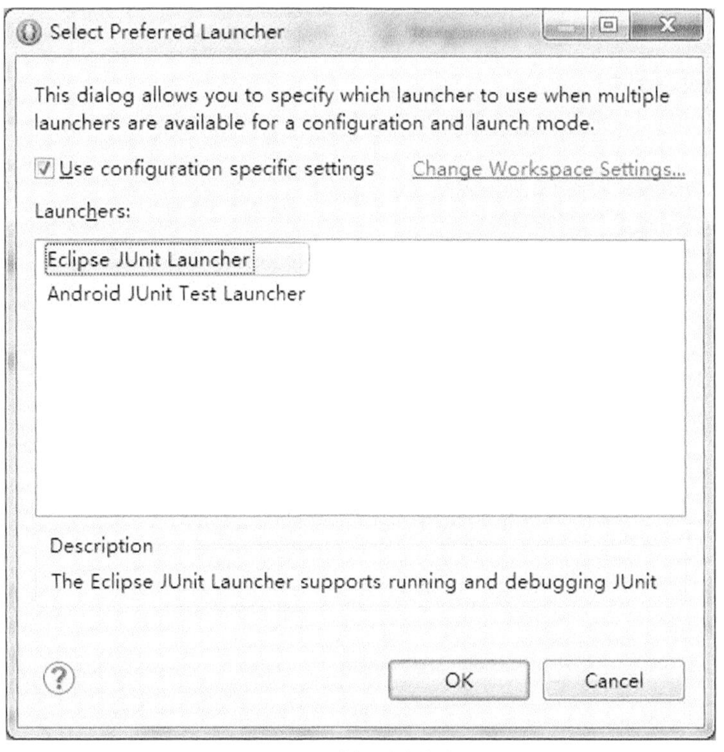

图 4-7　选择测试启动器

代码中的断言（assert 语句）用于比较预期结果和实际结果是否一致，最常用的形式为 assertEquals（预期结果,实际结果）。若用于比较的是浮点数，还需要在最后添加一个参数表示可以接收的误差值。还有其他较常用的断言语句，如 assertTrue、assertFalse、assertNull、assertNotNull、assertSame 等。

运行代码，如果测试通过，将出现全绿色的进度条且所有测试前都会有绿色的“√”。如果测试有错误，可能是两种情况：蓝色的 Failure 或红色的 Error。其中，蓝色的 Failure 表示测试代码本身没有问题，但其中的断言语句相比较的两者（一般是预期结果与实际结果）不一致。而红色的 Error 则提示测试代码在执行时遇到了问题，是代码存在的问题（如语法问题）。

课堂练习

示例代码中给出的测试，是否已充分考虑了各种输入的情况？试补充测试代码，使得测试更充分。

二、使用 JUnit4 编写测试代码

对 StringSample.java 类，新建一个 JUnit4 的测试类。在弹出的新建测试类的对话框中选择建立测试类为“New JUnit 4 test”，并输入类名及选择其他设置项，如图 4-8 所示。

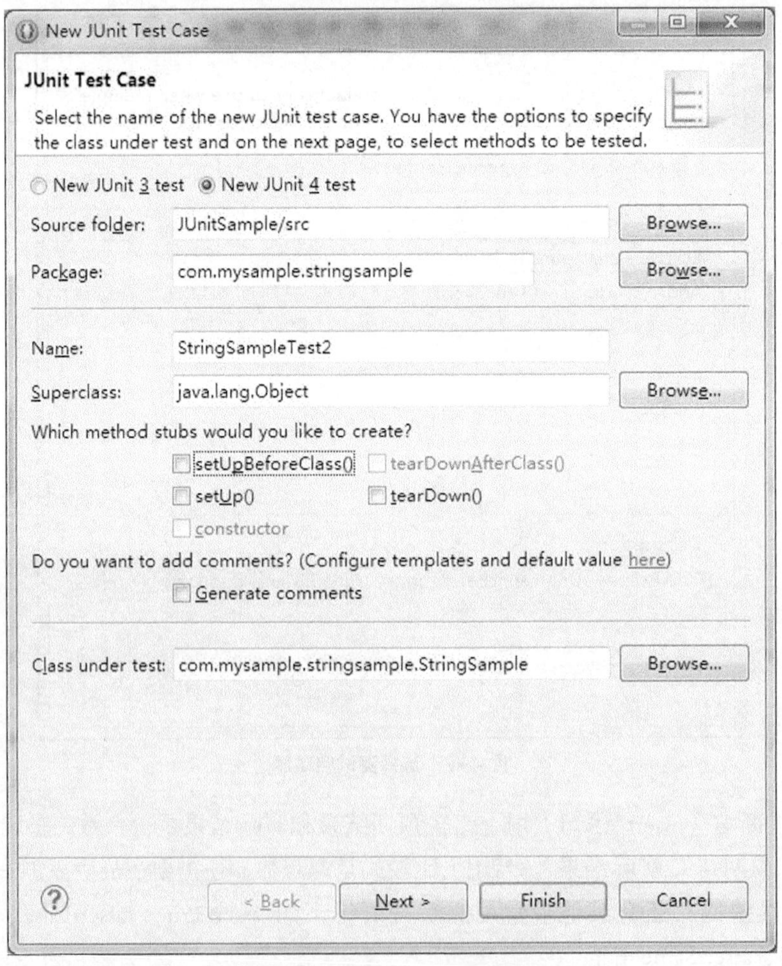

图 4-8　新建 JUnit4 测试类

单击“Finish”按钮完成创建。

测试类建立后，可能有提示代码错误，这时需要手动把 JUnit4 的库添加到项目。

右键单击项目，在菜单中选择“Build Path/Configure Build Path”，如图 4-9 所示。

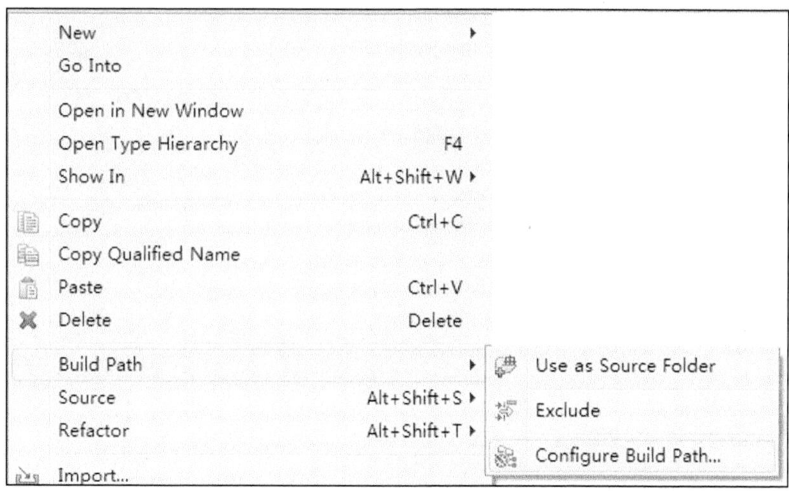

图 4-9 更改项目配置

在弹出的窗口中切换到“Libraries”，单击“Add Library”按钮添加类库，在弹出的对话框中选择 JUnit，如图 4-10 所示。

图 4-10 添加 JUnit 库

在弹出的窗口中选择 JUnit4，如图 4-11 所示。

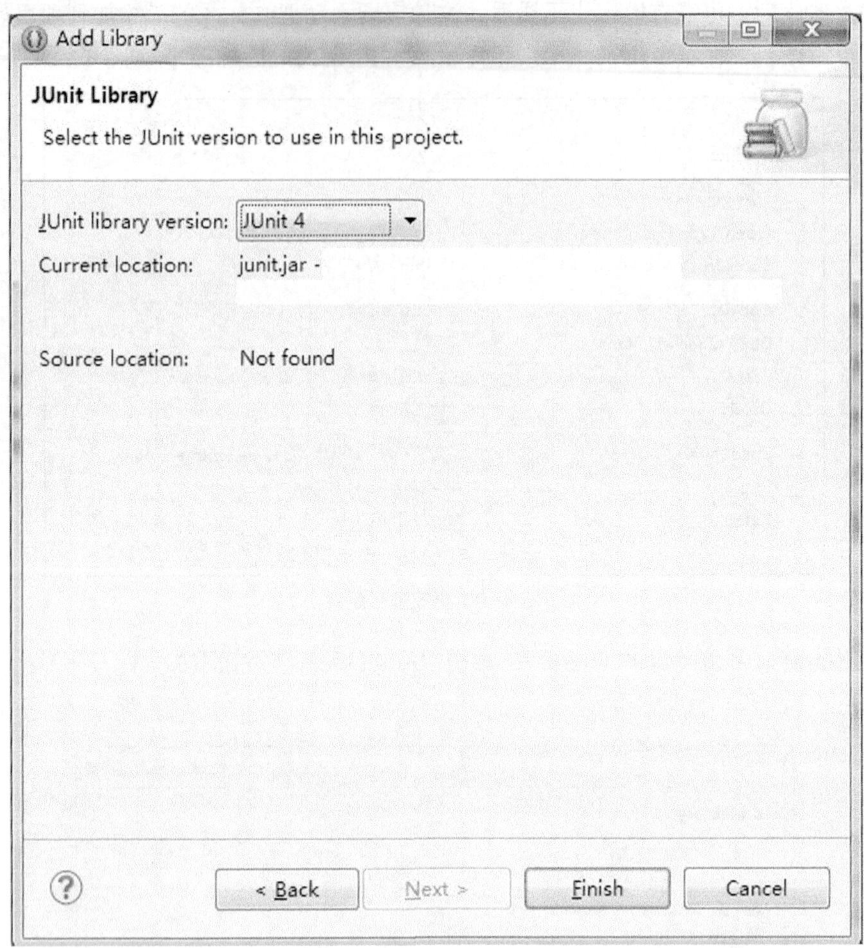

图 4-11　添加 JUnit4 库

单击“Finish”再单击“OK”按钮完成添加。

切换回代码，如果发现错误仍存在，特别是存在以下提示的错误。

```
Access restriction: The type Test is not accessible due to restriction on required library ……junit.jar
```

可使用以下方案解决。

（1）重新打开“Build Path/Configure Build Path”，选择“Order and Export”，把 JUnit4 库的次序通过 Up 提前，如图 4-12 所示。这是较推荐的做法。

（2）Eclipse 默认把受访问限制的 API 设成了 ERROR。打开“Windows/Preferences”窗口，选择“Java/Complier/Errors /Warnings”，把里面的“Deprecated and restricted API”中的“Forbidden references(access rules)”选为 Warning，如图 4-13 所示。

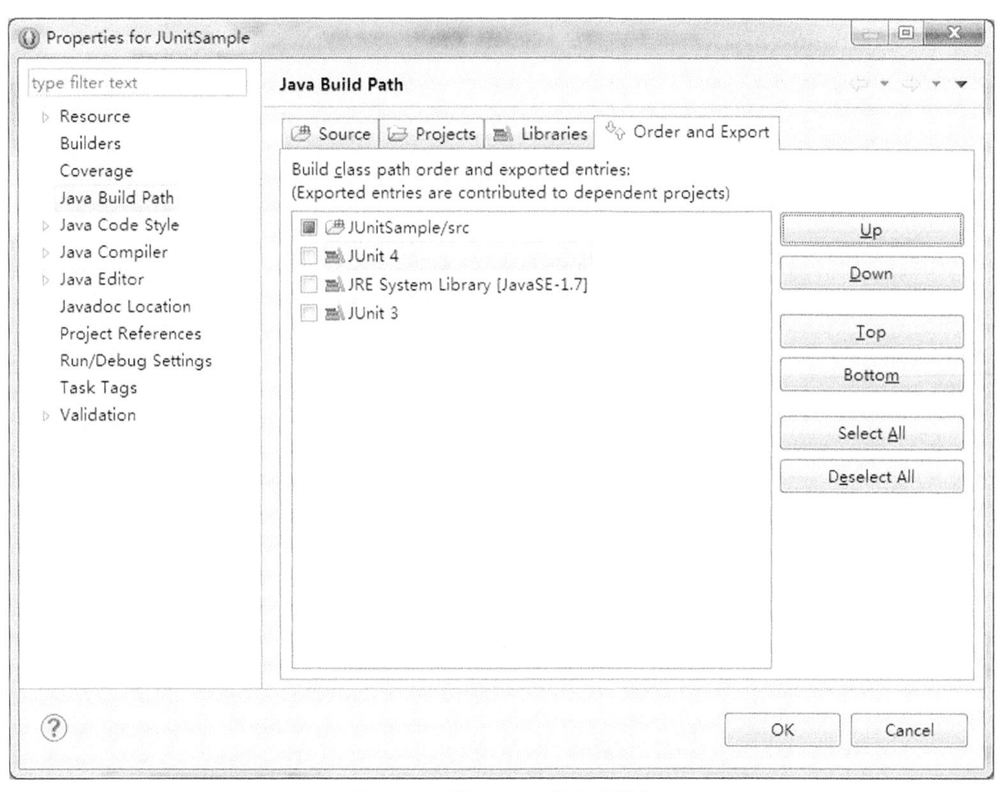

图 4-12　把 JUnit4 的次序提前

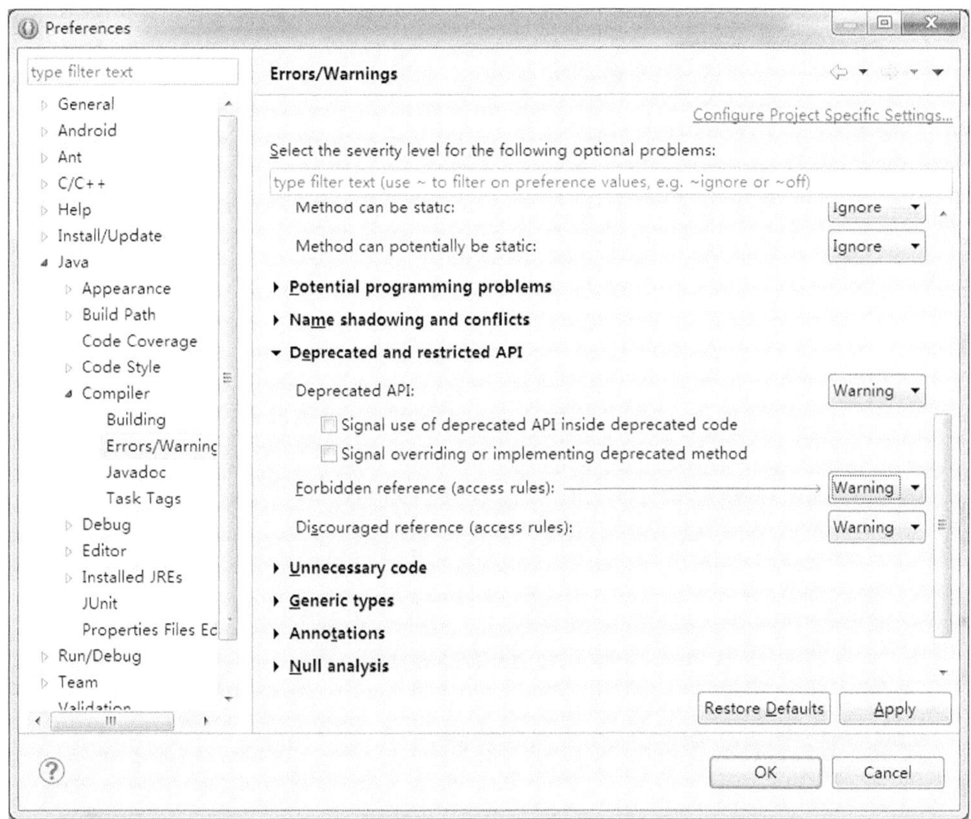

图 4-13　修改错误提示设置

更正了项目配置的错误后，编写测试代码如下：

```
import static org.junit.Assert.*;
import org.junit.Before;
import org.junit.Test; //导入用到的包
public class StringSampleTest2 {
    private StringSample test;
    @Before
    public void init(){     test=new StringSample("test");}//相当于 JUnit3
里的 setUp
    @Test
    public  void  GetTest()  {assertEquals("test",test.getName());}// 测 试
getName 函数
    @Test
    public void SetTest()
{  test.setName("testSet");
        assertEquals("testSet",test.getName());}//测试 setName 函数
}
```

运行测试。如果弹出测试启动器选项，按需要选择要运行测试的启动器，如图 4-14 所示。

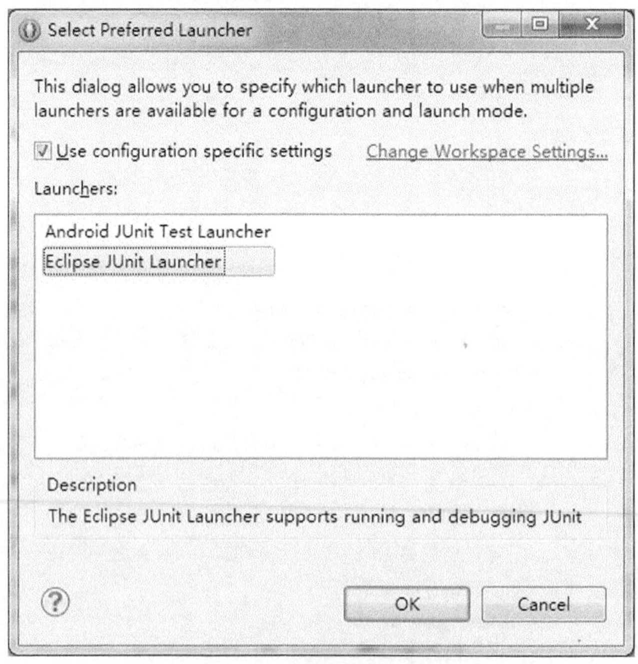

图 4-14　选择测试启动器

二、安装 Emma 的 Eclipse 插件

安装 Emma 的 Eclipse 插件有两种方法：在线安装和离线安装。

如果使用在线安装，单击菜单“Help/Install New Software”，单击右侧的 Add 按钮添加安装地址。在弹出的“Add Repository”窗口的“Location”处输入安装地址 http://update.eclemma.org，如图 4-15 所示。

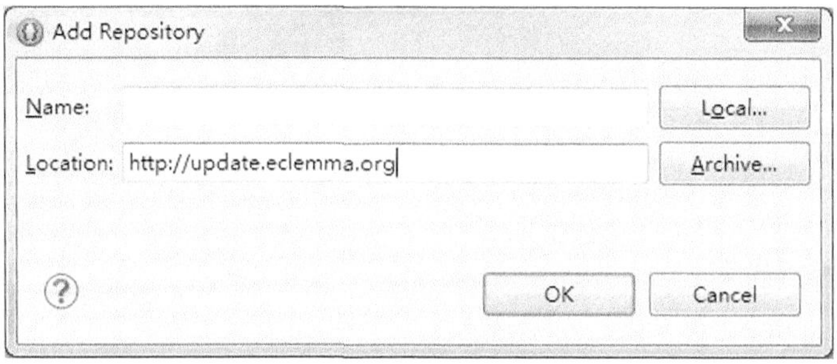

图 4-15　添加在线安装地址

单击“OK”按钮，稍候片刻，可以搜索到安装包。点选安装包，记得去掉下面的选项“Contact all update sites during install to find required software”前的勾，如图 4-16 所示。

单击“Next”按钮，打开安装界面，如图 4-17 所示。

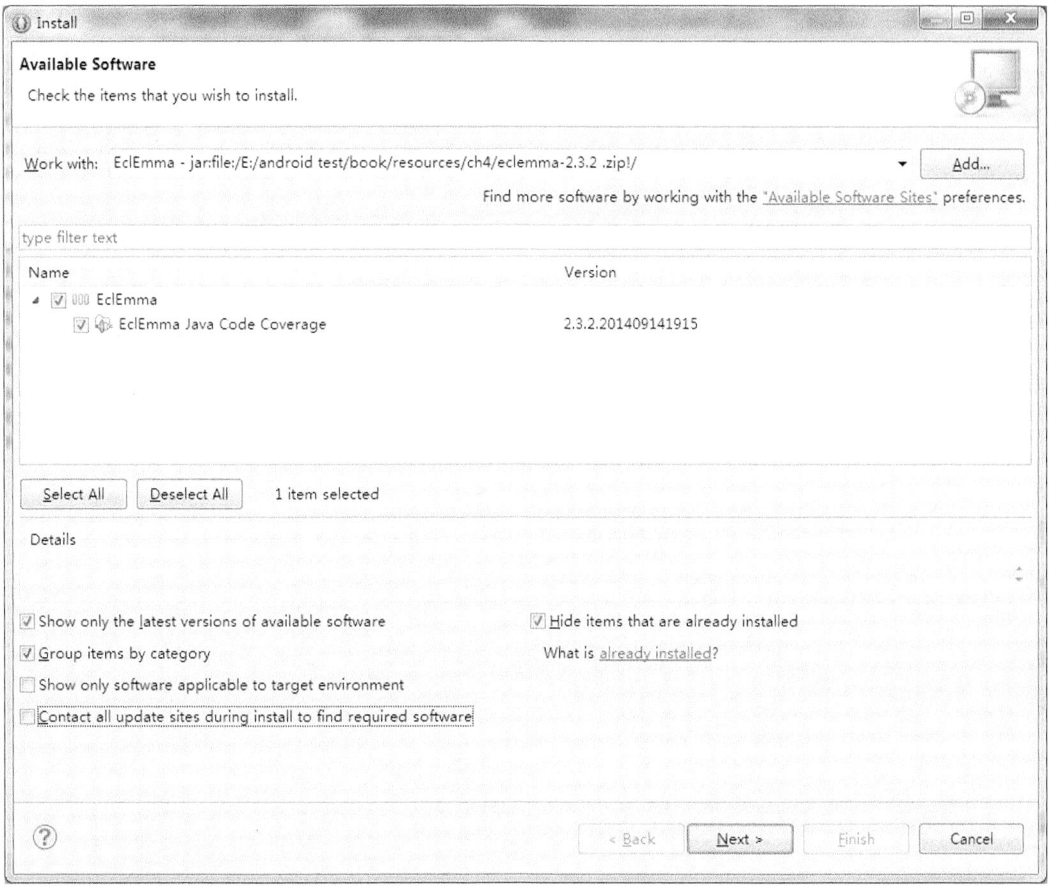

图 4-16　安装指定软件包

单击“Next”按钮，将打开安装协议，如图 4-18 所示。选中“I accept the terms of the license agreement”选项，单击“Finish”按钮。此时开始安装插件，将出现类似图 4-19 所示的对话框。

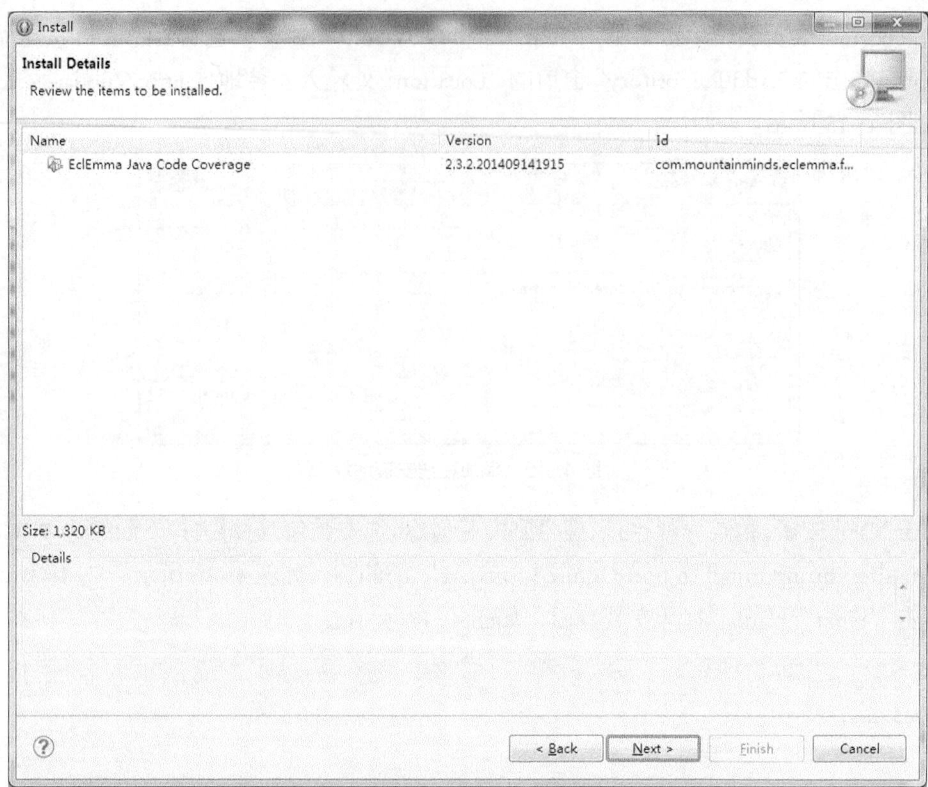

图 4-17　打开安装界面

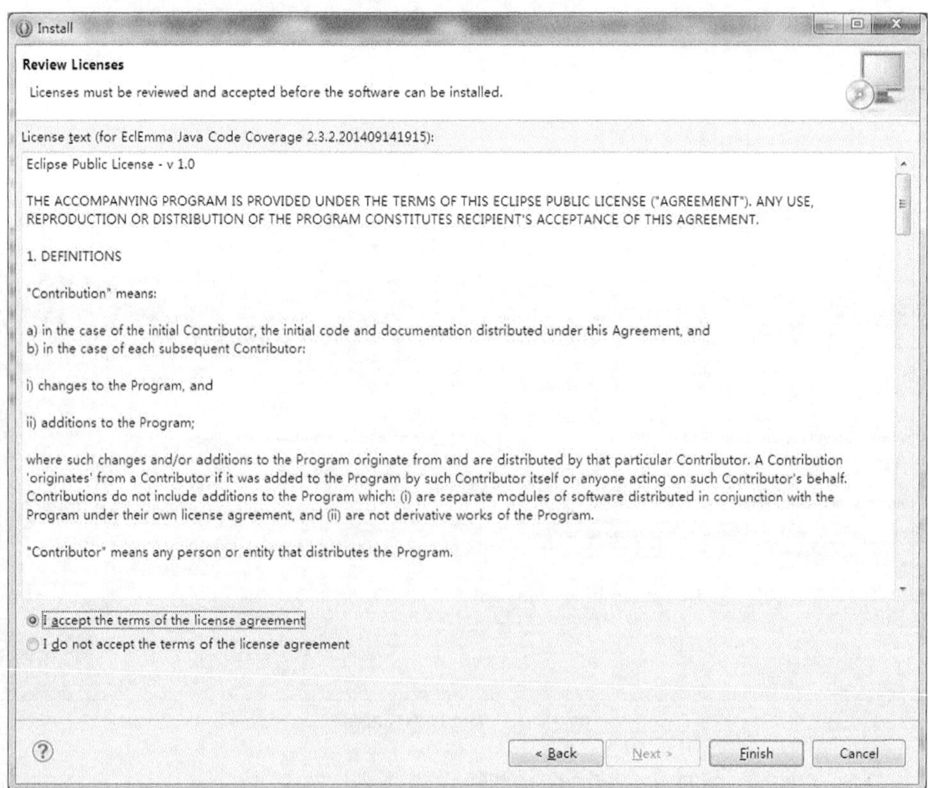

图 4-18　安装协议提示

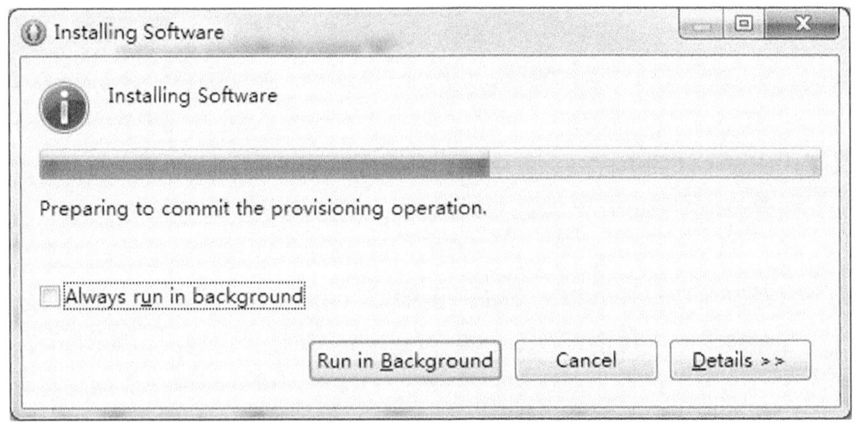

图 4-19 开始安装插件

安装完毕后，弹出要重启 Eclipse 的提示，单击“Yes”按钮，等待 Eclipse 重启后即可完成安装。

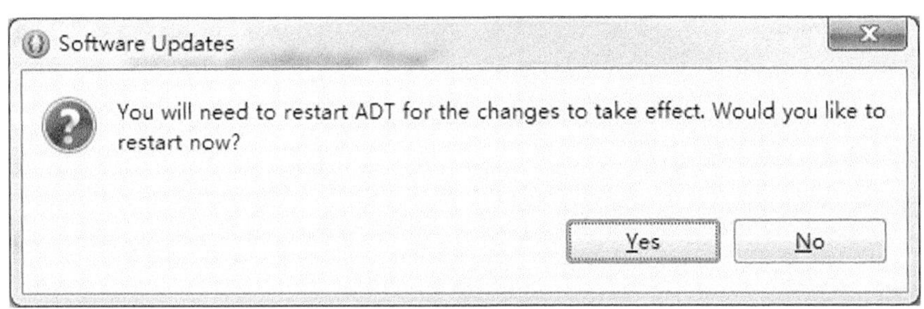

图 4-20 提示重启 Eclipse

如果使用离线安装，下载了安装包后，单击菜单“Help/Install New Software”，单击右侧的 Add 按钮，在弹出的窗口中单击“Archive”按钮，选择离线安装包存放的压缩包所在的地址，单击“OK”按钮，如图 4-21 所示。

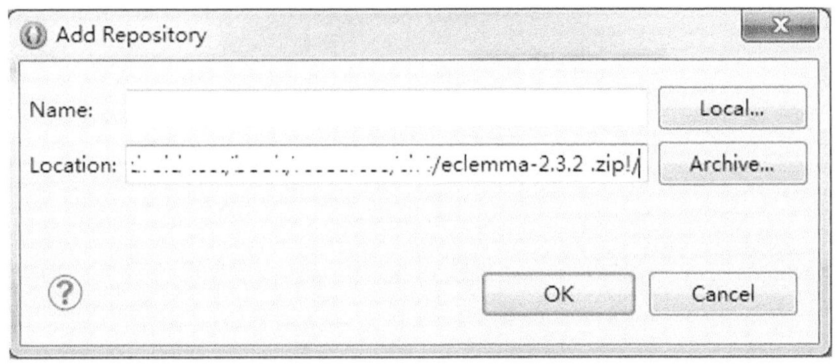

图 4-21 选择离线安装包地址

单击“OK”按钮后与在线安装类似，将搜索到安装包，类似图 4-17 所示。剩下的安装步骤可参考在线安装，在此不再赘述。

安装完毕后，在代码窗口或文件窗口单击鼠标右键，将可见到“Coverage As”的选项，选择“Coverage As/JUnit Test”运行测试，如图 4-22 所示。如果类中包含 main 函数，也可以选择“Coverage As/Java Application”，而如果类中没有包含 main 则需要进行其他设置。运行结束后将看到代码被不同颜色标注。其中，绿色表示代码所有分支被完全覆盖，黄色表示只有一部分分支被覆盖（把鼠标移上去将看到提示），红色表示代码完全未被执行。如图 4-23 所示。

在代码下方将自动打开一个“Coverage”的窗口，可查看语句覆盖率、指令（Instructions）覆盖率情况。逐级展开，可具体查看每个类、每个方法的覆盖率情况，如图 4-24 所示。如果要合成多次运行的覆盖结果，单击窗口右侧的 按钮即可选择要合成的结果合成最后的覆盖率。

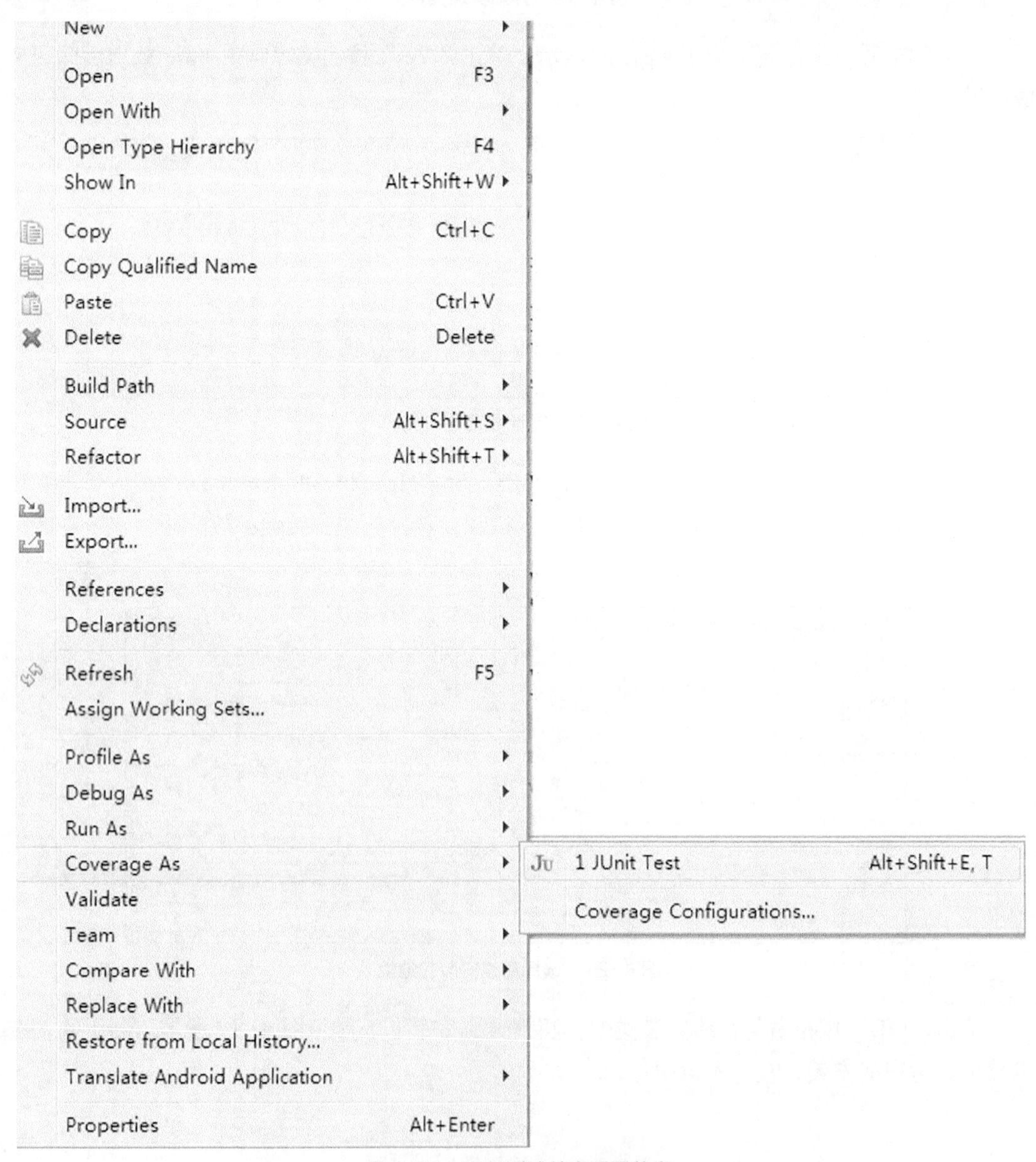

图 4-22　运行测试并查看覆盖率

```
package com.mysample.stringsample;

public class StringSample {

    private String accountName;
    public StringSample(String name){
        accountName=name;
    }
    public String getName()
    {
        return accountName;
    }

    public void setName(String name)
    {
        if(name!=""&&accountName!=name)accountName=name;
    }
}
```

◇ 2 of 4 branches missed.

Press 'F2' for focus

图 4-23　分支覆盖提示

Element	Coverage	Covered Instructions	Missed Instructions	Total Instruction
StringSample.java	85.0 %	17	3	2
StringSample	85.0 %	17	3	2
setName(String)	72.7 %	8	3	1
StringSample(String)	100.0 %	6	0	
getName()	100.0 %	3	0	

图 4-24　查看每个结构的覆盖率情况

需要注意的是，测试代码应尽量简单，减少不必要的逻辑控制分支，避免出错的几率。同时，测试结果要重点关注的应该是被测代码的覆盖率（如上面例子的 StringSample.java），而测试代码的覆盖率只作参考，不必时时强求达到 100%。因此，即使测试代码中可能偶尔会出现一些逻辑分支（如判断对象是否为空的语句等），也不需要过分在意测试代码是否有 100%覆盖。

三、参数化测试

运行上述 StringSampleTest2.java 的代码，可发现函数 setName 有一个分支并没有被覆盖到，需要更多的测试用例。为了避免测试用例的数据与测试代码过分混杂，我们在这个任务中尝试使用 JUnit4 的参数化方式，以实现完全的分支覆盖。

新建一个 JUnit4 的测试类 StringSampleTestParameters.java。编写测试代码如下：

```
import static org.junit.Assert.*;
import java.util.Arrays;
import java.util.Collection;
import org.junit.Before;
import org.junit.Test;
import org.junit.runner.RunWith;
```

```
import org.junit.runners.Parameterized;
import org.junit.runners.Parameterized.Parameters;

//参数化测试的类必须有 Parameterized 测试运行器修饰
@RunWith(Parameterized.class)
public class StringSampleTestParameters {
    //把要做参数化的数据先以成员数据的形式存放
    private StringSample test;
    private String after,expected;
    /**
     * 准备测试数据。数据的准备在一个方法中进行，该方法必须由 Parameters 注解修饰，
必须为public static类型，必须返回 Collection 类型，且不能有参数
     */
    @SuppressWarnings("rawtypes")
    @Parameters
   public static Collection prepareData(){
      Object [][] object = {                          //以下是 3 组测试数据
                        {"","test"},
                        {"test","test"},
                        {"testSet","testSet"}
                        };
      return Arrays.asList(object);
   }
    //测试类的构造函数，依次用@Parameters 产生的数据对成员数据做初始化
    public StringSampleTestParameters(String after,String expected){
        this.after=after;
        this.expected=expected;
    }
    @Before
    public void setUp() throws Exception {
    test=new StringSample("test");
    }
  //测试方法
    @Test
    public void test() {
```

```
        test.setName(after);
        assertEquals(expected,test.getName());
    }
}
```

运行测试，运行结果如图 4-25 所示。可见，@Test 的测试方法一共运行了 3 次，每次依次取不同的测试数据。使用 Emma 搜集覆盖情况，运行后切换回被测代码 StringSample.java，可看到函数 setName 的所有的分支都被覆盖了。函数 setName 的分支覆盖情况如图 4-26 所示。

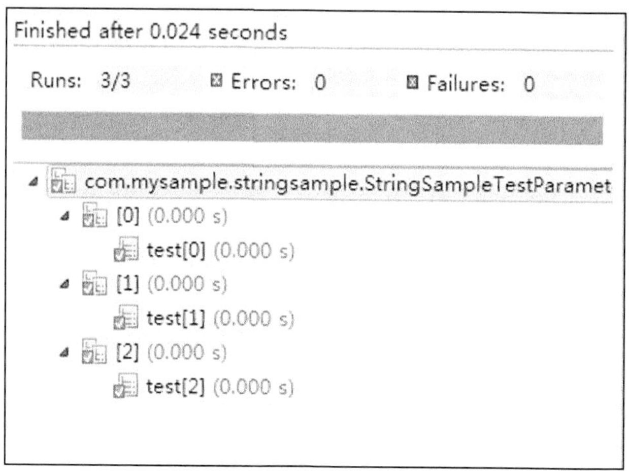

图 4-25　参数化测试运行情况

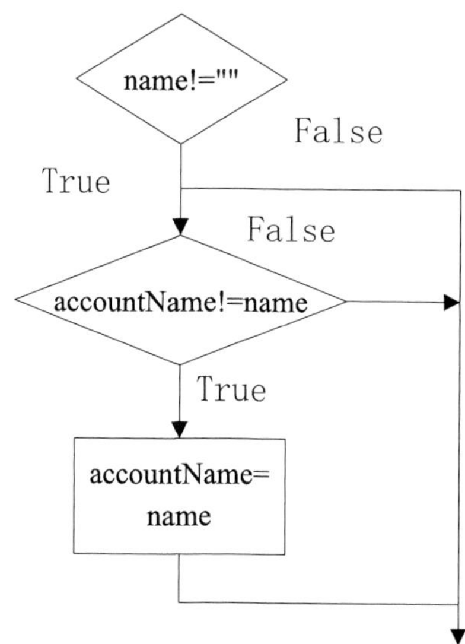

图 4-26　函数 setName 分支覆盖分析

相关链接及参考

JUnit4 的框架对 JUnit3 有了一些改进，但在实践中仍有一些不足之处，如参数化测试时测试数据仍无法完全从代码中分离出来，组织多线程的测试的存在困难等。为了进一步优化测试，现在出现了更多基于 JUnit4 的单元测试框架，TestNG 是其中使用较广泛的一个开源的框架。

使用 TestNG 框架有以下优势。

（1）不需要继承任何类或实现特定的接口。

（2）注解（annotations）更加完善、丰富，TestNG 注解指定的测试阶段更完整、更灵活。

（3）可实现灵活的多线程并发测试，特别是检查代码是否多线程安全，更易于组织单元级的性能检查。

（4）测试的组织与运行更灵活，如可实现函数依赖关系的测试、忽略某个函数的测试等。

（5）提供了数据驱动的测试框架，可实现测试数据与测试代码的完全分离。

（6）可使用 ant、Maven 等方式进行调用，便于应用到集成测试。

与 JUnit 不同，TestNG 需要开发一个 xml 文件，测试时通过这个 xml 文件的配置驱动整个测试过程。在这个 xml 文件中可灵活地配置测试的参数、线程、测试执行的次序、测试所包含的内容等，使得测试更加灵活。

由于篇幅及内容限制，这里不再详细介绍此框架，有兴趣可参阅官方文档：http://testng.org/doc/index.html。

任务二　初探基于 JUnit 的 Android 测试框架

任务分析

在本任务中，通过一个简单的例子，初步了解 Android 项目单元测试的结构与框架，并通过认识、模仿，尝试开发自己的测试用例。

任务实施

一、导入被测项目 SimpleCal

SimpleCal 是一个开源的简单计算器项目。其源代码及测试代码都已在配套资源中提供，也可以在 google 网站上下载。项目代码并不复杂，适合初学者入门、摸索。下面我们通过分析这个项目，初步认识 Android 的白盒测试。

先导入被测项目 SimpleCal。单击“File/Import...”，在打开的导入窗口选择“Android/Existing Android Code Into Workspace”，如图 4-27 所示。

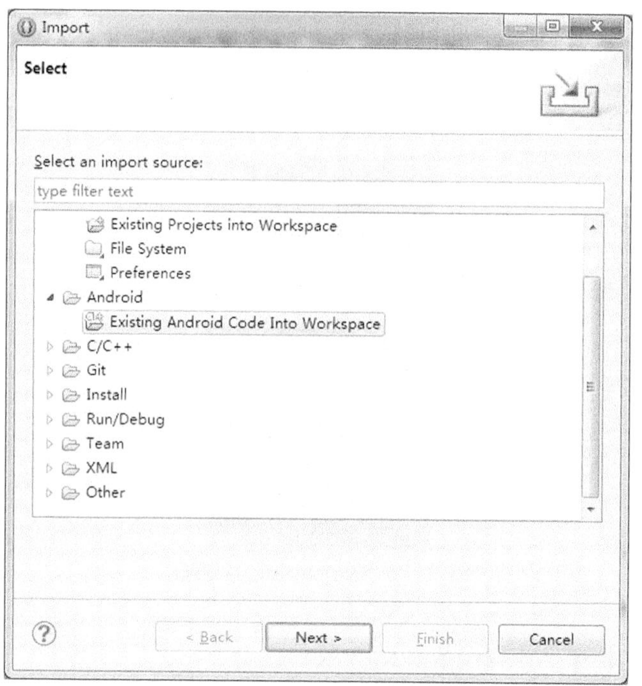

图 4-27　选择导入 Android 项目

把代码文件 SimpleCalFullCode.zip 及里面的 App.zip 解压，单击“Next”按钮，在图 4-28 的窗口单击“Browse...”按钮选择代码解压到的路径处，或直接把解压后文件所在路径复制到地址栏然后单击“Refresh”按钮。在下方的项目窗口将出现“SimpleCalc”，选中该项目。勾选“Copy projects into workspaces”选项，单击“Finish”按钮完成导入。

导入项目后，尝试在虚拟设备上运行该项目，了解该项目的基本功能。

图 4-28　选择项目并导入

启动虚拟设备，在设备上运行该项目，了解这个应用的功能。这个简单计算器功能较简单，主要是有两个计算功能，允许用户输入两个整数并相加或相乘，最后显示结果。运行界面如图 4–29 所示。

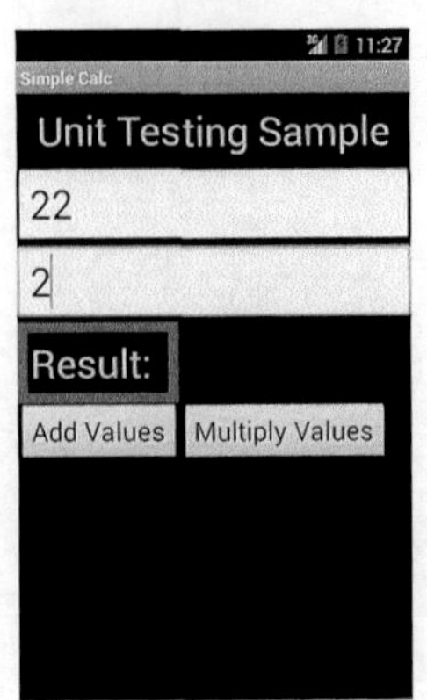

图 4–29　SimpleCal 运行界面

二、导入测试工程项目

我们先导入已有的测试项目，通过对该项目的了解与探究，对 Android 的白盒测试有一个初步认识。单击"File/Import..."，在打开的导入窗口选择"Android/Existing Android Code Into Workspace"。把代码文件 SimpleCalFullCode.zip 及里面的 Test.zip 解压，单击"Next"按钮，在图 4–30 的窗口单击"Browse..."按钮选择代码解压到的路径处，或直接把解压后文件所在路径复制到地址栏然后单击"Refresh"按钮。在下方的项目窗口将出现"SimpleCalcTest"，选中该项目。勾选"Copy projects into workspace"选项，单击"Finish"按钮完成导入。

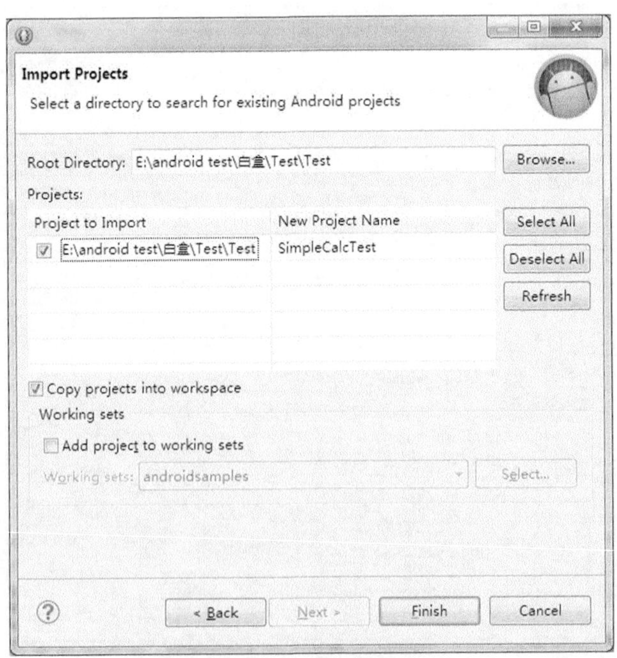

图 4–30　导入测试项目

导入测试项目后，有可能会出现图 4-31 的错误提示，先单击“OK”按钮。

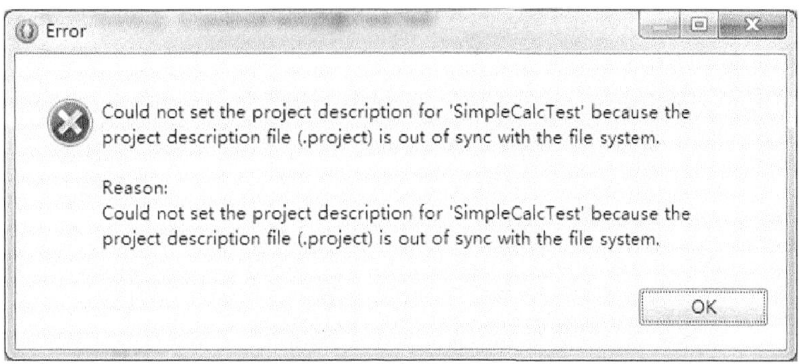

图 4-31　导入测试项目可能出现的错误提示

导入后，在左侧的项目浏览窗口中，可以看到该项目出现了红色有错误的提示，错误出现在 src 目录下的 MathValidation.java 文件。打开该文件，提示错误出现在 import 的语句。把鼠标移到出现错误提示的代码语句上，将出现图 4-32 所示的提示。

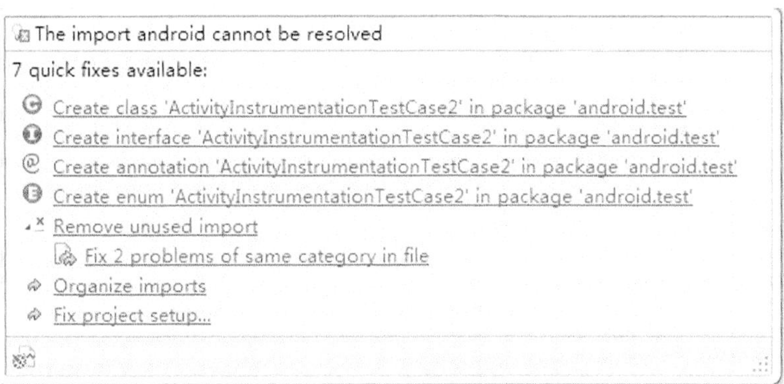

图 4-32　导入语句错误提示

单击“Fix project setup”选项，弹出图 4-33 所示的对话框，提示导入 android.jar 库到项目，单击“OK”按钮。

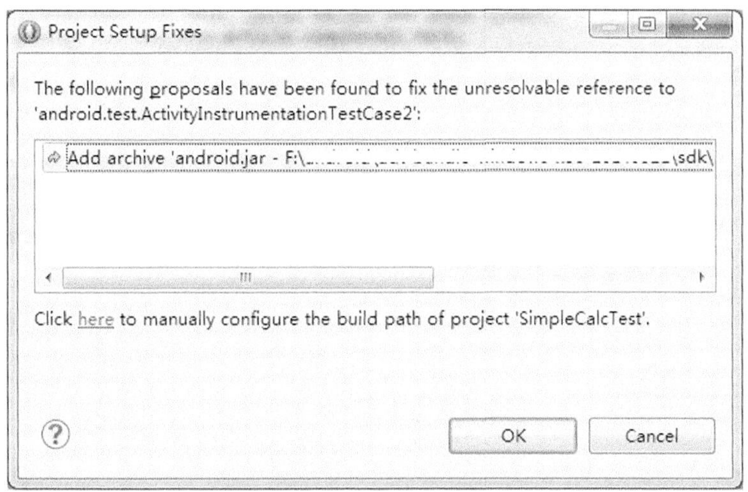

图 4-33　导入 android.jar 库

可以看到 MathValidation.java 文件的错误已被修复。但还提示项目存在错误，需要修改一下项目的配置。在项目文件上单击鼠标右键，在右键菜单选择“Build Path/Configure Build Path…”，如图 4-34 所示。

在打开的“Properties for SimpleCalcTest”窗口中，选择“Android”项，在右侧“Project Build Target”处的目标平台上打上勾，如图 4-35 所示。单击“OK”按钮关闭窗口。

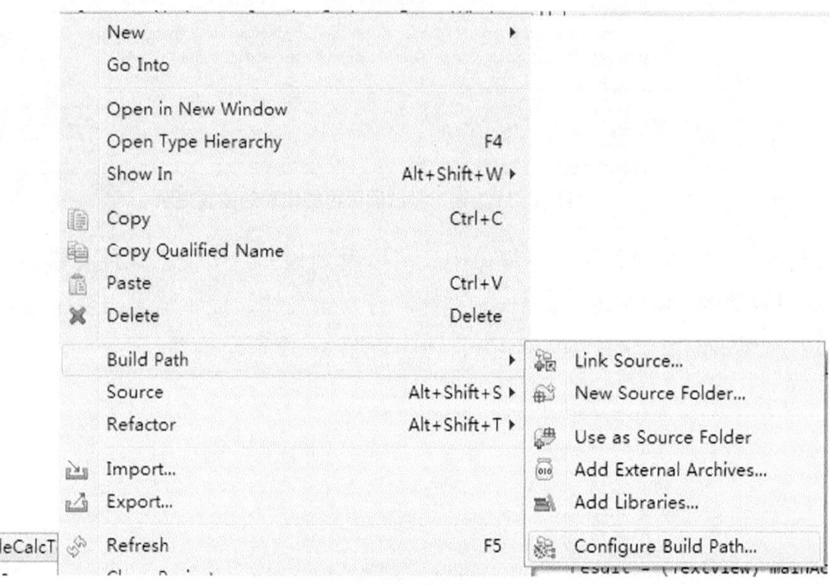

图 4-34 修改项目配置

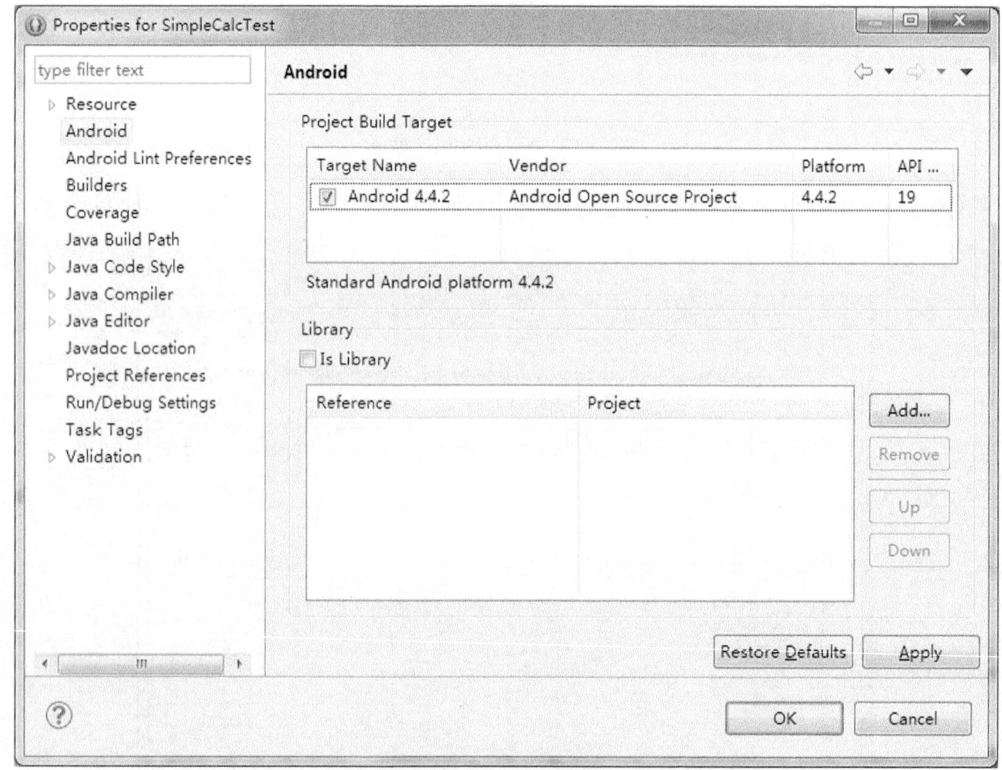

图 4-35 选择构建平台

此时，该项目的所有错误应该都已排除了。尝试运行该项目。启动虚拟设备，在设备上运行测试（要求被测应用已被安装到设备上）。右击项目文件，在右键菜单中选择“Run As/Android JUnit Test”，如图 4-36 所示。

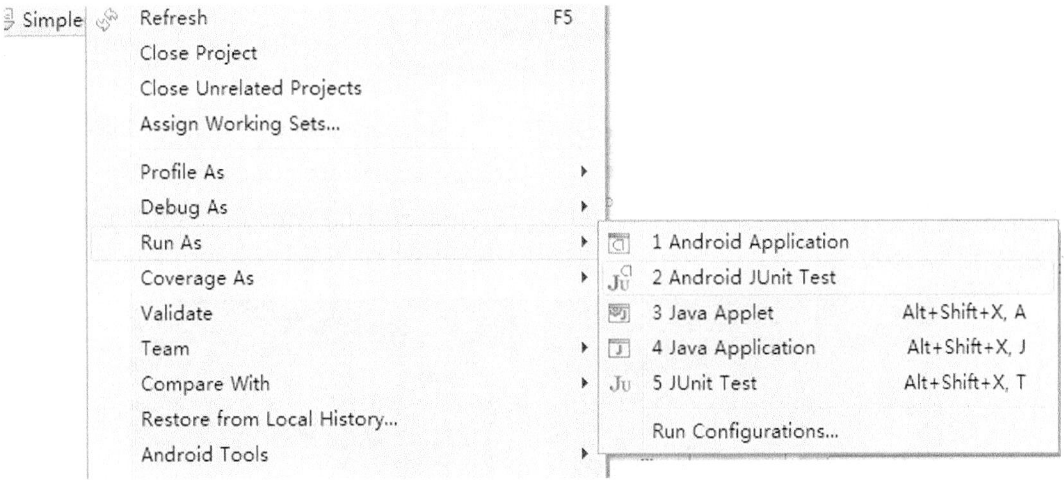

图 4-36 运行 Android JUnit 测试

稍候片刻，测试开始执行。同时在虚拟设备上也可以看到测试执行的情况。

等待测试完成后，将出现类似图 4-37 的运行结果。一共运行了 6 个测试用例，其中有 2 个是断言失败的（Failure）。至于这些用例为何无法通过，我们将在任务的下一步分析代码时再详细解答。

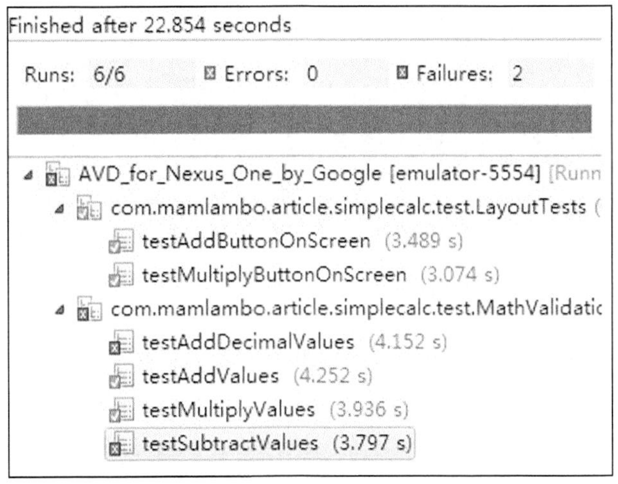

图 4-37 测试运行结果

除了可以在 Eclipse 上启动测试，我们还可以通过虚拟设备运行已安装到设备上的测试。在设备的 APPS 列表中单击“Dev Tools”图标，即类似图 4-38 这个图标。

图 4-38　单击 Dev Tools 图标

单击该图标后，将打开图 4-39 所示的界面。选择"Instrumentation"，即图 4-39 虚线框处。

在打开的图 4-40 的窗口中，可看到该设备已经安装的 Instrumentation 测试。其中图 4-40 虚线框处是刚才按照 SimpleCalc 的测试，其他几项是系统本来自带的测试。单击"Simple Calc Test"，即可再次运行该测试。

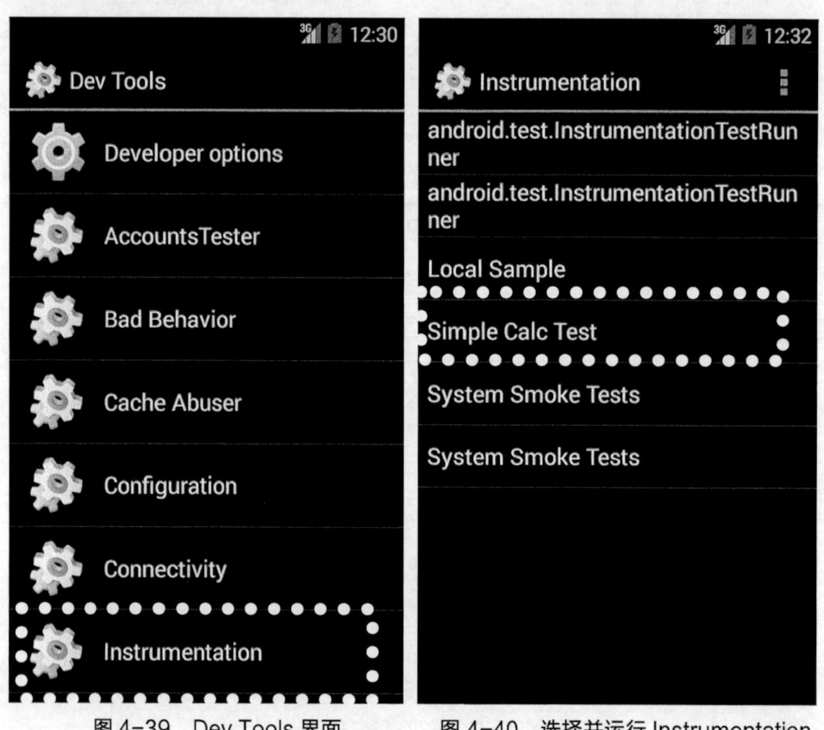

图 4-39　Dev Tools 界面　　图 4-40　选择并运行 Instrumentation

三、MathValidation.java 测试代码分析

我们从刚才出现断言失败（Failure）的测试开始。出现了 Failure 的是两个测试方法：testAddDecimalValues 和 testSubtractValues。

Android 的测试框架结构有点类似 JUnit3，代码中以 test…命名的几个都是测试方法。而在测试方法中我们也找到了断言语句 assertTrue。assertTrue 断言语句常见的可能是只有一个参数，而这里出现的两个参数，前面的是出现断言失败后的错误提示语句，而后面则判断实际结果 mathResult 和预期的结果是否相等。

分别单击 Failure 的两个测试，查看错误信息。在关于 testAddDecimalValues 的断言失败描述，有以下提示。

```
junit.framework.AssertionFailedError: Add result should be 79.5 but was
```

而关于 testSubtractValues 的描述如下。

```
junit.framework.AssertionFailedError: Add result should be 52 but was 96
```

下面我们来详细分析这两个测试方法，其代码及注释如下：

```
public void testAddDecimalValues() {
        sendKeys(NUMBER_5_DOT_5 + NUMBER_74 + "ENTER");//发送键盘消息
       String mathResult = result.getText().toString();
//获取 result 文本框里的计算结果并转换成 String 类型
      assertTrue("Add result should be " + ADD_DECIMAL_RESULT + " but was "
           + mathResult, mathResult.equals(ADD_DECIMAL_RESULT));
//断言获取到的实际结果 mathResult 和预期结果 ADD_DECIMAL_RESULT 是相等的
  }
public void testSubtractValues() {
      sendKeys(NUMBER_NEG_22 + NUMBER_74 + "ENTER");//发送键盘消息
      String mathResult = result.getText().toString();
    //获取 result 文本框里的计算结果并转换成 String 类型
      assertTrue("Add result should be " + ADD_NEGATIVE_RESULT + " but was "
           + mathResult, mathResult.equals(ADD_NEGATIVE_RESULT));
//断言获取到的实际结果 mathResult 和预期结果 ADD_NEGATIVE_RESULT 是相等的
  }
```

Android 在 InstrumentationTestCase 类里提供了两个辅助函数（包括重载）sendKeys 和 sendRepeatedKeys 来发送键盘消息，模拟用户使用键盘进行输入的动作。在发送消息之前，一般需要保证接收键盘消息的控件具有输入焦点，这可以在获取控件的引用之后，通过调用 requestFocus 函数实现。

sendKeys 有以下两种调用形式。

（1）接受整型的按键值作为参数，这些按键值的整数定义在 KeyEvent 类里定义。按键值的形式为 KeyEvent.KeyCode 编码。

例如：

```
sendKeys(KeyEvent.KEYCODE_B);
```

（2）接受字符串参数，只需要一行代码就可以输入完整的字符串，字符串里的每个字符以空格分隔，每一个按键都对应 KeyEvent 中的定义，只不过需要去掉前缀(KEYCODE_)。

如果要重复输入一串参数，可以使用 sendRepeatedKeys 这个方法。在每个要输入的字符前指出要重复输入多少次。参数必须两两配对。

例如:

```
sendRepeatedKeys(1, KEYCODE_DPAD_CENTER, 2, KEYCODE_DPAD_LEFT).
```

那么在这两个测试中，分别发送了怎样的键盘信息呢？我们先分析测试 testAddDecimalValues。在测试 testAddDecimalValues 中，发送键盘信息的语句是“sendKeys(NUMBER_5_DOT_5 + NUMBER_74 + "ENTER")”，根据该测试类前面的关于 private static final String 成员的说明，发送键盘信息的语句实际等价于:

```
sendKeys("5 PERIOD 5 ENTER "+ "7 4 ENTER "+ "ENTER");
```

根据查阅 KEYCODE 表及结合测试的运行情况回放，实际上 testAddDecimalValues 是输入了“5.5”和“74”并计算两者相加的结果。但由于应用要求接收的操作数要求是整数，输入加数后单击“Add Values”按钮并不能得到正确的结果，因此断言其等于 79.5（根据代码中测试类 private static final String 成员的说明得到）失败。

同理，testSubtractValues 发送键盘信息的语句实际等价于:

```
sendKeys("MINUS 2 2 ENTER " + "7 4 ENTER " + "ENTER");
```

即依次输入“-22”和“74”并计算两者相加的结果。结合测试运行的情况，我们发现输入操作数的文本框只能接收正数，而不能接收除小数点以外的其他任何符号。因此实际上这个测试将计算 22 和 74 相加的值，断言其等于 ADD_NEGATIVE_RESULT 即"52"将出现断言失败。

根据上面的分析，我们可用同样的方法，得到其他测试所输入的数据。testAddValues 所计算的是 24+74 的结果，而 testMultiplyValues 所计算的是 24×74 的结果（DPAD_RIGHT ENTER 表示使用导航键往右再按 ENTER，即单击了“Multiply Values”按钮）。这两个测试的数据都能正常被接收，因此测试通过。

对测试方法的代码有了初步认识后，我们尝试使用类似的方式，编写更多的测试用例。如图 4-41 所示的这三组测试。

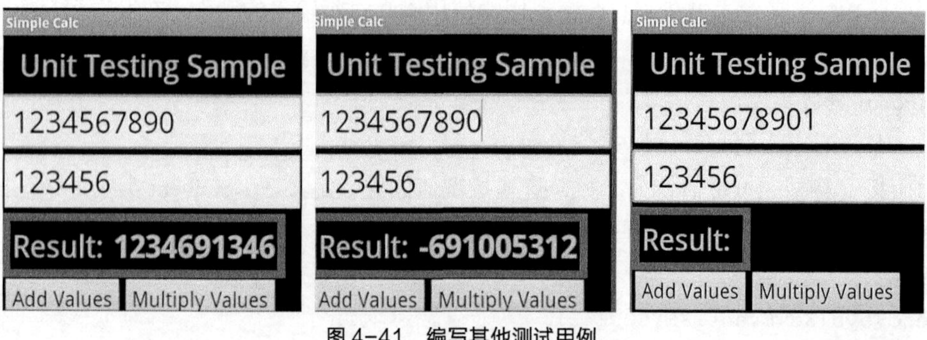

图 4-41 编写其他测试用例

在测试类中添加对应测试代码（供参考）:

```
private static final String NUMBER_1_0 = "1 2 3 4 5 6 7 8 9 0 ";
private static final String NUMBER_1_6 = "1 2 3 4 5 6 ENTER ";
public void testAddLargeValues() {
        sendKeys(NUMBER_1_0+ " ENTER"+ NUMBER_1_6 + "ENTER");
       String mathResult = result.getText().toString();
```

```
        assertTrue(mathResult.equals("1234691346"));
    }
    public void testMultiplyLargeValues() {
        sendKeys(NUMBER_1_0+" ENTER"+ NUMBER_1_6+ " DPAD_RIGHT ENTER");
        String mathResult = result.getText().toString();
        assertTrue(mathResult.equals("152414813427840"));
    }
    public void testAddOverLargeValues() {
        sendKeys(NUMBER_1_0+ " 1 ENTER"+ NUMBER_1_6 + "ENTER");
        String mathResult = result.getText().toString();
        assertTrue(mathResult.equals("12345802357"));
    }
```

运行这 3 个测试，分析测试结果。

课堂练习

1. 上面这 3 个测试是否能全部通过？为什么？如果有测试失败，产生失败的原因可能是什么？
2. 编写图 4-42 所示的测试用例的代码（1234567890+1234567890），并运行。

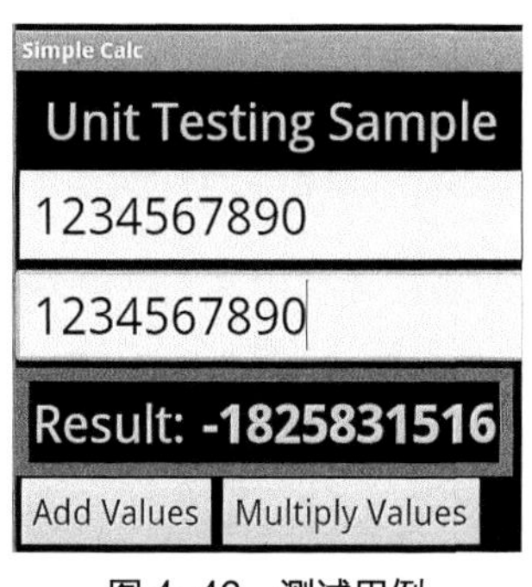

图 4-42 测试用例

3. 根据你的测试经验，补充其他你认为需要进行测试的用例，并分析测试结果。

四、MathValidation.java 其他代码分析

在 MathValidation 类的声明行，可见这样的代码：

```
public class MathValidation extends ActivityInstrumentationTestCase2<MainActivity>
```

与 JUnit3 的测试类声明类似，Android 测试类也必须继承自一个父类，而 ActivityInstrumentationTestCase2 是其中的一个 Android 测试父类。因为我们在这里测试的是应用程序的主 Acrivity 即 MainActivity，因此选择继承自这个父类，且把<>的泛型设置为 MainActivity。

由于原被测代码中的关于计算结果类型被声明为 TextView（MainActivity 中可见对应的代码为 final TextView result = (TextView) findViewById(R.id.result)），因此测试程序中保存获取到的计算结果的变量 result 也对应的为 TextView 类型。

测试类代码前面部分的注释如下：

```
public class MathValidation extends ActivityInstrumentationTestCase2<MainActivity>
{
//变量 result 用于获取应用中产生的计算结果，与被测代码中存放结果的控件类型对应
    private TextView result;
//测试类的构造函数。使用原被测类的 package 与 MainActivity.class 进行初始化
public MathValidation() {
        super("com.mamlambo.article.simplecalc", MainActivity.class);}
//格式：super(所在包名字符串,主 Activity 类 )
//setUp 函数，其作用类似 JUnit3 框架的 setUp，进行测试前的初始化
    protected void setUp() throws Exception {
        super.setUp(); //调用父类的 setUp
        MainActivity mainActivity = getActivity();//启动应用，并获取主 Activity
//通过 MainActivity 读取活动中指定名称控件的字符串，并进行类型转换
        result = (TextView) mainActivity.findViewById(R.id.result);
    }
……//以下省略
```

五、分辨率测试

除了 MathValidation.java 外，在测试项目中还有一个测试类：LayoutTests，这个测试类也包含了两个测试用例：testAddButtonOnScreen 和 testAddButtonOnScreen。

下面通过对代码的注释简要了解该代码的作用。

```
public class LayoutTests extends ActivityInstrumentationTestCase2<MainActivity> {
//声明测试过程中所用到的两个计算按钮及布局
    private Button addValues;
    private Button multiplyValues;
    private View mainLayout;
//测试类构造函数。其书写格式类似 MathValidation.java
    public LayoutTests() {
        super("com.mamlambo.article.simplecalc", MainActivity.class); }
  //setUp 函数。使用 findViewById 通过控件 id 获取测试中所需要的控件
  //其编写思路类似于 MathValidation.java
protected void setUp() throws Exception {
        super.setUp();
        MainActivity mainActivity = getActivity();//获取主 Activity
        addValues = (Button) mainActivity.findViewById(R.id.addValues);
//addValues 用于获取“Add Values”按钮
```

```
        multiplyValues = (Button) mainActivity. findViewById(R. id. multiplyValues);
  //multiplyValues 用于获取“Multiply Values”按钮
        mainLayout = (View) mainActivity.findViewById(R.id.mainLayout);
  //mainLayout 用于获取主体布局
  }
  //主要测试“Add Values”按钮的右边和底部是否在屏幕范围内
    public void testAddButtonOnScreen() {
        ……//部分代码省略
  //计算“Add Values”按钮的右侧在是否在屏幕范围内，若超出屏幕范围则断言失败
        assertTrue("Add button off the right of the screen", fullWidth
                + mainLayoutLocation[0] > outRect.width() + viewLocation[0]);
  //计算“Add Values”按钮的底部在是否在屏幕范围内，若超出屏幕范围则断言失败
        assertTrue("Add button off the bottom of the screen", fullHeight
                + mainLayoutLocation[1] > outRect.height() + viewLocation[1]);}
    //主要测试“Multiply Values”按钮的右边和底部是否在屏幕范围内
    public void testMultiplyButtonOnScreen() {
         ……//部分代码省略
  //计算“Multiply Values”按钮的右侧在是否在屏幕范围内，若超出屏幕范围则断言失败
        assertTrue("Multiply button off the right of the screen", fullWidth
                + mainLayoutLocation[0] > outRect.width() + viewLocation[0]);
  //计算“Multiply Values”按钮的底部在是否在屏幕范围内，若超出屏幕范围则断言失败
        assertTrue("Multiply button off the bottom of the screen", fullHeight
                + mainLayoutLocation[1] > outRect.height() + viewLocation[1]);}
  }
```

若要检查该程序在不同分辨率及不同模式（竖屏/横屏）下按钮是否能完整显示，可在不同分辨率及不同模式下运行这个测试。若断言失败，表示在该分辨率或该模式下程序界面不能完整显示。

在表 4-1 中提供了一些分辨率及模式的测试结果供参考。

表 4-1　不同分辨率下的测试结果

设备分辨率	屏幕方向	测试结果
480×800	竖向	通过
480×800	水平	失败
320×480	竖向	失败
320×480	水平	失败
480×854	竖向	通过
480×854	竖向	失败

可以根据这个应用的布局，分析这些测试结果。可以按表 4-1 的分辨率及模式，自行连接设备进行尝试，测试结果不在此一一截图。

任务三 Android 单元测试框架——Instrumentation

任务分析

在本任务中，我们将尝试对一个非常简单的 Android 程序建立 Instrumentation 框架的测试，从而初步了解这个框架的结构。

知识准备

Android 针对其应用程序的运行环境，扩展了业内标准的 JUnit 测试框架。

Android 测试环境可以访问 Android 系统对象，并控制和测试应用程序。Android 的四大组件 Activity、Service、ContentProvider、BroadCast，其中前 3 个都可以作为单元测试的目标进行测试。

Instrumentation 是执行 Application Instrumentation 代码的基类。Instrumentation 将在任何应用程序运行前初始化，可以通过它监测系统与应用程序之间的交互。Instrumentation 通过的 AndroidManifest.xml 中的<instrumentation>标签进行描述。通过 Instrumentation 可以模拟按键按下、抬起、屏幕单击、滚动等事件，有效地控制 Activity 进行自动化测试。

Android Instrumentation 测试用例的流程如图 4-43 所示。

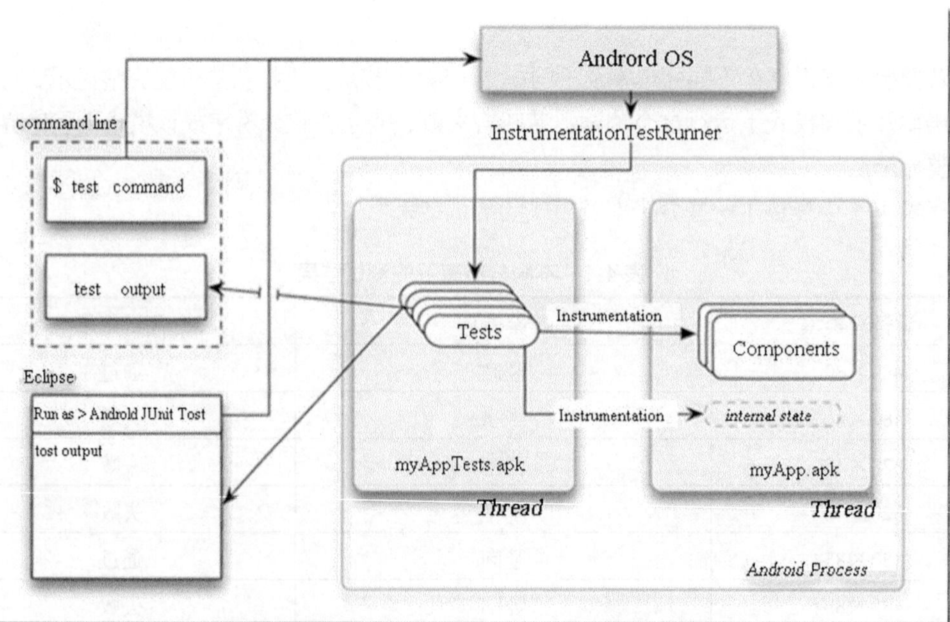

图 4-43 Android Instrumentation 测试用例流程

Android Instrumentation 测试通过测试程序（myAppTest.apk）中的测试（Tests），针对待测程序（myApp.apk）中的应用组件（Components）、内部状态数据（Internal state）组织测试。测试程序（myAppTest.apk）和待测程序（myApp.apk）都要事先部署在测试设备（真机设备或虚拟设备）上，再通过 InstrumentationTestRunner 运行测试。测试可以通过命令行（command line）启动，也可以通过 Eclipse 启动。

任务实施

本任务待测的项目 Sample 是一个非常简单的 Android 程序。单击其中的“Button”按钮，应用显示的文字将由“Hello world!”变成“Hello Android”，如图 4-45 所示。

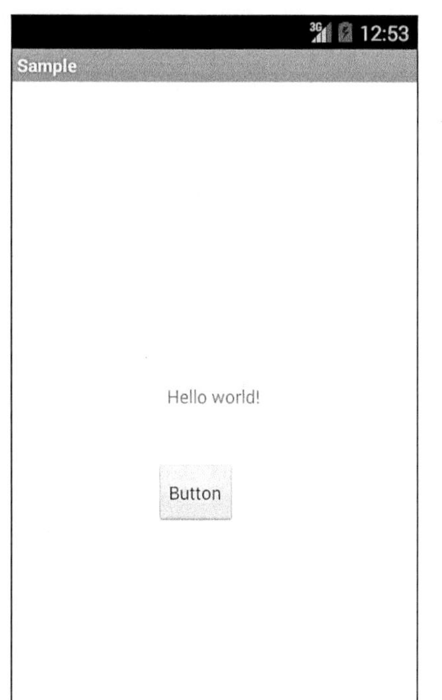

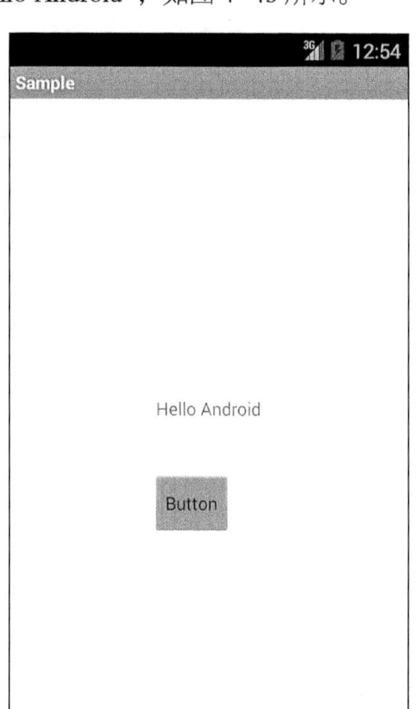

图 4-44　Sample 项目运行示例

Sample 项目的 MainActivity.java 代码如下：

```
package com.myexample.sample
;//该项目所在的package。在后面的测试中将经常用到这个字符串
……//import 语句省略
public class MainActivity extends Activity {
     private TextView myText = null;
     private Button button = null;

    @Override
```

```
public void onCreate(Bundle savedInstanceState) {
    super.onCreate(savedInstanceState);
    setContentView(R.layout.activity_main);
    myText = (TextView) findViewById(R.id.text1);//有1个文本text1
    button = (Button) findViewById(R.id.button1);//有1个按钮button1
    button.setOnClickListener(new OnClickListener() {//添加单击事件
        @Override
        public void onClick(View arg0) {
            myText.setText("Hello Android");//单击后文本将发生变化
        }
    });
}
```

下面我们针对 Sample 编写 Instrunmentation 框架的测试。

一、建立单元测试项目

在待测项目处单击鼠标右键，选择“New/Other...”，在弹出的窗口中选择“Android/Android Test Project”，如图 4-45 所示。

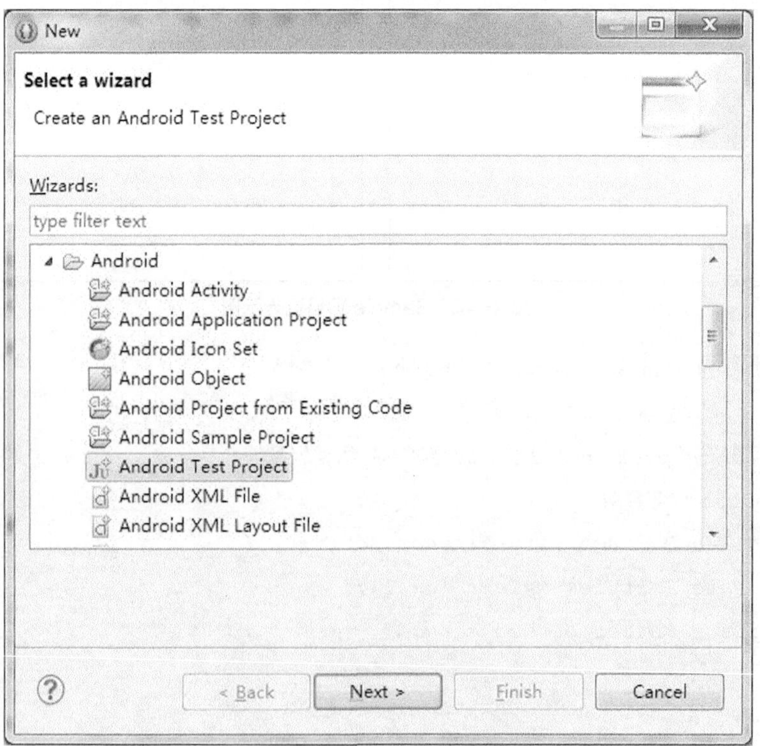

图 4-45　新建 Android 测试项目

单击“Next”按钮，输入测试项目的名称。输入“TestSample”，如图 4-46 所示，再次单击“Next”按钮。

在类似图 4-47 的窗口选择待测项目。如果是在项目 Sample 处单击鼠标右键，可以直接选“This Project”，也可以选择“An existing Android project”，并选择“Sample”项目，如图 4-47 所示。

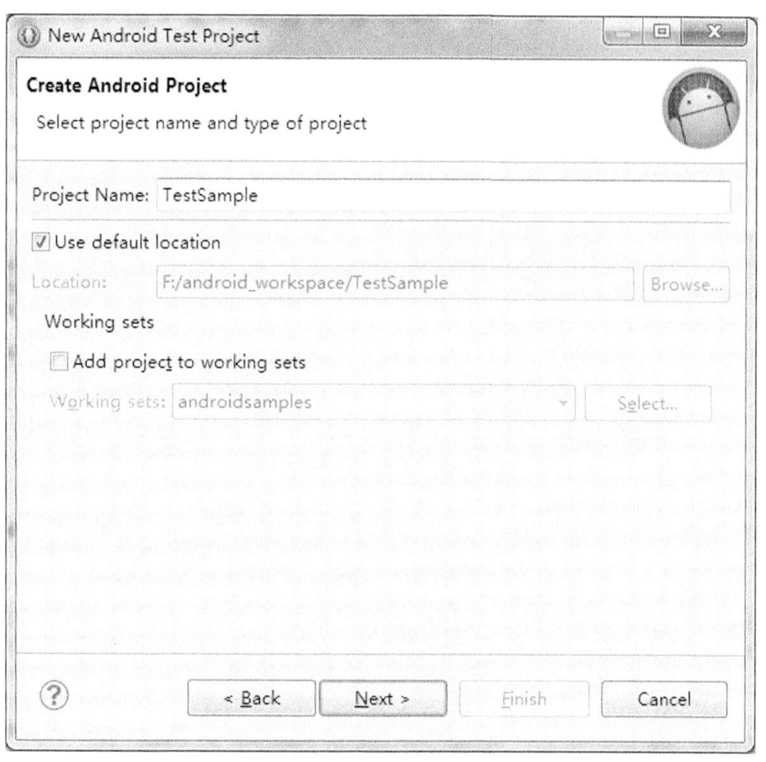

图 4-46　输入测试项目名称

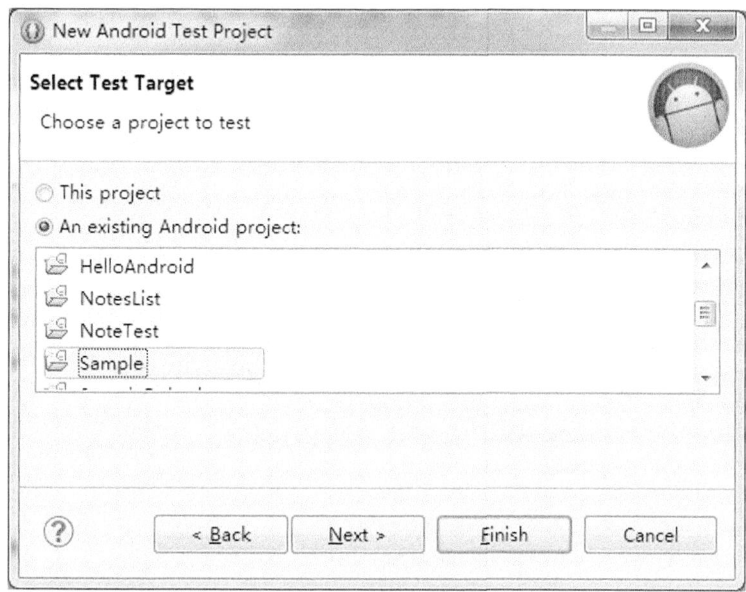

图 4-47　选择待测项目

单击“Next”按钮，选择运行的目标平台，一般保留默认设置即可，如图 4-48 所示。并单击“Finish”按钮完成新建。

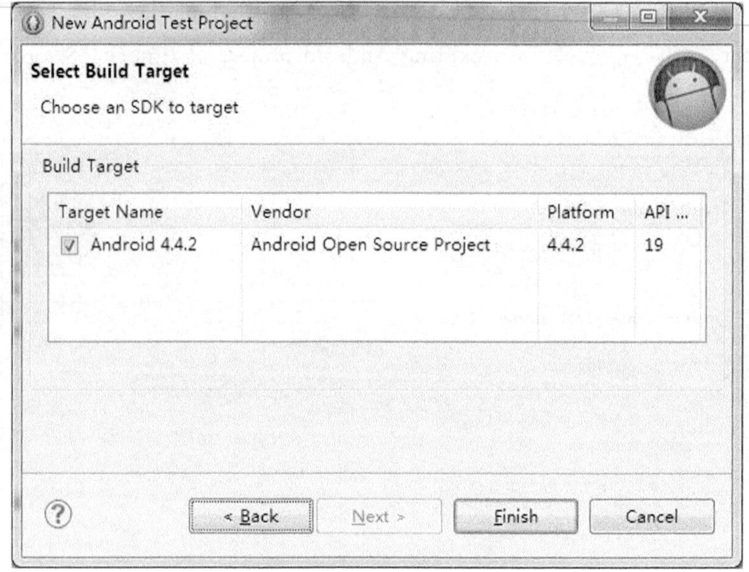

图 4-48　选择运行目标平台

查看创建好的 Android 测试项目，发现创建好的工程跟普通的 Android 工程没什么区别，类似的有资源文件夹 res，也有项目的配置文件 AndroidManifest.xml 等。

打开 AndroidManifest.xml 文件，其注释后的代码如下：

```
<?xml version="1.0" encoding="utf-8"?>
<manifest xmlns:android="http://schemas.android.com/apk/res/android"
    package="com.myexample.sample.test"
    android:versionCode="1"
    android:versionName="1.0" >
    <uses-sdk android:minSdkVersion="8" /><!-- 运行所需要的最低 Android 版本 -->
    <!--指明测试框架及待测项目 -->
<instrumentation
      android:name="android.test.InstrumentationTestRunner"
     android:targetPackage="com.myexample.sample" />
    <application
        android:icon="@drawable/ic_launcher"
        android:label="@string/app_name" >
        <uses-library android:name="android.test.runner" />
```

```
    </application>
</manifest>
```

如果要修改项目运行时标题栏的名称，可在 res/values/strings.xml 中进行修改。

当前，项目的源代码还是空的。下面我们来开发测试代码。

二、编写构造函数

在上面新建的测试项目的 src 文件夹下，打开右键菜单，选择“New/JUnit Test Case”。

在弹出类似图 4-51 的对话框中，父类（Superclass）处单击“Brower”按钮，输入父类：android.test.ActivityInstrumentationTestCase2，选中搜索到的类，并单击“OK”按钮确定，如图 4-49 所示。

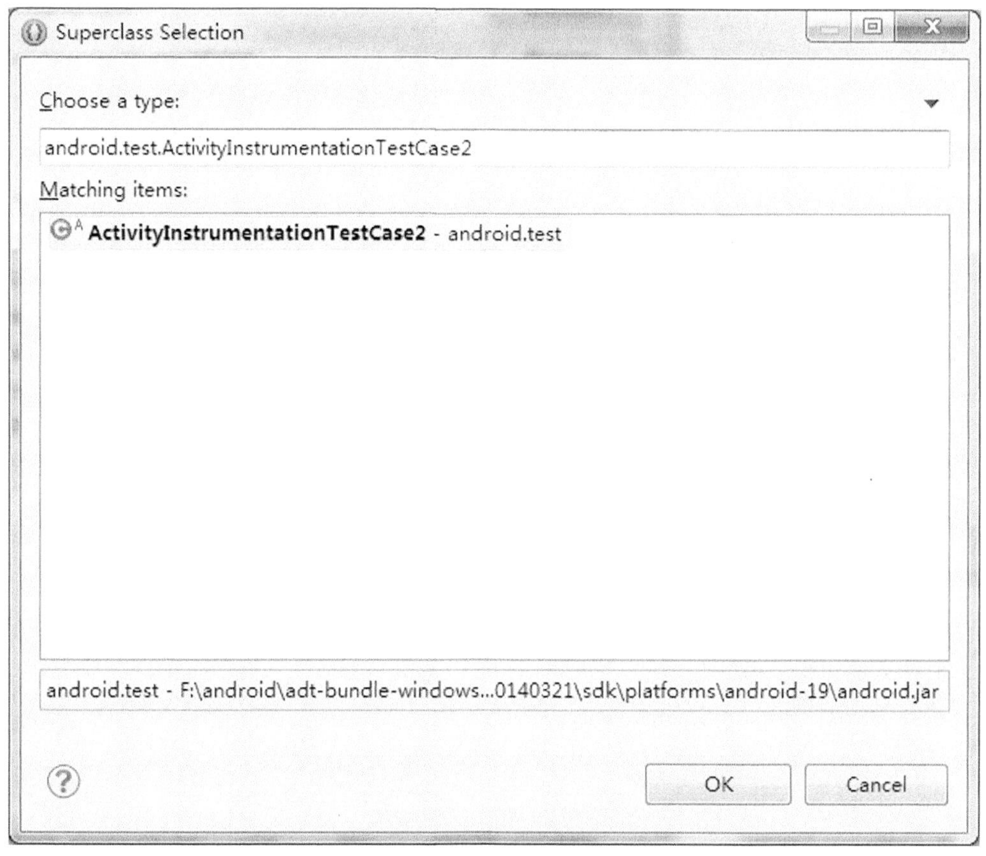

图 4-49 输入父类

输入测试类名，如图 4-50 所示，单击“Finish”按钮完成新建。

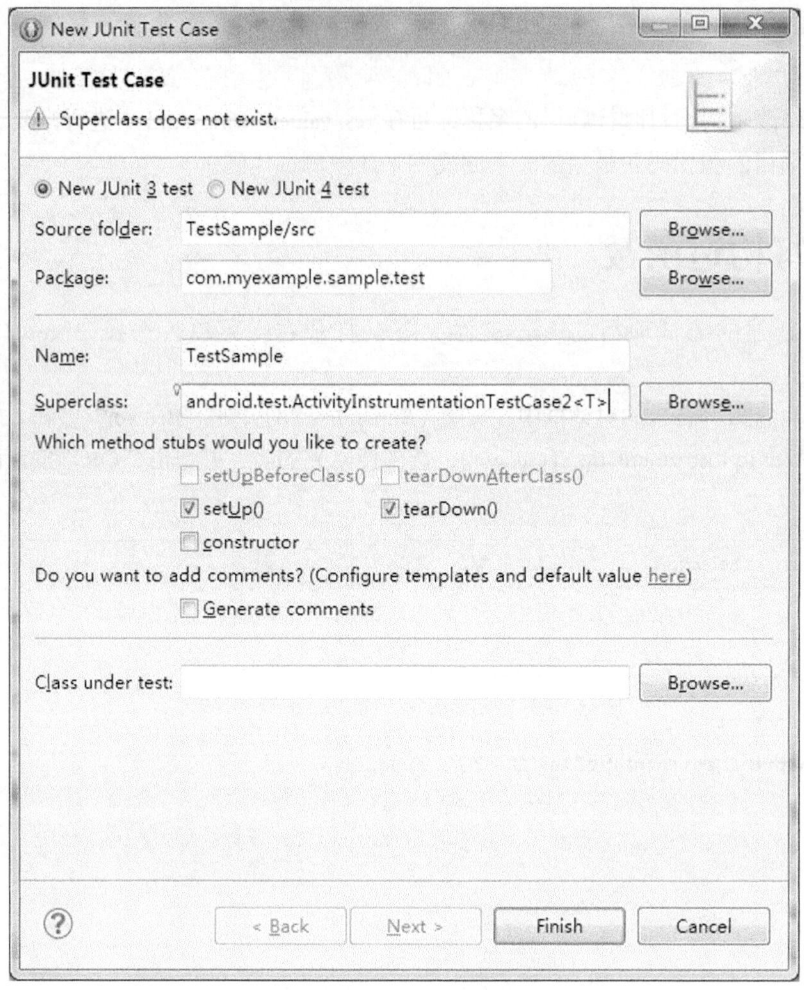

图 4-50　输入测试类名

新建好的代码文件提示有些错误需要更正。首先，把类名处的<T>换成< MainActivity>，即完整的类名声明如下：

```
public class SampleTest extends ActivityInstrumentationTestCase2<MainActivity>
```

此时引入的包也要做一些调整。把鼠标移至“MainActivity”，将看到图 4-51 所示的更正提示。选择第一项“Import 'MainActivity'…”。

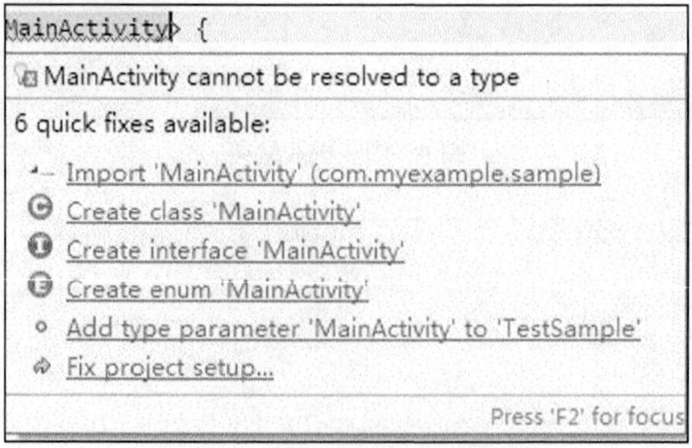

图 4-51　添加 Import 项

类名处可能还有错误提示。添加测试类的构造函数即可消除。

在测试类中建立构造函数：

```
public TestSample() {
        super("com.myexample.sample", MainActivity.class);
    }
```

在上一个任务中，我们分析过测试类的构造函数的格式，一般情况下可以为

```
super(待测项目所在包名的字符串,主 Activity 的 class );
```

因此，这个构造函数的编写也类似。

至此，新建该类后提示的错误应已都被排除。

三、编写 setUp()函数

setUp 函数主要进行测试前的初始化。修改 setUp 函数代码：

```
    protected void setUp() throws Exception {
        super.setUp();
        mainActivity = getActivity();
        result = (TextView) mainActivity.findViewById(R.id.text1);
    }
```

这也是按照 setUp 函数所用的格式而来。在调用父类 setUp 后，使用 getActivity()获取主活动，然后使用 findViewById 依次获取该活动在测试时需要调用到的资源。在这里我们可能需要调用的资源主要是文本（text1），资源的名称参考待测项目的源代码。

别忘了，在 setUp 前面添加该函数中使用到的内部成员的声明：

```
private TextView result;
private MainActivity mainActivity;
```

细心的读者可能发现，在前面的例子中并没有把获取到的活动保存为内部成员。这是因为在这个例子中我们后面还要再次获取文本的字符串，因此需要保存下来以待后面再次通过当前 Activity 获取需要的信息。

四、编写测试函数

在测试类中添加测试代码及注释：

```
    public void testActivity(){
    assertEquals("Hello world!", result.getText().toString());//字符串变化
前的状态断言
    sendKeys("ENTER");
    sendKeys("ENTER");//模拟按两次 ENTER 键，可结合待测程序运行的情况分析
    result = (TextView) mainActivity.findViewById(R.id.text1);//获取变化后
的字符串
```

```
        assertEquals("Hello Android", result.getText().toString());//字符串变
化后的状态断言
    }
```

tearDown()函数不需要做修改，保留原状即可。

五、运行测试

保存编写好的代码，在代码界面右击，在右键菜单中选择“Run As/Android JUnit Test”运行测试。稍候片刻，即可见到测试运行的过程。运行结束后提示，前面编写的测试通过。

首次运行后，在设备的APPS列表中单击“Dev Tools”图标，再打开“Instrumentation”也可找到。如没有设定名字，测试将显示为默认的“android.test.InstrumentationTestRunner”。如果要更改测试的名称，可打开项目的AndroidManifest.xml文件，在instrumentation标签中，添加代码“android:label=要显示的名称”。例如：

```
    <instrumentation
        android:name="android.test.InstrumentationTestRunner"
        android:targetPackage="com.myexample.sample"
        android:label="Sample Test" />
```

再次运行测试后，单击“Dev Tools”图标再打开“Instrumentation”即可看到测试的名称，如图4-52虚线框处所示。

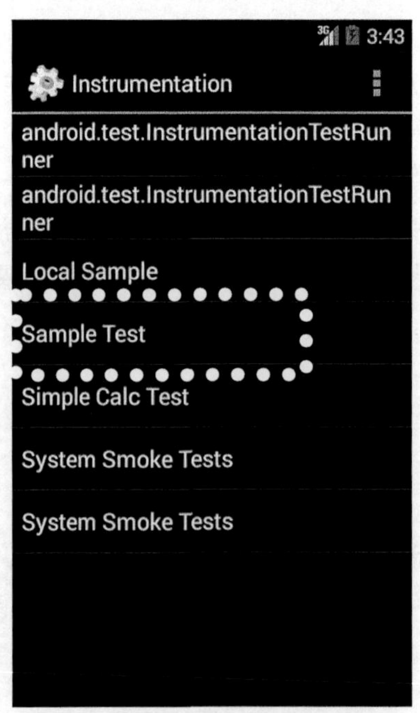

图4-52　命名后的测试

任务拓展

一、Activity 的生命周期

了解 Activity 的生命周期，对组织 Android 应用的单元测试、系统功能测试等很有帮助。Activity 生命周期图如图 4-53 所示。

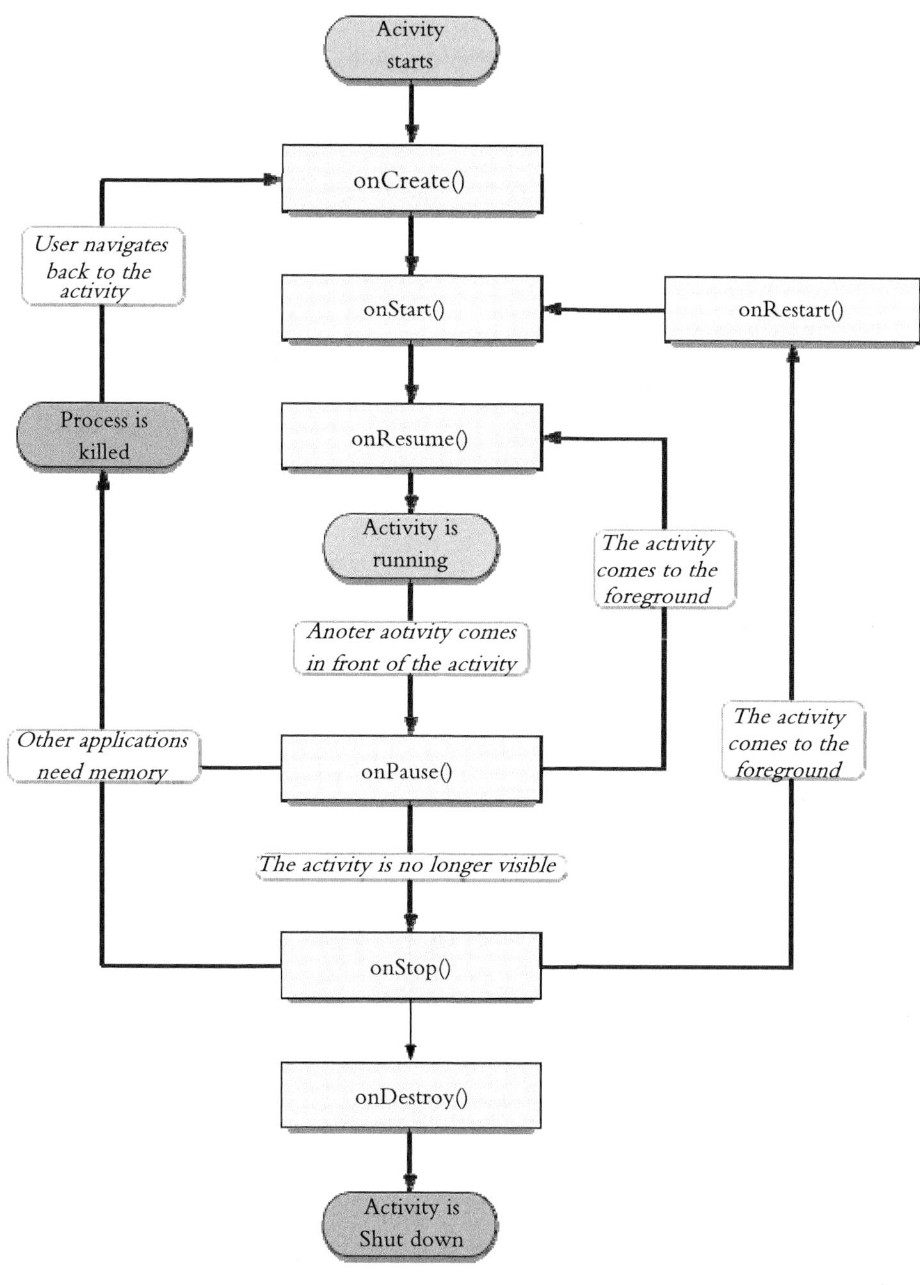

图 4-53　Activity 生命周期

启动一个应用后，将依次执行 onCreate()、onStart()、onResume()这 3 个方法。此时，当前应用在前台执行。

如果在当前应用运行时，另一个在后台运行的应用因某种原因在前台显示（例如，有新信息、闹钟提醒等），则当前应用会执行 onPause()，即进入暂停状态。

而如果应用在前台运行时按下 HOME 键，Activity 将先后执行 onPause()、onStop()这两个方法。此时，虽然在前台我们看不到这个应用，但它并没有真正退出，进程还依旧保留。若再次启动应用时，则先后分别执行了 onRestart()、onStart()、onResume() 3 个方法。

当我们按 BACK 键或退出应用时，当前应用程序将结束，这时将先后调用 onPause()、onStop()、onDestory() 3 个方法。还有一种情形会强制结束应用，这就是当程序在后台运行时，如果其他前台运行的程序内存不足，将强制结束后台运行的一些应用，从而释放一些内存空间给前台运行的程序。若用户需要再次打开应用，应用将重启，即重新执行 onCreate()、onStart()、onResume() 3 个方法。

图 4-54 从 Activity 状态转换的角度，描述了 Activity 从生成到销毁的生命周期。读者可对照图 4-53 及上面的描述，加深印象。

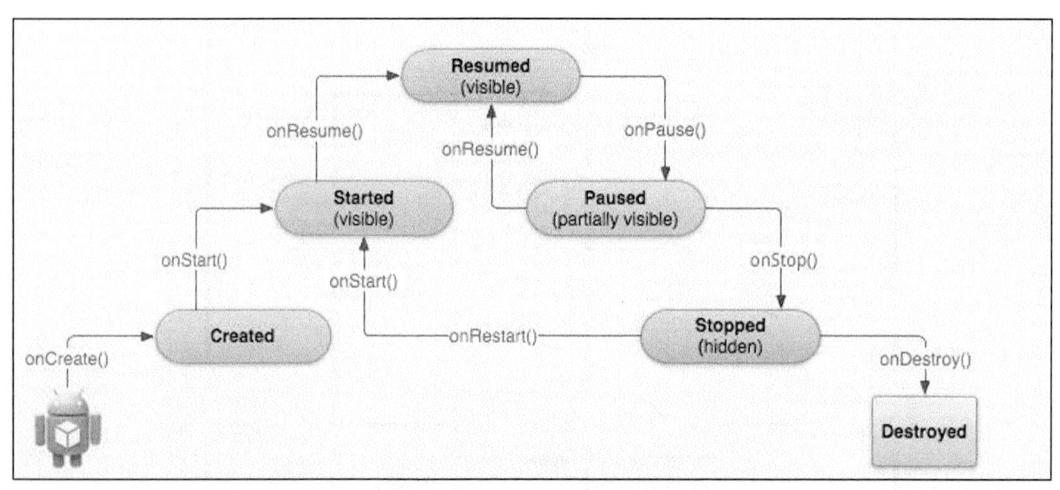

图 4-54 Activity 的状态转换

二、基于 Junit 的 Android 测试框架

事实上，除了 Activity，Android 系统中的 Content Provider 和 Service 都可以作为单元测试的目标进行测试。

Android 测试框架的包结构如图 4-55 所示。

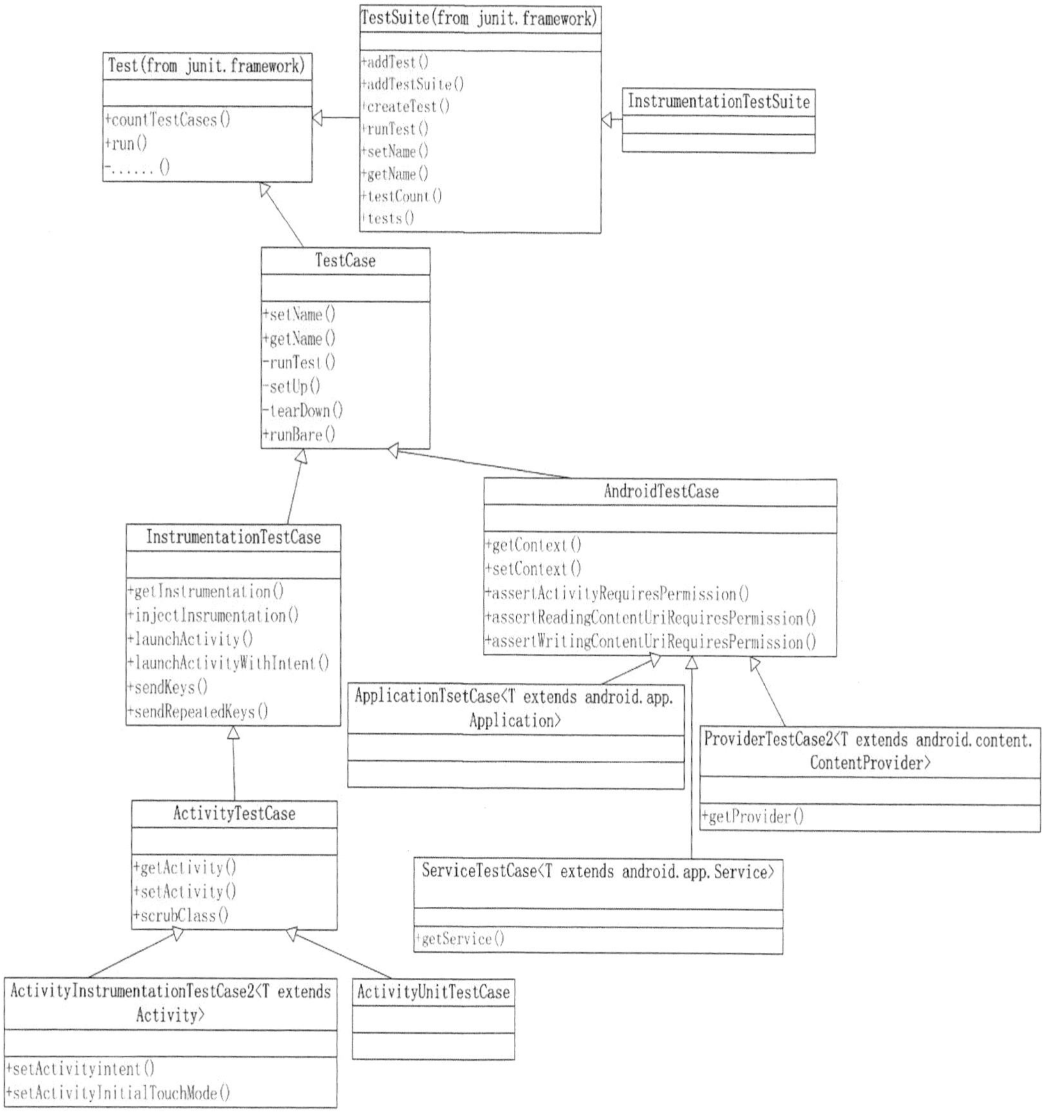

图 4-55 android.test 包的结构

其中，android.test 下的 TestSuite 是测试用例的集合，主要用于进行多个测试用例的管理；而 TestCase 则是测试用例的定义。TestCase 有 InstrumentationTestCase 与 AndroidTestCase 两个子类，前者主要是针对活动（Activity）的测试，而后者则包含 Service 和 ContentProvider 等测试目标。

我们在前面例子中使用的 ActivityInstrumentationTestCase2 是 InstrumentationTestCase 及 ActivityTestCase 的子类，另外还有 ActivityUnitTestCase 这个抽象类。继承自 ActivityUnitTestCase 这个抽象类，可以启动某个 Activity，获取 Activity 传递的参数，获取 Activity 执行后的结果，还能够给 Activity 提供相关的参数进行启动，更重要的是，该测试可以不运行在 UI 线程中，即不在设备中显示出来而在后台直接执行，从而实现 Activity “真正的”单元测试。而 ActivityInstrumentationTestCase2 的结构和运行我们在前面的例子中都已有所了解，不再赘述。

ApplicationTest、ProviderTestCase 和 ServiceTestCase 则是 AndroidTestCase 的子类，主要用于测试依赖于 Activity 的其他资源或环境。其中，ApplicationTest 框架主要用于在受控环境下实现对 Application 类的测试，并提供了对 Application 类生命周期方法的基本支持，还可以在测试时注入依赖及控制测试环境。

ProviderTestCase2 提供了一个在隔离、受控的环境下测试 Content Provider 的框架，使用这个框架可以创建其自己的内部地图（internal map），并在此基础上处理授权的内容供应组件（providers），还可以在测试时只注入需要的内容供应组件而去掉不必要的。而 ServiceTestCaseThis 提供了一个在受控环境下测试 Service 类的框架，并提供了对 Service 类命周期方法的基本支持，还可以在测试时注入依赖及控制测试环境。

相关链接及参考

关于 android.test 包里更详细的介绍，可参考下面网址：

http://android.toolib.net/reference/android/test/package-summary.html

实训项目

一、实训目的与要求

对 SimpleCal 项目，新建一个 Android 测试项目并编写测试用例。

二、实训内容

对 SimpleCal 项目，新建基于 InstrumentationAndroid 的测试项目，实现以下测试。

（1）验证不同输入下，输入框是否能按预期接收数据（例如，输入负号或其他符号时）。

（2）验证输入不同数据的情况下，计算的结果是否正确。

（3）验证输入不同数据的情况下，计算结果的显示是否正确。

三、实训要点

（1）新建一个 Android 测试项目，修改该测试的名称为“myTestSimpleCal”（提示：在项目的 AndroidManifest.xml 文件处修改）。

（2）修正项目配置。

（3）新建测试类 mySimpleCalTest。编写其构造函数：

```
public mySimpleCalTest () {
        super("com.mamlambo.article.simplecalc", MainActivity.class);
    }
```

（4）在测试类中添加适当的内部成员，并修改测试类的 setUp()函数：

```
    private TextView result;
    private EditText value1;
```

```
    private EditText value2;
protected void setUp() throws Exception {
        super.setUp();
        MainActivity mainActivity = getActivity();
        value1 = (EditText) mainActivity.findViewById(R.id.value1);
        value2 = (EditText) mainActivity.findViewById(R.id.value2);
        result = (TextView) mainActivity.findViewById(R.id.result);
}
```

（5）编写测试函数。可设计不同的数据进行测试，还可以测试两个输入框接收数据的情况。例如：

```
public void testKeys1(){
      sendKeys("MINUS 2 2 ENTER ");
      int val1 = Integer.parseInt(value1.getText().toString());
      assertEquals(-22,val1);
}
```

（6）运行测试，分析测试结果。

四、总结与反思

总结 Instrumentation 框架实现单元测试的基本格式，并思考，在实现什么测试任务的时候，基于 Instrumentation 框架的单元自动化测试能发挥最大的优势？单元测试的优势体现在什么地方？

本章小结

本章先回顾了 JUnit 框架的基本结构、覆盖率测试的概念及实现，并在此基础上介绍了 Android 的 Instrumentation 单元测试框架的简单应用，对这个框架有了初步的了解与认识。白盒测试主要依赖于代码逻辑，因此，如果要更熟悉 Android 的白盒测试，需要对 Android 的程序结构有更深入的了解才可以开展。

习题

一、问答题

1. 用 Instrumentation 框架编写 Android 测试项目时，其测试类的构造函数一般格式应该是怎么样的？

2. 用 Instrumentation 框架编写 Android 测试项目时，其测试类的 setUp()函数一般应该怎样写？可能包含哪些语句？

3. JUnit3 的框架对于测试类及测试函数的编写有什么要求？

4. JUnit4 的框架与 JUnit3 相比有什么区别？

二、实验题

1. 对下面代码编写JUnit测试，使用Emma检查覆盖率，要求分支达到100%覆盖。

```
public class NumberUtil {
/* 判断输入的数字是否满足能被 7 或 9 整除但不能被 2 或 5 整除 */
public class NumberUtil {
    /* 判断输入的数字是否满足能被 7 或 9 整除但不能被 2 或 5 整除 */
    public boolean isDivisible(int num) {
    if (((num % 7 == 0) || (num % 9 == 0))&& (num % 5 != 0 && num % 2 != 0))
return true;
        else return false ;
    }
}
```

2. 对下面三角形判断的代码编写JUnit测试，使用Emma检查覆盖率，要求分支达到100%覆盖。

```
public class Triangle {
    private double a,b,c;
    public Triangle(double x,double y,double z){
        a=x;
        b=y;
        c=z;
    }
    public void isTriangle(){
        if(a<=0||b<=0||c<=0)System.out.println("边的值要大于0");
        else {
            if(a+b<=c||a+c<=b||b+c<=a)System.out.println("不是三角形");
            else if(a==b||b==c||a==c){
                if(a==b&&b==c)System.out.println("等边三角形");
                else System.out.println("等腰三角形");
            }
                    else System.out.println("一般三角形");
        }
    }
    public void setTriangle(double x,double y,double z){
        a=x;
        b=y;
        c=z;}
}
```

3. 使用 Instrumentation 框架，测试指定的 Android 应用程序。

4. 补充 SimpleCal 项目的测试用例，以代码形式实现。

5. 下面是 Android 其中一个示例程序 Spinner 的测试 SpinnerTest 的部分代码。试对照源文件的注释，指出下面横线部分的语句为什么要这样编写？有何作用？

```
public class SpinnerActivityTest extends
ActivityInstrumentationTestCase2<SpinnerActivity> {
    ……//前面省略
public SpinnerActivityTest() {
        super("com.android.example.spinner", SpinnerActivity.class);
}
    @Override
    protected void setUp() throws Exception {
        super.setUp();
        setActivityInitialTouchMode(false);
        mActivity = getActivity();
   mSpinner = (Spinner)mActivity. findViewById(com.android. example. spinner.R.id.Spinner01);
        mPlanetData = mSpinner.getAdapter();
    }
……
public void testSpinnerUI() {
……
        this.sendKeys(KeyEvent.KEYCODE_DPAD_CENTER);
        for (int i = 1; i <= TEST_POSITION; i++) {
            this.sendKeys(KeyEvent.KEYCODE_DPAD_DOWN);        }
        this.sendKeys(KeyEvent.KEYCODE_DPAD_CENTER);
……
    }}
```

PART 5 项目五 基于 Robotium 的集成测试

项目导引

对 Android 应用程序进行白盒测试可发现程序中潜在的很多缺陷，且针对代码内部逻辑组织的测试，需要非常了解 Android 编程，实现起来往往有难度。在本项目中，我们将引入开源框架 Robotium，初步认识测试框架 Robotium，从模拟用户操作的角度，实现对代码及对 apk 文件的测试。

学习目标

☑ 了解 Robotium 框架的结构

☑ 掌握 Robotium 框架在测试中的使用

☑ 能使用 Robotium 框架实现对项目的测试（有源代码与只有 APK 的情形）

☑ 掌握 apk 文件进行重签名的方法

任务一　初识 Robotium

任务分析

导入 Robotium 自带示例程序 NotePad 和 NotePadTest，初步认识 Robotium 测试的实现。

知识准备

Instrumenation 只能针对单个的 Activity，而涉及多个活动的测试，可使用免费开源的工具 Robotium。

Robotium 是一款国外的 Android 自动化测试框架，主要针对 Android 平台的应用进行黑盒自动化测试，它提供了模拟各种手势操作（单击、长按、滑动等）、查找和断言机制的 API，能够对各种控件进行操作。Robotium 结合 Android 官方提供的测试框架对应用程序进行自动化测试，测试人员能通过 Robotium 编写功能、系统测试方案，且测试可跨越多个 Android activities。

Robotium 自动化测试方法能够模仿普通用户行为，具有下列优势。

（1）以最小的应用程序知识，开发功能强大的测试案例。

（2）支持多个 Activities 自动活动。

（3）最短的时间需求写出测试用例。

（4）测试案例的可读性比 Instrumenation 测试大大提高。

（5）通过运行时绑定 GUI 组件使测试用例更强大。

（6）执行测试用例速度快。

（7）顺利整合了 Maven 或 Ant 来运行测试，实现持续集成。

（8）可以在有源码或者只有 APK 的情况下对目标应用进行测试，提供了模仿用户操作行为的 API，如在某个控件上单击，输入 Text 等。

现在最新版本的 Robotium Recorder 已经可以实现屏幕录制—回放功能，但要收费（只提供有限试用）。

Robutium 现在还存在一些不足，主要有：

（1）无法对 WebView（网络视图）进行操作；

（2）Robotium 提供的 API 是面向过程的，测试代码的可扩展性差；

（3）Instrumentation 框架下，App 的 crash 会导致测试程序一并 crash；

（4）对于复杂的布局，目前的方法有可能无法获取所需的数据；

（5）自定义布局需通过导入源码的方式，调用自定义布局的方法进行验证，增加编码难度；

（6）验证的方式大多数基于 UI 上的数据，无法检查 UI 布局的视觉问题。

下面我们将先通过两个示例程序 NotePad 和 NotePadTest，初步认识 Robotium 测试框架。

任务实施

一、导入项目 NotePad 及其测试

打开“File/Import...”，选择“Android/Existing Android Code into workspace”，选中 NotePad 及其测试所在的文件夹，如图 5-1 所示。最好选中“Copy projects into workspace”选项。

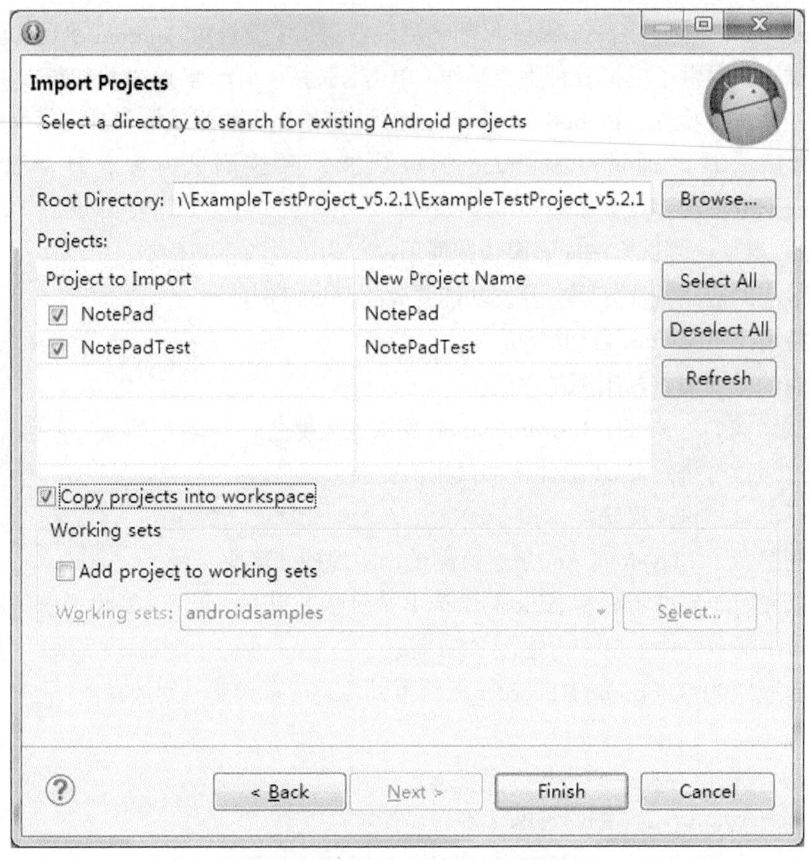

图 5-1　导入 NotePad 及其测试

如果项目提示有类型识别问题，把鼠标移到提示错误的代码处，选择“Fix project setup…”，按提示导入所需要的包，类似图 5-2 所示。

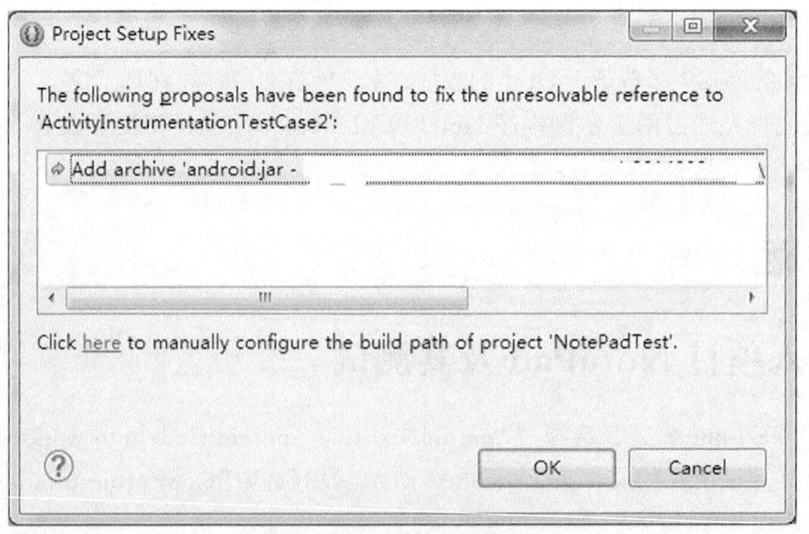

图 5-2　添加项目 build path

如果 NotePadTest 还提示有错误，右键单击项目选择“Properties”，确认 Project Build Target 被选中，如图 5-3 所示。

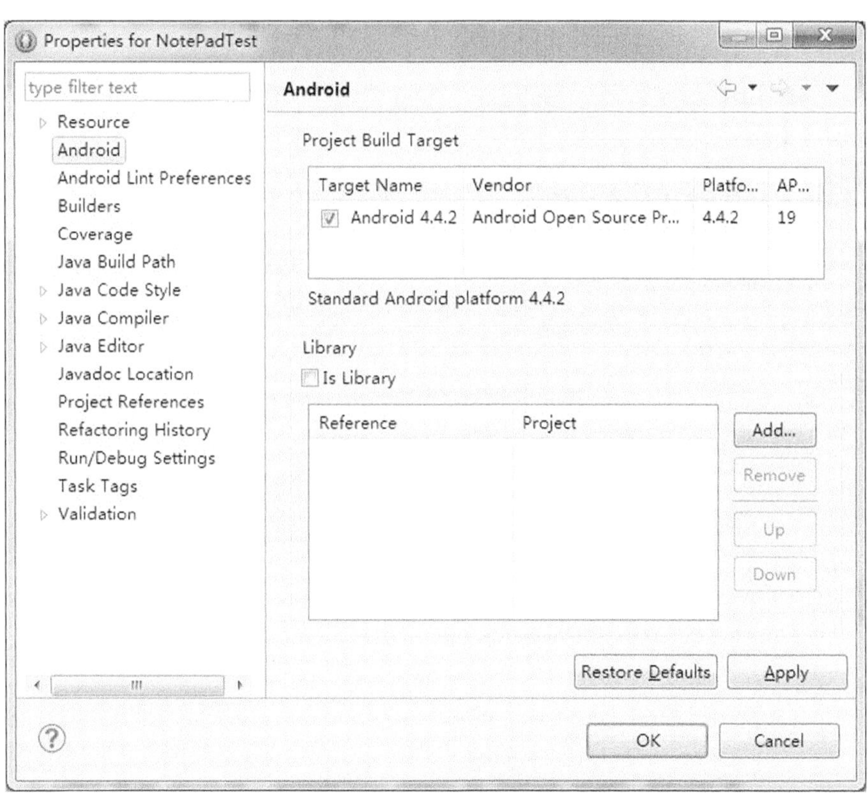

图 5-3　确认选中 Project Build Target

导入后，单击“Run As/Android Application”，运行 NotePad 程序。按下键盘上的 PageUp 键（相当于手机的 Menu 键），单击“Add note”建立新笔记。输入笔记标题，按 PageUp 键调出菜单，选择“Save”保存，如图 5-4 所示。

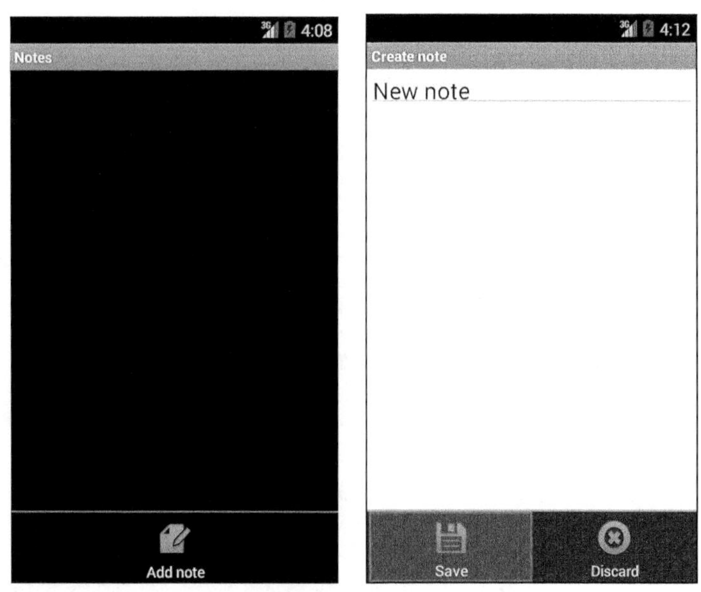

图 5-4　添加新笔记

保存成功后，单击标题可修改已有笔记内容。

课堂练习

对该应用分别进行新建笔记、编辑笔记、删除笔记等操作的测试，熟悉操作过程。

二、运行 NotePadTest

导入 NotePadTest 项目后，右击项目，选择“Build Path/Configure Build Path”，确认 robotium-solo-5.2.1jar 库已被导入，如图 5-5 所示。打开“Order and Export”窗口，选中 robotium 库，如图 5-6 所示。

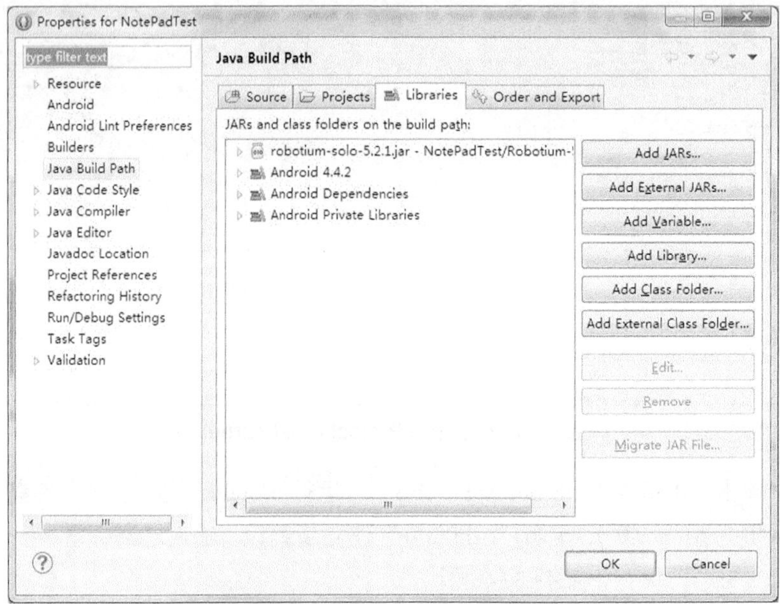

图 5-5　导入 robotium-solo-5.2.1.jar 库

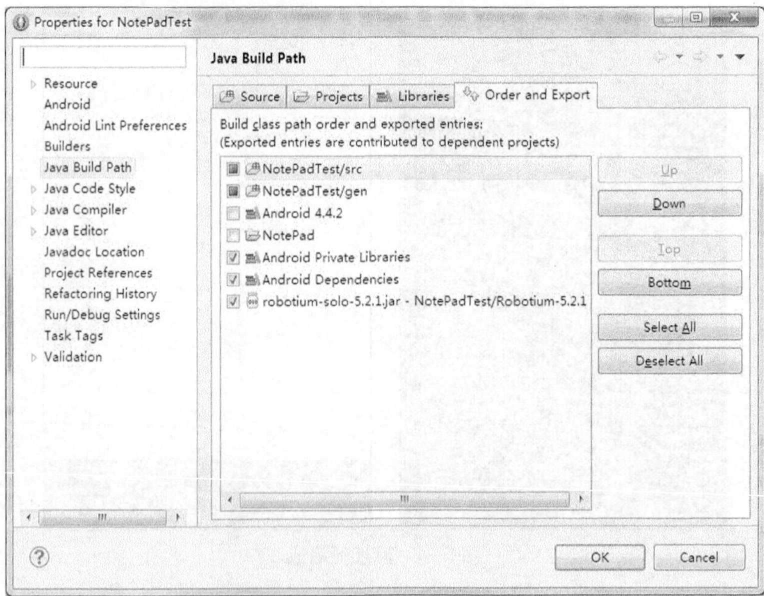

图 5-6　设置 Order and Export

修改后，选择“Run As/Android JUnit Test”运行测试。稍候片刻，可以在设备上看到测试执行的过程。测试执行完毕，若没有错误，将显示通过，如图 5-7 所示。

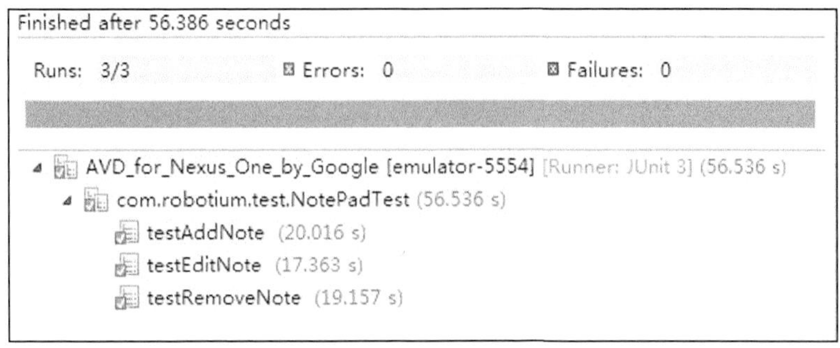

图 5-7 测试结果

如果出现以下错误：

java.lang.NoClassDefFoundError: com.jayway.android.robotium.solo.Solo，则需检查项目配置，特别是如图 5-6 所示配置好后再单击“Project/clean”，再重新运行。

测试完成后，在/sdcard/Robotium-Screenshots/目录可以查看测试过程中的截图（如果用 DDMS 查看，则在 storage/sdcard/Robotium-Screenshots/目录下，可导出后再查看）。

三、NotePadTest 代码分析

从 NotePadTest 的代码可见，测试类依然是基于 Instrumentation 框架的（继承自 ActivityInstrumentationTestCase2）。但在实现上和上一章的针对单个类的单元测试有所不同，分析如下。

（1）测试类是 ActivityInstrumentationTestCase2 的子类。区别在于，如果测试可能涉及多个 Activity，则可以不用设置具体的泛型，可以用一个@SuppressWarnings({ "unchecked", "rawtypes" })忽略编译警告。

（2）测试类的构造函数，与 Instrumentation 框架类似，格式如下：

```
super(待测项目所在包名的字符串,主 Activity 的 class );
```

（3）测试时要导入 robotium 的 jar 包，并在测试类中新建 Solo 类的私有变量，该变量在 setUp 中要对其进行初始化。初始化时，通过 getInstrumentation()和 getActivity()获取当前测试的对象和待启动对象。对应代码如下：

```
solo = new Solo(getInstrumentation(),getActivity());
```

（4）类似地测试方法以 test×××命名。测试时，这个 Solo 对象就有点像个机器人。它并不关注程序实现的方式是什么，而是通过 Solo 对象的方法，从用户模拟的角度对程序进行一些操纵。如输入文字、按菜单项等。

以测试方法 testAddNote 为例，测试过程的代码描述及注释如下：

```
//单击菜单项 Add note
solo.clickOnMenuItem("Add note");
  ......
```

```
//在编号为0的文本框（即第一个）输入文字Note 1
solo.enterText(0, "Note 1");
//模拟按返回键
solo.goBack();
......
//返回NoteList的Activity（即打开NoteList的活动，显示列表）
solo.goBackToActivity("NotesList");
//截图，默认目录在"/sdcard/Robotium-Screenshots/".
solo.takeScreenshot();
......
```

（5）对测试中，robotium 的框架支持使用正则表达式描述查找条件，从而实现更灵活的查找，也更贴近用户的使用情形，给测试的开发带来便利。

以测试方法 testRemoveNote 为例，在测试时描述了如下操作。

```
solo.clickOnText("(?i).*?test.*");//单击包含test的字符串
```

（6）在 tearDown 中，solo.finishOpenedActivities()用于关闭所有打开的活动。

表 5-1 列出了 Solo 类常用的一些操作。完整的 api 可查看 robotium 说明文档。总的来说，Solo 对象的方法基本上可以“见名知义”，根据用户使用的模拟，在测试时根据需要的操作使用即可。

表 5-1　Solo 类常用操作

类型	方法	对应的操作	示例
单击	clickOnButton(String name) clickOnButton(int)	单击指定的按钮（字符串或索引）	/*单击字符为 test 的按钮*/ clickOnButton("test"); /*单击索引为 0，即第 1 个按钮*/ clickOnButton(0)

	clickOnText(String name)	单击指定字符串	//单击 test 字符串
			clickOnText("test");

	clickLongOnText(String name)	长按指定字符串的位置	clickLongOnText("test");

	clickInList(int line)	单击一个给定的列表行并返回此行显示的 TextView 集合，默认操作第一个 ListView	//单击第 2 行
			solo.clickInList(2);

	clickLongInList(int line)	长按给定的列表行	
	clickOnMenuItem(String name)	单击指定的菜单项	clickOnMenuItem("Add note");

续表

类型	方法	对应的操作	示例
字符输入	enterText(index,text)	在指定 EditText 控件内输入字符串。两者的区别在于有时对转义字符的支持不一样，以及追加文本时位置不一样	/*在第 1 个控件内输入"Note 1"*/ enterText(0,"Note 1");
	typeText(index,text)		/*在第 1 个控件内输入"Note 1"*/ typeText(0,"Note 1");
截图	takeScreenshot()	对当前显示截图	
搜索	searchText(String)	查找指定字符串。查找成功则返回 true	
	searchButton(String)	查找具有指定字符串的按钮	
时间控制	sleep(int time)	程序等待指定毫秒数	
	waitForText(Stringtext,intminimumNumberOfMatches,long timeout,boolean scroll)	等待指定的文字出现。后面的参数分别是：至少出现次数，等待时限，是否允许滚动。这 3 个参数可以不指定。默认超时为 20 秒	/*等待"Note 2"出现至少 1 次，时限为 100 秒 */ noteFound=solo.waitForText("Note 2", 1, 100);
返回	goBack()	模拟按下返回键	
	goBackToActivity(String name)	返回指定的 Activity	goBackToActivity("MainActivity");
调整方向	setActivityOrientation(int orientation)	设置屏幕方向。其中参数 orientation 可以设置为 Solo.LANDSCAPE（水平）或 Solo.PORTRAIT（垂直）	solo.setActivityOrientation(Solo.LANDSCAPE);
断言	public void assertCurrent Activity (String message,String name)	检查当前程序显示的 Activity 是否是预期名称的 Activity	solo.assertCurrentActivity("Expected NoteEditor activity", "NoteEditor");

相比之下，前面使用的 Instrumenation 框架要求对被测程序的结构和编码细节有相当了解，主要还是侧重于程序内部逻辑的覆盖考虑，而且只能启动单个的 Activity，属于白盒测试，更适用于程序单元测试阶段；而 Robotium 框架的测试主要是从用户角度模拟一些操作、界面等部分接口，可能涉及多个不同 Activity，更侧重于用户的操作过程，适用于集成测试、系统测试、回归测试等阶段，且支持自动持续集成。Solo 对象在查找时还可以使用正则表达式实现，这也更贴近用户的使用方式。

四、测试用例开发

下面参考说明文档和示例代码，开发其他测试用例。可先尝试手动操作，熟悉操作过程。

（1）在测试类中添加第 1 个测试方法，操作过程如下：

① 单击菜单添加条目；

② 在输入框输入“abc123”；

③ 返回（goback）；

④ 长按 abc123（clickLongOnText）；

⑤ 单击 Open（clickOnText）；

⑥ 输入 123；

⑦ 返回（goback）；

⑧ 断言查找 abc123123 的结果为 true。

该测试对应代码及注释如下，如有必要，可以在适当的地方添加截图语句。

```
public void testMyTest1(){  //测试方法以 testXXX 命名即可
solo.clickOnMenuItem("Add note");//单击菜单项 Add note
solo.enterText(0, "abc123");//输入 abc123
solo.goBack();//返回
solo.takeScreenshot();//截图
solo.clickLongOnText("abc123");
solo.clickOnText("Open");//打开 abc123
solo.enterText(0, "123");//修改笔记
solo.takeScreenshot();
solo.goBack();
solo.takeScreenshot();
assertTrue(solo.searchText("abc123123"));
}
```

运行测试，并可在对应文件夹下查看操作截图，如图 5-8 所示。

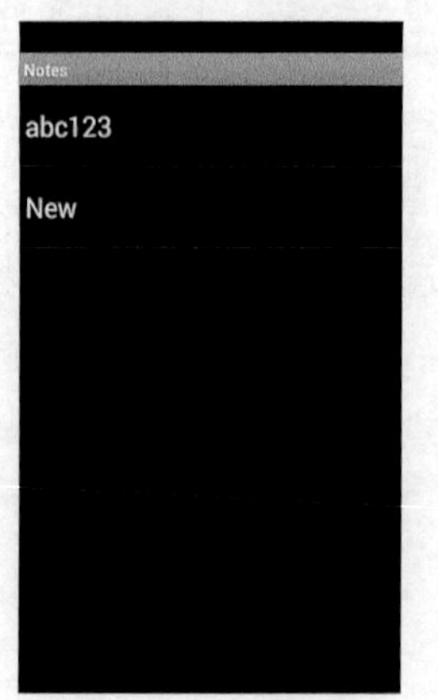

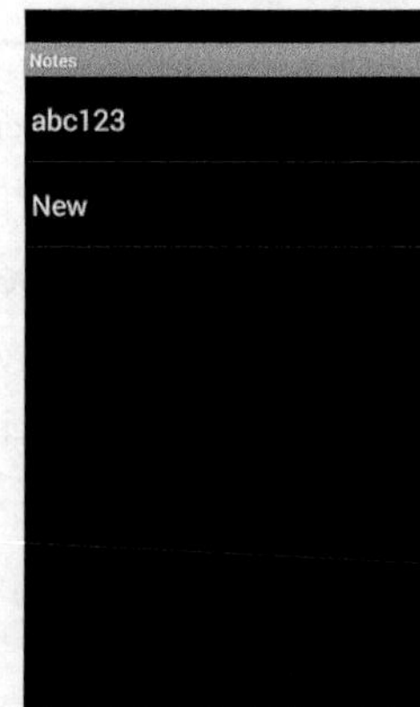

图 5-8　测试过程截图

课堂练习

运行该测试将出现一个断言失败（Failure）。请找出原因，并修改测试代码使测试通过（这里可视为该应用易用性的一个 bug）。

（2）在测试类中添加第 2 个测试方法，该测试操作过程如下：

① 单击菜单添加条目；

② 输入换行符（\n）再输入“t”；

③ 返回（goback）；

④ 断言查找字符串“t”的结果为 true；

⑤ 长按列表第 1 项（clickLongInList）；

⑥ 在弹出的菜单单击文字 Edit Title（clickOnText）；

⑦ 在后面输入“1”（enterText）；

⑧ 长按列表第 1 项（clickLongInList）；

⑨ 在弹出的菜单单击文字 Open（clickOnText）；

⑩ 输入退格符（\b）；

⑪ 单击菜单项 Delete（clickOnMenuItem）；

⑫ 返回（goback）；

⑬ 断言查找字符串“t”的结果为 false。

该测试对应代码及注释如下，如有必要，可以在适当的地方添加截图语句（为准确控制截图时机，可结合 wait 或 waitfor 方法）。

```
public void testMyTest2(){
    solo.clickOnMenuItem("Add note");//单击 Add note 菜单项
    solo.enterText(0, "\n t");//输入换行符再输入 t
    solo.goBack();
    assertTrue(solo.searchText("t"));
    solo.clickLongInList(1);
    solo.clickOnText("Edit title");//编辑标题
    solo.waitForText("t");
    solo.takeScreenshot();
    solo.typeText(0, "1");
    assertTrue(solo.searchText("1")); //这里将出现一个断言失败（Failure）
    solo.takeScreenshot();
    solo.clickLongInList(1);
    solo.clickOnText("Open");//编辑文本
    solo.waitForText("t");
    solo.takeScreenshot();
    solo.typeText(0, "\b ");//删除回车键
    solo.takeScreenshot();
    solo.clickOnMenuItem("Delete");
```

```
        solo.goBack();
        assertFalse(solo.searchText("t"));
    }
```

运行测试，并可在对应文件夹下查看测试截图，如图 5-9 所示。

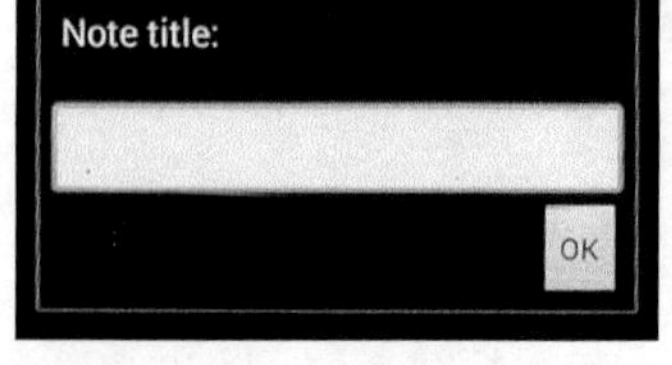

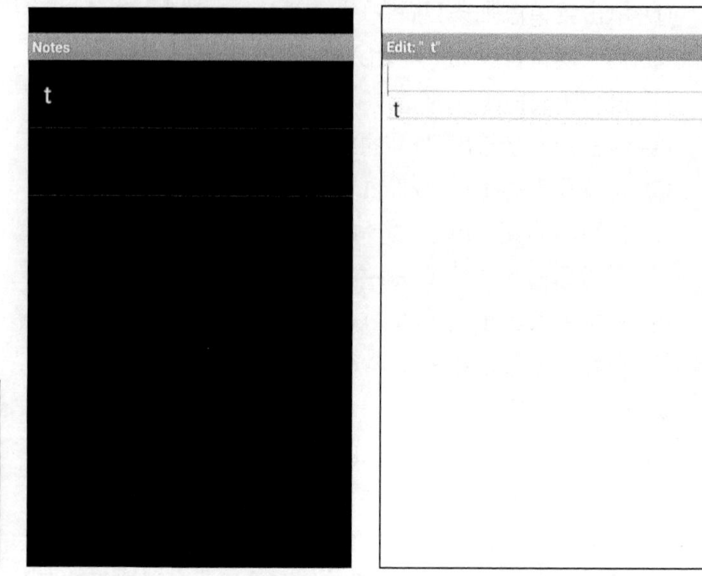

图 5-9　测试过程截图

课堂练习

运行该测试将出现一个断言失败（Failure）。请结合截图，说明原因（这里可视为该应用在处理标题的特殊字符时的一个 bug）。

任务二　使用 Robotium 测试 Android 项目

任务分析

使用 Robotium，对上一个项目测试过的 SimpleCal 项目进行测试。

任务实施

一、建立测试项目

在待测项目处单击鼠标右键，选择 "New/Other..."，在弹出的窗口选择 "Android/Android Test Project"，如图 5-10 所示。

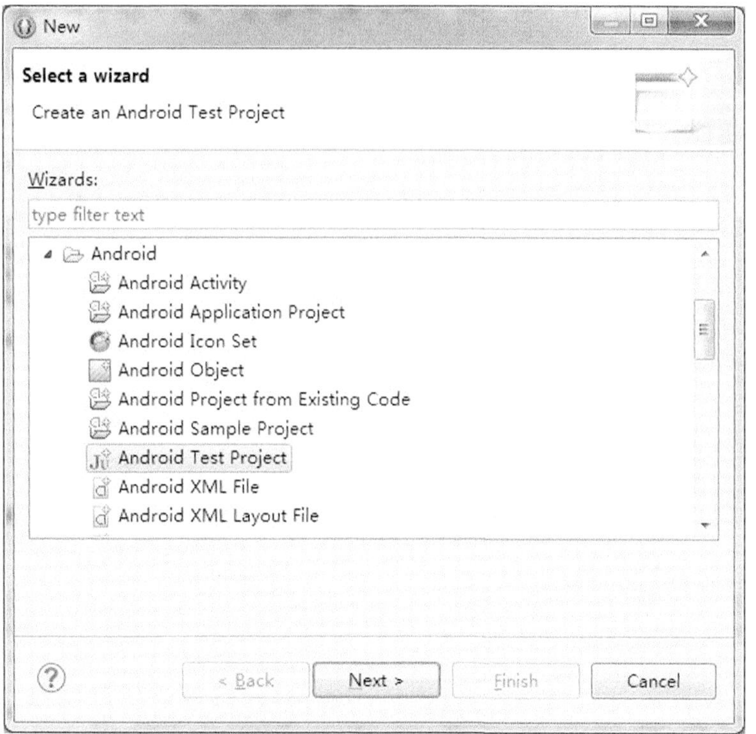

图 5-10　新建 Android 测试项目

单击“Next”按钮，输入测试项目的名称。输入“SimpleCalcRobotium”，如图 5-11 所示，再次单击“Next”按钮。

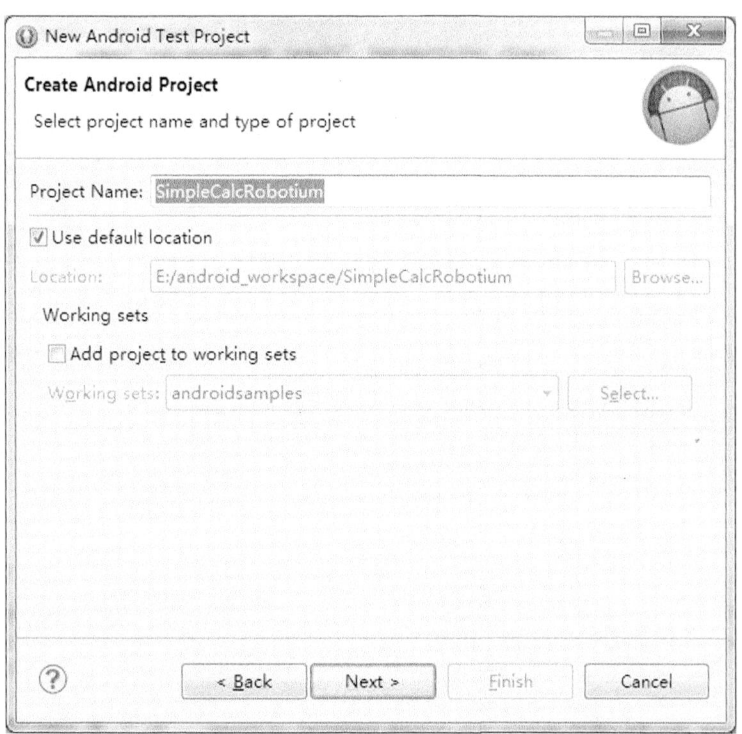

图 5-11　输入测试项目名称

选择待测项目。如果是在项目 SimpleCalc 处单击鼠标右键，可以直接选“This Project”，也可以选择“An existing Android project”，并选择“SimpleCalc”项目，如图 5-12 所示。

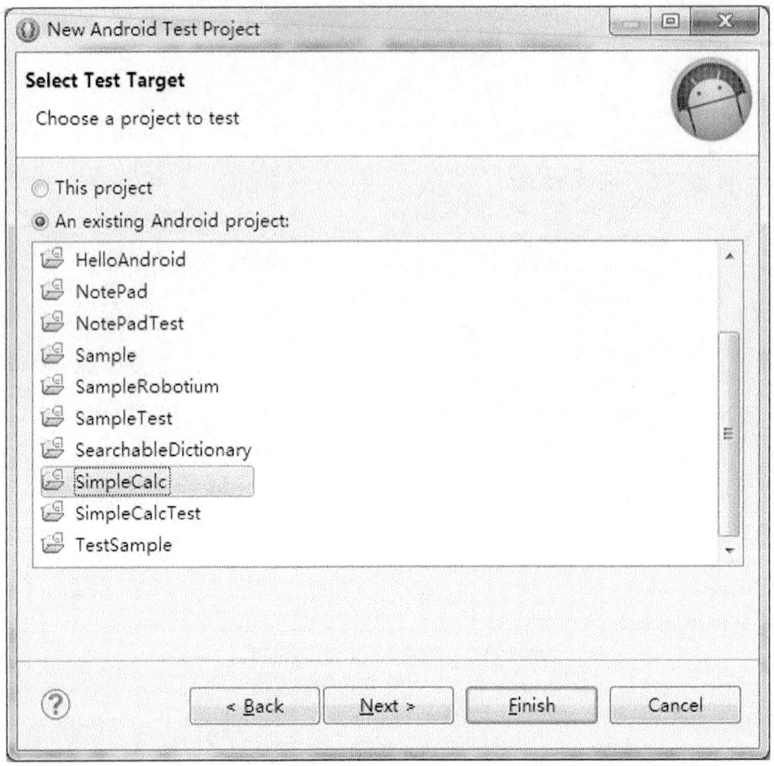

图 5-12　选择待测项目

单击“Next”按钮，选择运行的目标平台，一般保留默认设置即可，如图 5-13 所示。并单击“Finish”按钮完成新建。

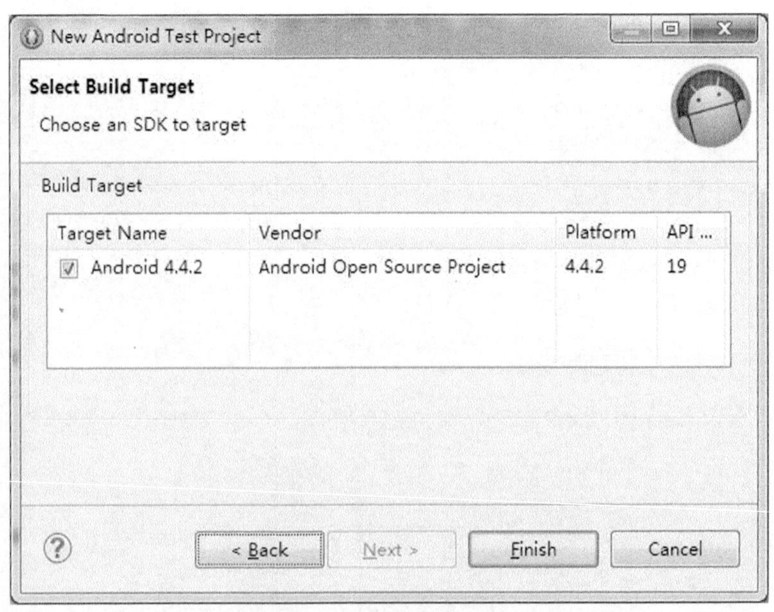

图 5-13　选择运行目标平台

在新建的测试项目的 src 文件夹下，打开右键菜单，选择“New/JUnit Test Case”。

在弹出的窗口中，父类（Superclass）单击 Brower 按钮，输入父类：android.test. Activity InstrumentationTestCase2。单击“OK”按钮确定。输入测试类名，如图 5-14 所示。单击“Finish”按钮完成新建。

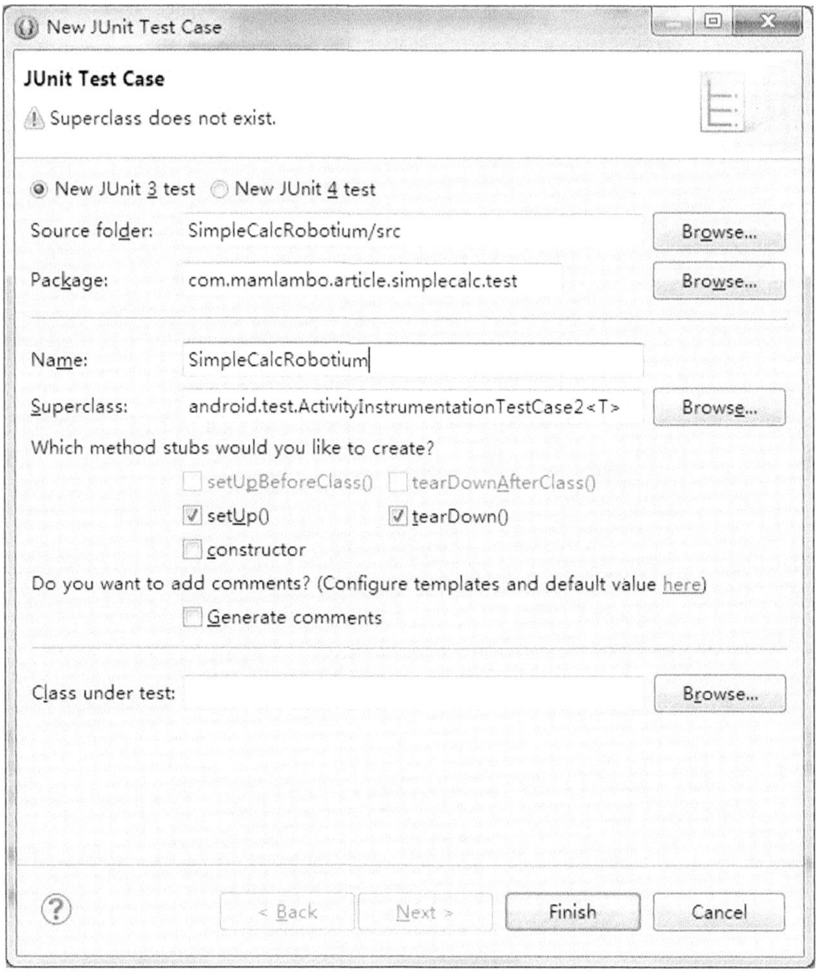

图 5-14　输入测试类名

二、编写构造函数

新建好的代码文件中，首先，把类名处的<T>删除，因为在 Robotium 框架的测试中可能涉及多个 Activity，可使用一个@SuppressWarnings("rawtypes")忽略该警告。

编写构造函数：

```
public SimpleCalcRobotium() {
        super(MainActivity.class);
    }
```

如果编写好的构造函数有类似图 5-15 所示的提示，表明该项目设置的最低 Android 运行版本需要进行一些调整。

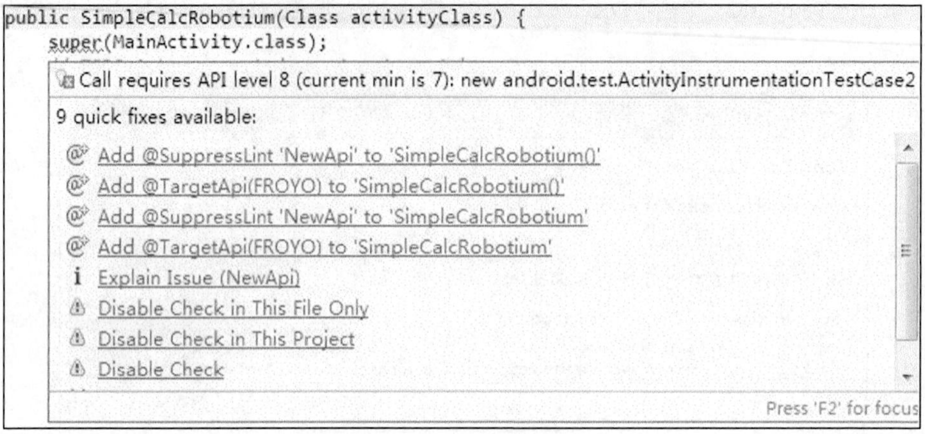

```
public SimpleCalcRobotium(Class activityClass) {
    super(MainActivity.class);
    Call requires API level 8 (current min is 7): new android.test.ActivityInstrumentationTestCase2
    9 quick fixes available:
     Add @SuppressLint 'NewApi' to 'SimpleCalcRobotium()'
     Add @TargetApi(FROYO) to 'SimpleCalcRobotium()'
     Add @SuppressLint 'NewApi' to 'SimpleCalcRobotium'
     Add @TargetApi(FROYO) to 'SimpleCalcRobotium'
     Explain Issue (NewApi)
     Disable Check in This File Only
     Disable Check in This Project
     Disable Check
                                                          Press 'F2' for focus
```

图 5-15　运行版本提示

打开当前项目下的 AndroidManifest.xml 文件，找到“uses-sdk”的标签，把 minSdkVersion 属性的值修改成 8 或以上，如图 5-16 所示。

```
<?xml version="1.0" encoding="utf-8"?>
<manifest xmlns:android="http://schemas.android.com/apk/res/android"
    package="com.mamlambo.article.simplecalc.test"
    android:versionCode="1"
    android:versionName="1.0" >

    <uses-sdk android:minSdkVersion="8" />

    <instrumentation
        android:name="android.test.InstrumentationTestRunner"
        android:targetPackage="com.mamlambo.article.simplecalc" />

    <application
        android:icon="@drawable/ic_launcher"
        android:label="@string/app_name" >
        <uses-library android:name="android.test.runner" />
    </application>

</manifest>
```

图 5-16　修改 minSdkVersion

保存 AndroidManifest.xml 文件后，构造函数的 SDK 最低版本错误即可消除。

Robotium 框架的测试类构造函数可以有两种写法，一般如下所示：

```
super(主类名.class);
```

或

```
super("所在包名字符串",主类名.class);
```

三、编写 setUp()函数和 tearDown()函数

（1）导入 Robotium 库。在代码前面增加下面的导入语句：

```
import com.robotium.solo.Solo;
```

使用提示的“Fix project setup”修正项目设置，或在当前项目中添加外部 Robotium 库。

（2）在测试类中添加一个私有数据的声明，该成员为 Solo 类的对象，代码如下：

```
private Solo solo;
```

（3）改写 setUp()函数：

```
    protected void setUp()、throws Exception {
        solo = new Solo(getInstrumentation(), getActivity());//创建并初始化
Solo 对象
    }
```

（4）改写 tearDown()函数：

```
    protected void tearDown() throws Exception {
        solo.finishOpenedActivities();//关闭所有打开的 Activity
    }
```

四、编写测试代码

在测试类中，添加似如下测试代码。

```
public void testAdd(){
    solo.unlockScreen();//确认屏幕解锁
    solo.enterText(0, "12");//在第一个文本框输入指定数值
    solo.enterText(1, "13");//在第二个文本框输入指定数值
    solo.clickOnButton("Add Values");//单击按钮"Add Values"
  //也可以写成 solo.clickOnButton(0)表示单击第 1 个按钮
    assertTrue(solo.searchText("25"));//查找结果
}
public void testMultiply(){
    solo.unlockScreen();//确认屏幕解锁
    solo.enterText(0, "12");//在第一个文本框输入指定数值
    solo.enterText(1, "10");//在第二个文本框输入指定数值
    solo.clickOnButton("Multiply Values");//单击按钮"Multiply Values"
    assertTrue(solo.searchText("120"));//查找结果
        }
```

五、运行测试

保存编写好的代码，在代码界面单击鼠标右键，在右键菜单中选择“Run As/Android JUnit Test”运行测试。稍候片刻，即可见到测试运行的过程。运行结束后提示测试通过，如图 5-17 所示。

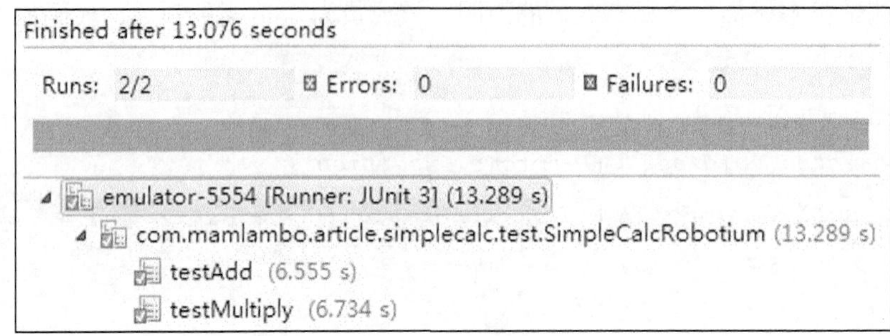

图 5-17　测试结果

课堂练习

对本应用编写其他测试用例。

任务三　使用 Robotium 测试 apk 文件

任务分析

在对 Android 应用进行测试时，往往可能只有一个 apk 文件，而没有项目的源代码。在这种情况下，使用我们前面学习的方法来测试将有一定难度。Robotium 本身支持对单独 apk 文件的测试，但需要经过重签名等步骤。在本任务中，我们将对一个 apk 文件使用 Robotium 进行测试。

任务实施

一、对 apk 文件重签名

重签名有两种方法，手动修改方式或借助重签名工具自动重签名。

1．手动操作重签名

（1）把 apk 文件的后缀改名为 zip，使用 winRAR 打开后，把 META-INF 文件夹删掉，如图 5-18 所示。

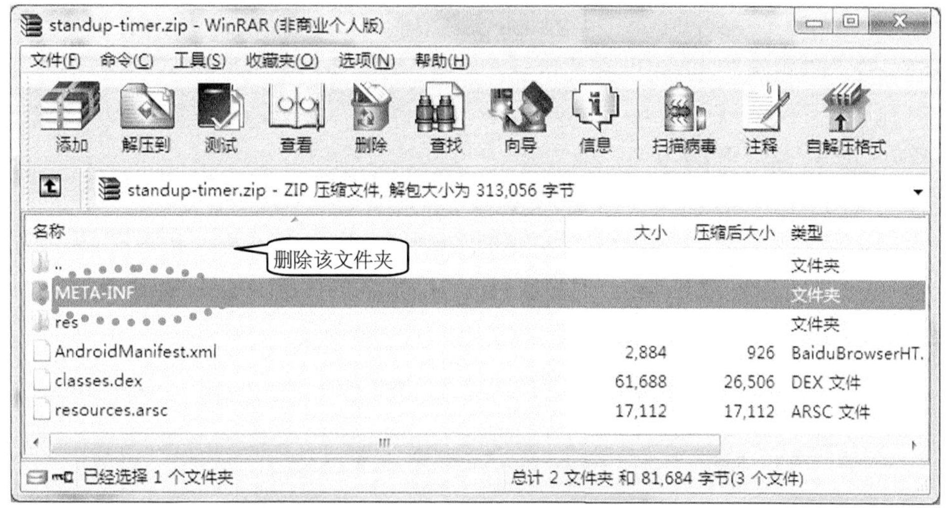

图 5-18　修改文件后缀名后删除指定文件夹

（2）将文件的后缀名改回 apk。

（3）找出 debug.keystore。debug.keystore 默认位于虚拟机主目录下，假如当前用户是 Admin，则该文件在 C:\Users\Admin\.android 目录下。若不清楚，可在 Eclipse 中打开“Window/Preferences”窗口，在“Android/Build”下查看“Default debug keystore”的位置，如图 5-19 虚线框所示。

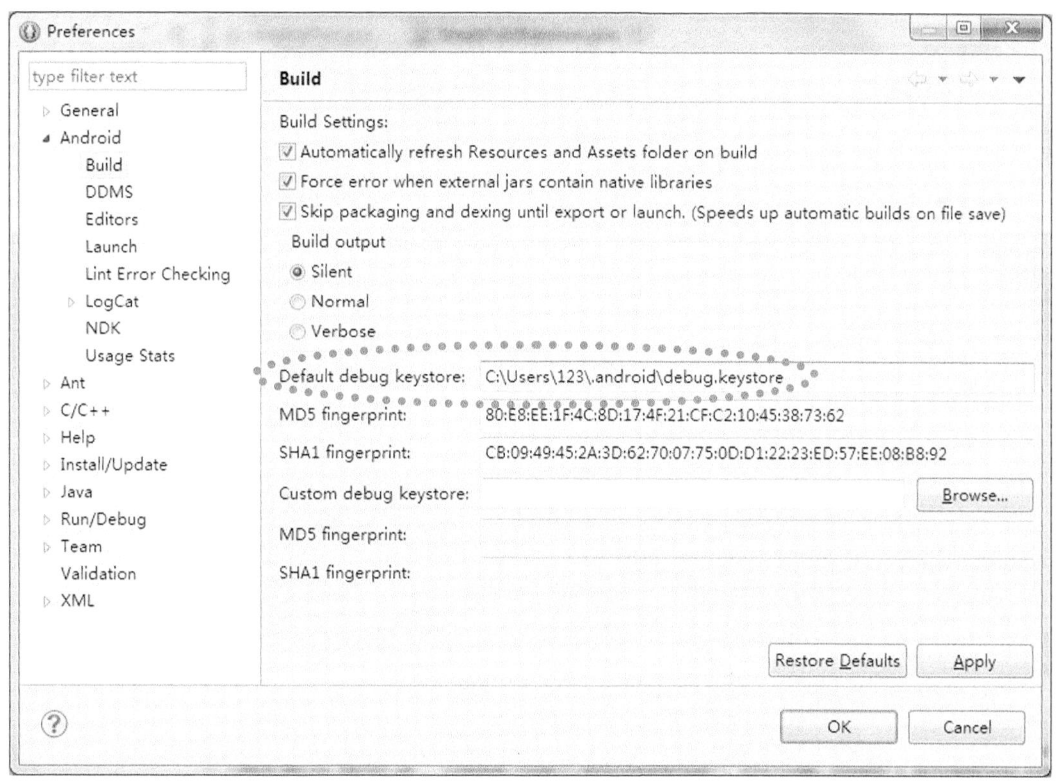

图 5-19　查看 debug keystore 位置

（4）把 debug.keystore 和要重签名的 apk 文件复制到同一个目录下（如 E 盘下）。打开命令提示符，进入要重签名的 apk 所在的目录，使用下面的命令给 apk 重新签名：

```
jarsigner -keystore debug.keystore -storepass android -keypass android 需要签名的apk 名 androiddebugkey
```

注意在使用 jarsigner 这个命令之前，要检查一下是否已把 Java JDK 安装目录下的 bin 写到环境变量 path 中，如果没有则要编辑环境变量添加此路径，否则会提示找不到 jarsigner 命令。

至此，apk 文件就被重签名了。可再次修改 apk 文件的后缀为 zip，查看该文件的结构。可以看到，META-INF 文件夹已被重新生成，如图 5-20 所示。

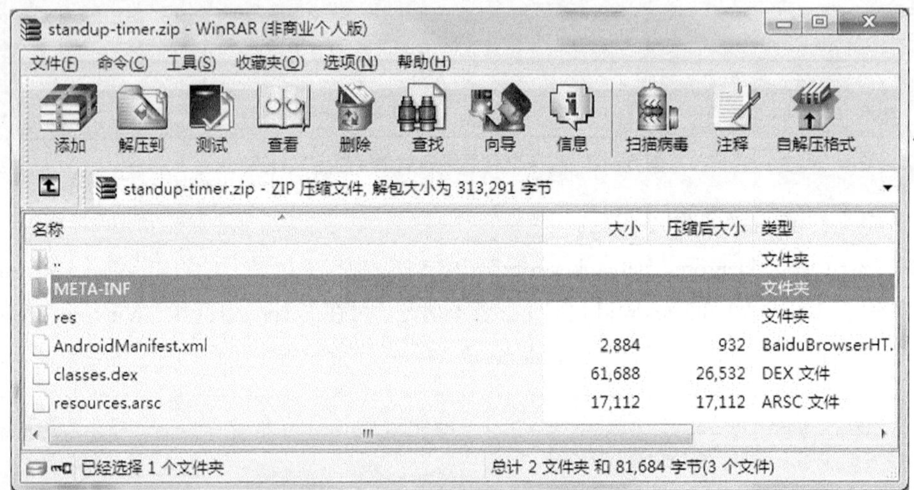

图 5-20 重新生成的 apk 文件的结构

如果重签名失败，测试将无法启动，运行测试时将提示出现类似以下错误。

```
Test run failed: Permission Denial: starting instrumentation ComponentInfo …
from … not allowed because package … does not have a signature matching the target …
```

2．自动重签名

可使用重签名工具 re-sign.jar 给 apk 文件重签名。在使用前要先打开环境变量窗口，新建一个系统变量 ANDROID_HOME，变量值为 Android SDK 所在的地址，如图 5-21 所示。

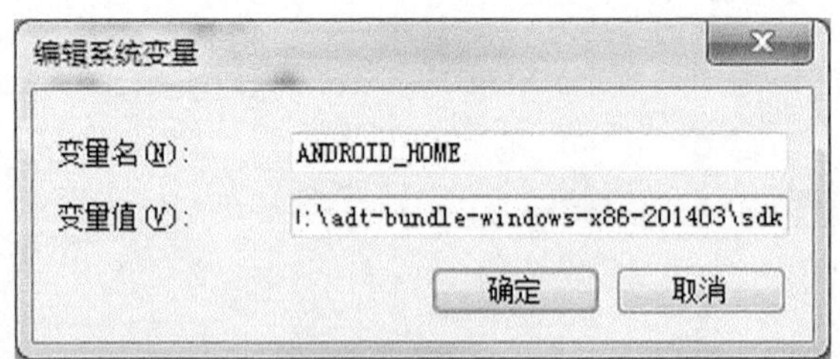

图 5-21 配置系统变量 ANDROID_HOME

打开 re-sign.jar，把要重签名的 apk 文件拖到程序窗口中，再选择生成的文件所在的位置，将弹出类似图 5-22 的对话框，提示重签名成功。

图 5-22　提示文件重签名成功

重签名完成后，使用 adb 命令把重签名后的 apk 安装到设备上，如图 5-23 所示。尝试运行这个应用。

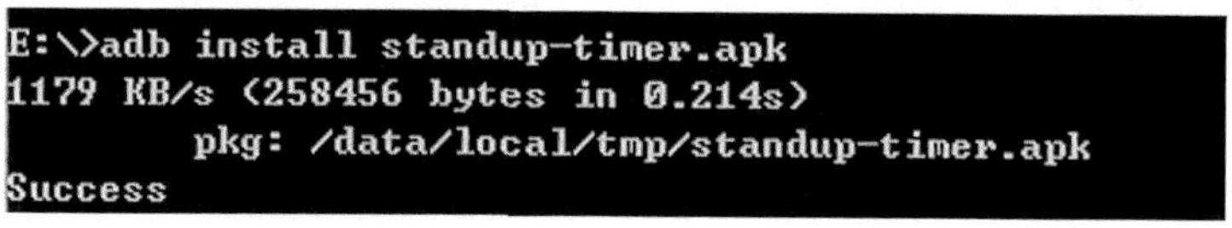

```
E:\>adb install standup-timer.apk
1179 KB/s (258456 bytes in 0.214s)
        pkg: /data/local/tmp/standup-timer.apk
Success
```

图 5-23　使用 adb 命令安装 apk

二、建立并配置测试项目

（1）在项目视图任意位置单击鼠标右键，选择“New/Other...”，在弹出的窗口选择“Android/Android Test Project”。单击“Next”按钮，输入测试项目的名称，如图 5-24 所示。

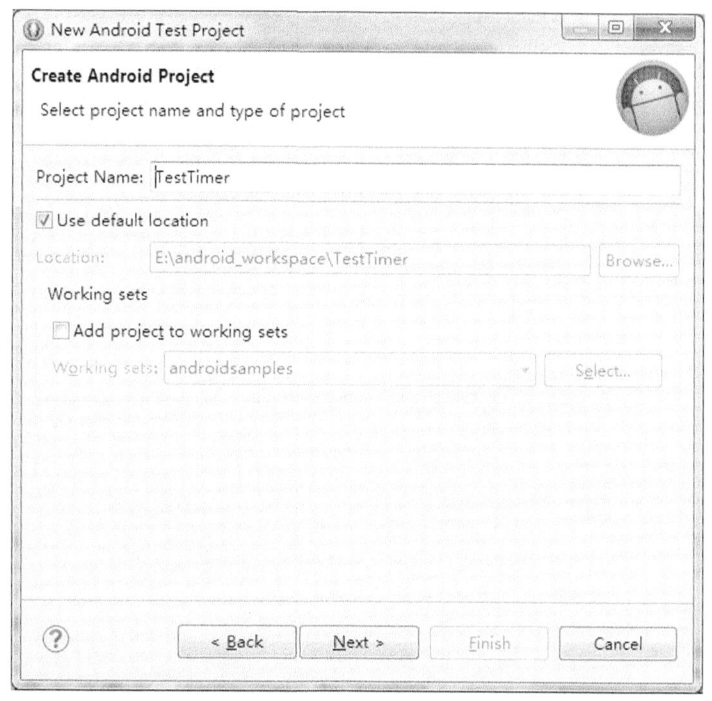

图 5-24　新建 Android Test Project

单击“Next”按钮，在这里先选择“This project”的选项即可，如图 5-25 所示。单击“Finish”按钮完成新建。

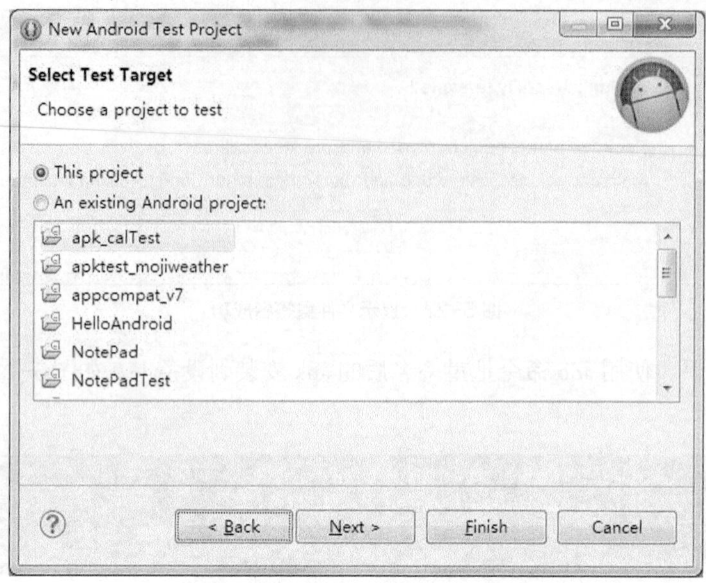

图 5-25　选择测试项目

（2）导入 Robotium 库。右击新建的测试项目，选择“Build Path/Configure Build...”，打开“Libraries”窗口，单击“Add External JARs...”按钮，把 robotium 库的 jar 文件添加到项目中，如图 5-26 所示。

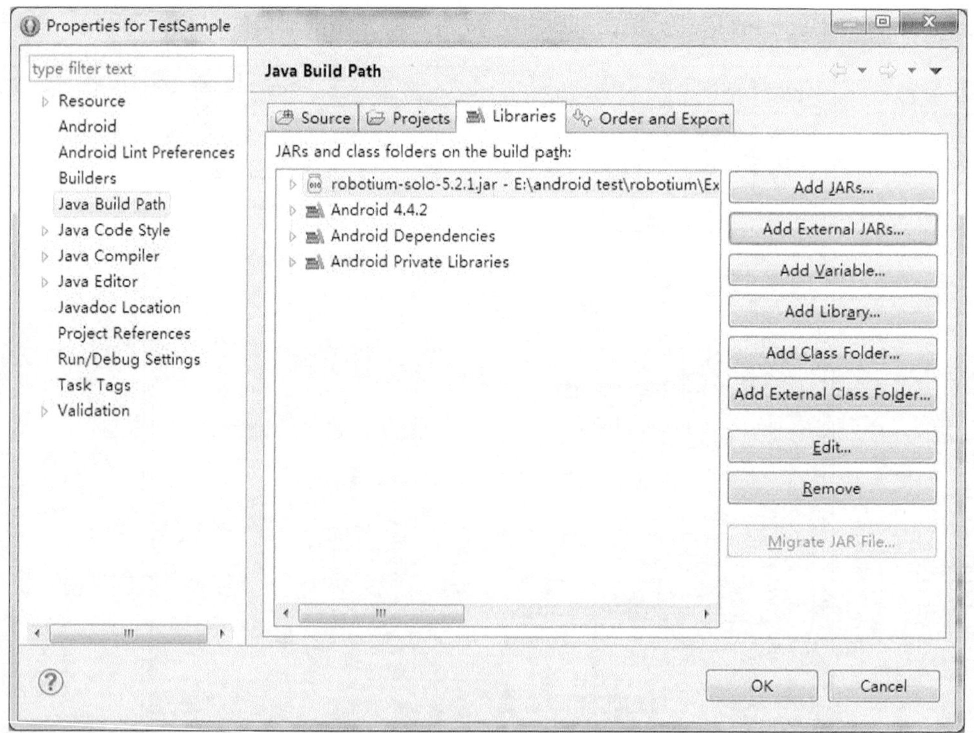

图 5-26　添加 robotium 库到项目

打开“Order and Export”窗口，勾选刚才导入的 robotium 库，如图 5-27 所示。

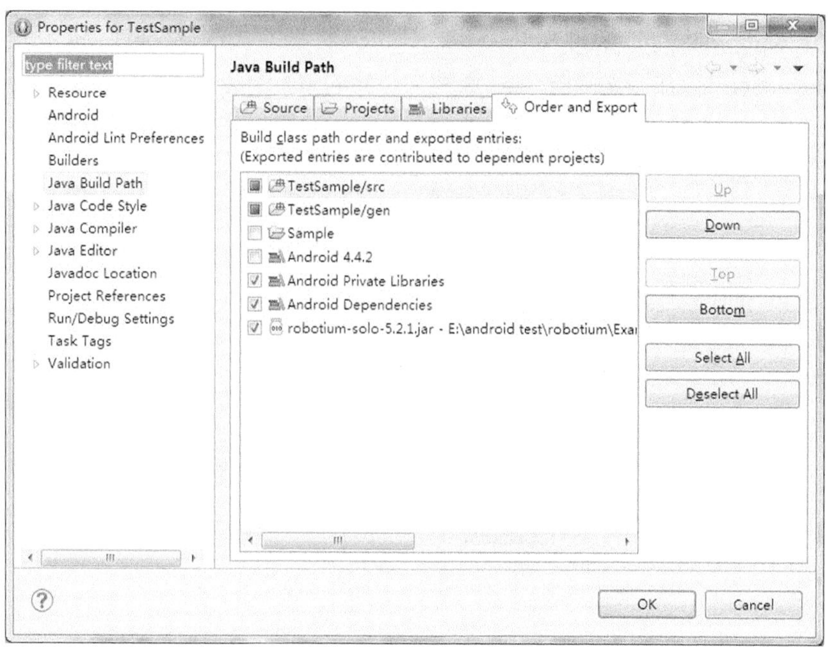

图 5-27 选中 robutium 库

（3）新建一个 JUnit test case 的测试类 Apktest，父类为 ActivityInstrumentationTestCase2，如图 5-28 所示。

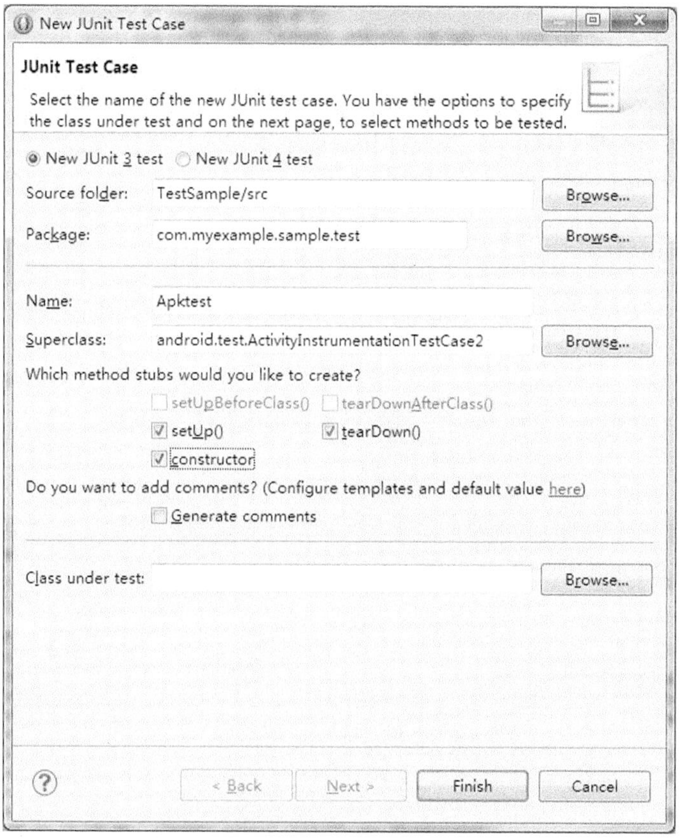

图 5-28 新建测试类

（4）打开 AndroidManifest.xml 文件，修改 manifest 标签的 package 属性为测试类所在包名，修改 instrumentation 标签的 targetPackage 属性为待测的 apk 的包名，如图 5-29 所示。待测 apk 的包名可参考图 5-22 使用重签名工具时的提示信息，也可以在运行待测 apk 时，观察 logcat 的信息提示。

```
<?xml version="1.0" encoding="utf-8"?>
<manifest xmlns:android="http://schemas.android.com/apk/res/android"
    package="net.johnpwood.android.standuptimer.test"
    android:versionCode="1"
    android:versionName="1.0" >

    <uses-sdk android:minSdkVersion="5" />

    <instrumentation
        android:name="android.test.InstrumentationTestRunner"
        android:targetPackage="net.johnpwood.android.standuptimer" />

    <application
        android:icon="@drawable/ic_launcher"
        android:label="@string/app_name" >
        <uses-library android:name="android.test.runner" />
    </application>

</manifest>
```

图 5-29　修改测试项目配置

三、搭建测试环境

编写测试类代码。先使用如下语句导入 robotium 的 solo 包。

```
import com.robotium.solo.Solo;
```

如果项目提示有类型识别问题，把鼠标移到提示错误的代码处，选择“Fix project setup…”，按提示导入所需要的包，类似图 5-30 所示。

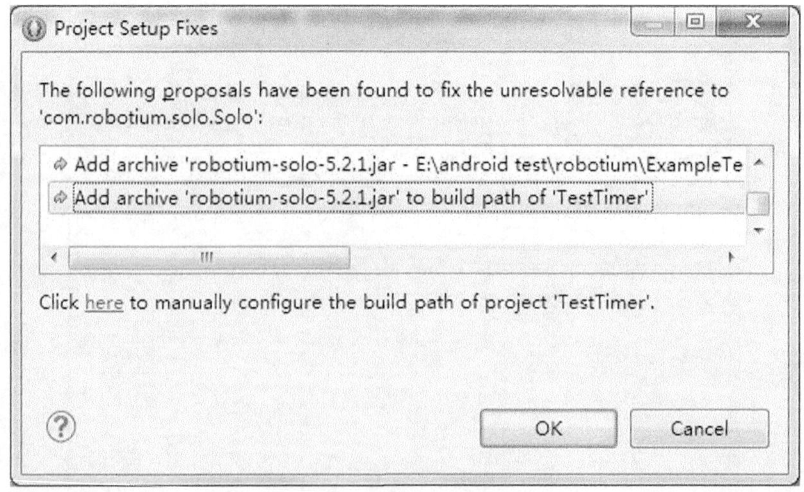

图 5-30　导入所需要的包

测试类继承自父类 ActivityInstrumentationTestCase2，泛类留空，可根据提示在测试类前使用@SuppressWarnings("rawtypes")忽略警告。

测试类参考代码及注释：

```
package net.johnpwood.android.standuptimer.test;
import android.test.ActivityInstrumentationTestCase2;
import com.robotium.solo.Solo;
@SuppressWarnings("rawtypes")
public class Apktest extends ActivityInstrumentationTestCase2 {
    private Solo solo;
//构造函数
    public Apktest() throws Exception{ //构造函数没有参数
//因为没有源代码，使用 Class.forName 使用字符串生成入口类
 super(Class.forName("net.johnpwood.android.standuptimer.ConfigureStandup
Timer"));
/* 或 super("net.johnpwood.android.standuptimer ", Class.forName("net.johnpwood.android.
standuptimer. ConfigureStandupTimer"));}*/
//setup 函数。solo 对象初始化格式：solo = new Solo(getInstrumentation(),
getActivity());
    protected void setUp() throws Exception {
        solo = new Solo(getInstrumentation(), getActivity());
    }
//tearDown 函数。使用 finishOpenedActivities 关闭所有打开的 Activity
    protected void tearDown() throws Exception {
        solo.finishOpenedActivities();
    }
}
```

说明

（1）构造函数的格式如下：

super(Class.forName(<包名+入口类字符串>));

或 super(<所在包名字符串>,Class.forName(<包名+入口类字符串>));

对 apk 进行的测试，没有待测应用的源代码，不能直接导入入口类，因此要使用 Class.forName 方法，通过借助入口类的字符串，生成测试类。入口类可以通过观察 logcat 的提示信息获得，也可以通过使用重签名工具 re-sign.jar 时，弹出的类似图 5-22 所示的对话框获取。需要注意的是，这里入口类的字符串必须是完整的包名+类名，否则可能出现找不到入口类从而无法初始化测试的错误。

（2）setup()函数和 tearDown()函数的写法与被测项目有源代码的情形一致，主要完成 solo 对象的创建和测试环境恢复的工作。

protected void setUp() throws Exception {

```
        solo = new Solo(getInstrumentation(), getActivity());
    }
    protected void tearDown() throws Exception {
        solo.finishOpenedActivities();
    }
}
```

四、编写测试并执行

可编写测试方法如下（仅供参考）：

```
public void testClick() throws Exception{
    solo.clickOnButton(0);
    Thread.sleep(5000);
    solo.clickOnButton(0);
    Thread.sleep(5000);
    solo.clickOnButton(0);
    solo.takeScreenshot();
    assertTrue(solo.searchText("4"));
}
```

确认重签名后的 apk 已经在虚拟机上安装，即可运行测试。

实训项目

一、实训目的与要求

对于 Android 系统自带的示例项目 SearchableDictionary，使用 Robotium 框架分别针对源代码和 apk 实现简单的自动化测试。

二、实训内容

对示例项目 SearchableDictionary，编写基于 Robotium 框架的测试，实现以下测试（分别考虑针对源代码和针对 apk 的情形）。

（1）验证输入不同数据的情况下，搜索的结果是否正确。

（2）验证输入不同数据的情况下，搜索结果的显示是否正确。

三、实训要点

1．针对项目源代码的测试

（1）对项目源代码，新建测试项目。

（2）修正项目配置，导入要使用的包（android.test.ActivityInstrumentationTestCase2 和 com.robotium.solo.Solo）。

（3）根据需要编写测试类代码。

（4）运行测试，分析结果。

2．针对项目 apk 的测试

（1）对项目的 apk 文件，使用任务三中介绍的方法进行重签名。

（2）修正项目配置，打开项目的 AndroidManifest.xml 文件，修改 manifest 标签的 package 属性为测试类所在包名，修改 instrumentation 标签的 targetPackage 属性为待测的 apk 的包名。

（3）导入要使用的包（android.test.ActivityInstrumentationTestCase2 和 com.robotium.solo.Solo）。

（4）根据需要编写测试类代码。

（5）运行测试，分析结果。

如何找到待测包名和入口类？可以先在设备上安装该项目并运行，观察 logcat 窗口的提示，如类似图 5-31 的提示信息。易知该应用所属包为 com.example.android.searchabledic，入口类名称为 SearchableDictionary。

```
ActivityManager          Displayed com.example.android.searchabledict/.SearchableDictionary: +839ms
```

图 5-31　logcat 提示信息

测试类的代码如下（仅供参考，测试方法的步骤可根据需要进行补充）：

```
public class SourceTest extends ActivityInstrumentationTestCase2{
    private Solo solo;
    public SourceTest() throws Exception {
        super(Class.forName("com.exam ple. android.searchabledict. SearchableDictionary"));
    }
    protected void setUp() throws Exception {
        solo = new Solo(getInstrumentation(), getActivity());
    }

    protected void tearDown() throws Exception {
        solo.finishOpenedActivities();
```

```
        }
        public void testSearch() throws Exception{
            solo.typeText(0, "absence\n");
            Thread.sleep(1000);
            solo.clickInList(1);
            Thread.sleep(1000);
            assertTrue(solo.searchText("absence"));
        }
    }
```

注：该测试代码可用于针对源项目及 apk 文件的测试。

四、总结与反思

总结 Robotium 框架实现测试的基本格式，并思考，在实现什么测试任务的时候，基于 Robotium 框架的自动化测试能发挥最大的优势？相对于 Instrumentation 框架其优势体现在什么地方？

本章小结

本章介绍了 Android 的 Robotium 自动化测试框架的简单应用，对这个框架了初步的了解与认识。Robotium 框架可以对有源代码的项目开发测试，也可以针对只有 apk 文件的项目开发测试，使用更灵活，且与 Instrumentation 相比更加接近用户实际使用的场景。

习题

一、问答题

1. 用 Robotium 框架编写 Android 测试项目时，其测试类的构造函数和 setUp()函数的一般格式应该是怎么样的？可能包含哪些语句？

2. 用 Robotium 框架编写 Android 测试项目时，其测试类的构造函数和 setUp()函数的一般应该怎样写？可能包含哪些语句？

3. 用 Robotium 框架分别编写有源码的 Android 项目测试和无源码的 Android 项目测试时，有何区别？

4. 用 Robotium 框架分别编写的 Android 项目测试与使用 Instrumentation 框架编写的有何区别？

二、实验题

1. 使用 Robotium 框架，编写指定的 Android 应用程序的自动化测试（该项目有源代码的情形）。

2. 使用 Robotium 框架，编写指定的 Android 应用程序的自动化测试（该项目没有源代码的情形）。

3. 使用 Robotium 框架，编写项目四任务二中使用 Instrumentation 框架测试过的项目 Sample 的测试。

PART 6 项目六 基于 uiautomator 的界面测试

项目导引

在应用程序中，用户通过用户界面(UI)实现与软件的交互。UI 测试的主要目标是保证用户界面向用户提供了适当的访问接口，实现界面浏览和用户所需功能。

在本项目中，我们将使用 Android 自带的 UI 测试框架 uiautomator 来实现简单的自动化 UI 测试，初步认识测试框架 uiautomator 及自带 UI 测试的实现。

学习目标

☑ 了解 UI 测试的主要内容

☑ 掌握 Android 自带的 UI 控件查看器的使用

☑ 了解使用 uiautomator 实现自动化测试的主要过程

☑ 了解 uiautomator 框架的主要结构及常用 API

☑ 能对给定应用开发简单的自动化测试

任务一　环境配置与项目创建

任务分析

本任务将通过建立一个非常简单的 UI 自动化测试项目，初步了解 uiautomator 框架测试的建立与构建过程。

知识准备

UI 测试的主要目标在于确保用户界面向用户提供了适当的访问和浏览功能的操作，还要确保 UI 对象的显示与响应符合预期要求，并遵循公司或行业的标准。

概括地说，UI 测试主要包括界面检视与内容检查。前者主要进行人工静态测试，包括对于用户界面的布局、风格、颜色搭配、字体、图片等与显示相关的部分测试进行检视，可把测试项与测试通过标准以列表的形式一一列出来，然后通过人工观察每个测试项是否通过。UI 测试的静态检视表根据不同项目、不同企业的要求可能有所差别，一般包括界面、颜色、图像、显示等部分。而内容检查，主要检验应用程序提供信息的正确性、准确性和相关性，如对于各种操作的响应、UI 控件的属性检测等，则需要使用动态测试，必要时可编写自动化测试对用户界面中的控件进行测试，以提高测试效率，还可以对用户界面在不同环境下的显示情况进行测试。

在本项目中，主要讨论动态的 UI 内容测试的自动化实现。

除了对组成 Android 应用的元素（如 Activity、Services、Content Provider 等）进行单元测试，运行应用时对应用程序用户界面（user interface，简称 UI）的响应进行测试也非常重要。动态 UI 测试可以保证应用程序在接收一系列用户指令后，如键盘输入、单击工具栏或菜单栏、弹出对话框、录入图像等，能得到对应的正确的响应和 UI 输出。

最常用的 UI 测试方法是，手动运行程序并人工验证 App 的响应是否如预期。但这种方法比较耗时，还可能出错。使用 uiautomator 框架进行自动化 UI 测试可能更高效、可靠。自动化 UI 测试包括开发测试实现测试任务，以覆盖具体的用户场景，完成重复的测试，并在测试框架的基础上运行自动化测试。

Android SDK 提供了如下工具来支持 UI 自动化测试。

（1）uiautomatorviewer.bat：一个可用于扫描、分析待测应用的 UI 控件的图形界面工具（在 Android SDK 目录下的 tools 里）。

（2）uiautomator.jar：一个测试的 Java 库，包含了创建 UI 测试的各种 API 和执行自动化测试的引擎（在 Android SDK 目录下的 platforms 目录内）。

使用这些工具，需要满足这样的条件。

（1）Android SDK Tools 的版本在 21 以上。

（2）Android SDK Platform，API 16 或以上。

uiutomator 测试工具的工作流程如下。

（1）测试前安装待测应用到设备，分析应用的 UI 界面元素，确保自动化测试框架能访问应用。

（2）模拟使用应用时用户交互的具体过程，开发自动化测试。

（3）编译测试源代码成 JAR 文件，并把 JAR 文件安装到已安装了待测应用的测试设备上。

（4）执行测试，分析测试结果。

（5）修复测试时发现的缺陷。

（6）结合测试评价应用的 UI 界面。

在开始编写测试案例代码之前，需要熟悉待测应用的 UI 元素。可以通过 Android 自带的 uiautomatorviewer 工具来获取当前已连接设备的 UI 界面截图并进行分析。uiautomatorviewer 工具提供了一个便利的可视化界面来查看设备上 UI 视图及布局的结构，并且可以查看各个控件的相关属性。利用这些信息，可以用于开发对指定控件的 uiantomator 的测试。

由于 uiautomator 工具依赖 Android 设备的可访问行来获取 UI 控件，使用 uiautomator 进行的测试最好满足以下条件。

（1）使用 android:contentDescription 属性给 ImageButton，ImageView，CheckBox 和其他控件设置标签。

（2）使用 android:hint 属性来标记 EditText 控件，而不是使用里面的文本（文本内容用户是可以修改的）。

（3）对于用来提供操作视觉反馈的 UI（文本或者图标），都添加一个 android:hint 属性来识别。

（4）确保所有用户可操作的界面元素都可以通过方向控制键选中（如轨迹球）。

（5）通过 uiautomatorviewer 工具来确保所有的 UI 元素都可以被测试工具访问到，还可以通过“辅助功能”（在设置界面）中的“TalkBack”等服务来测试 UI 的可访问性。

任务实施

一、新建 Java 项目并导入指定库

在项目视图单击鼠标右键，选择“New/Java Project”，如图 6-1 所示。

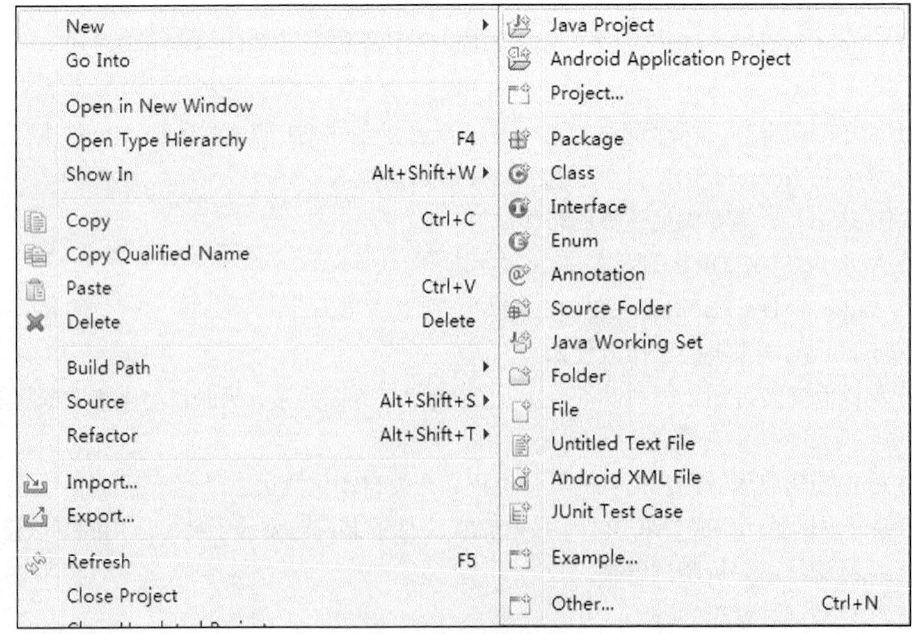

图 6-1 新建 Java 项目

在项目名称处输入项目名称 UITest，如图 6-2 所示，单击“Finish”按钮。

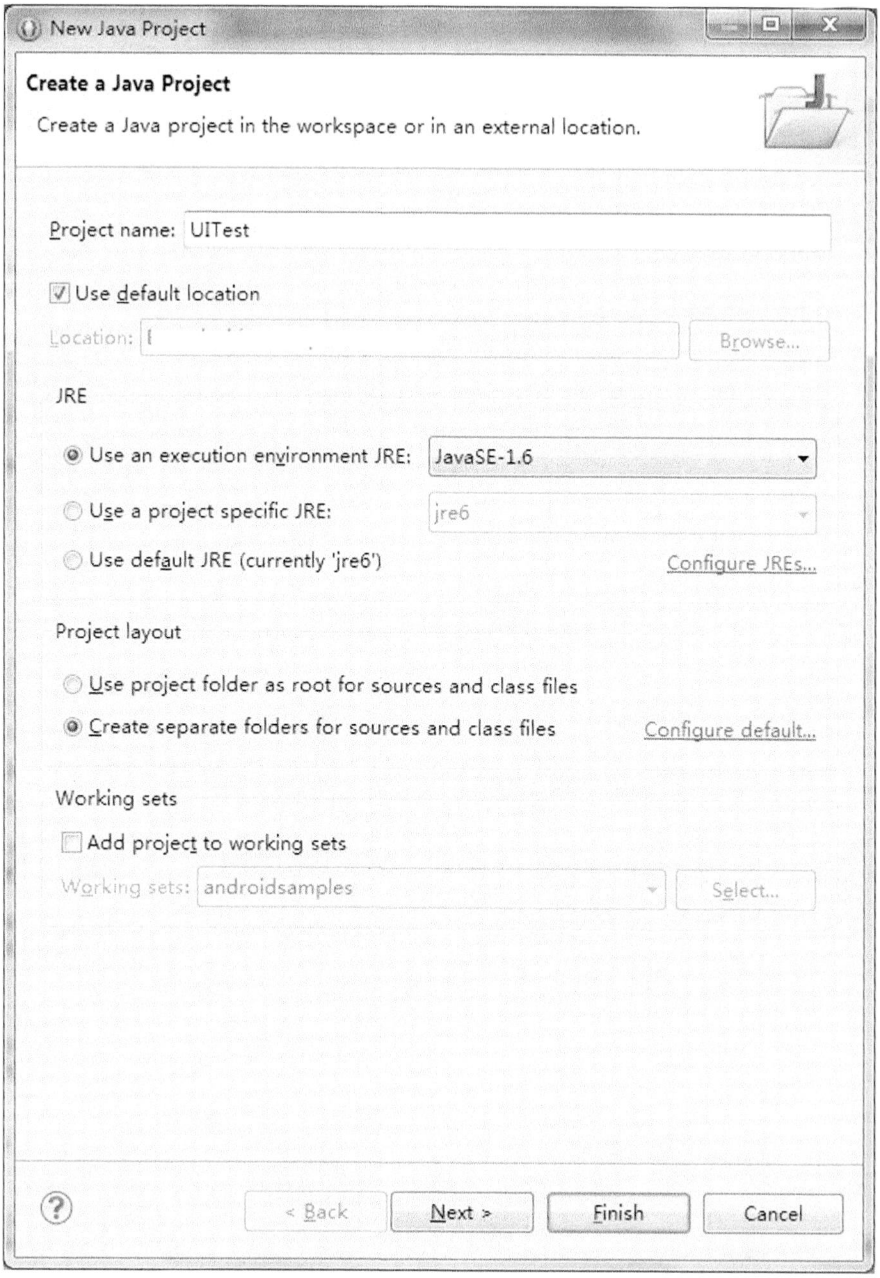

图 6-2　设置新建项目

在新建的项目处右击，打开右键菜单，选择“Build Path/Configure Build Path…”命令。单击“Add Library…”按钮，添加 JUnit3 库，如图 6-3 所示。单击“Finish”按钮完成导入。

单击“Add External JARs…”，进入 Android 的 sdk 目录下，选中 android.jar 和 uiautomator.jar 并导入，如图 6-4 所示。

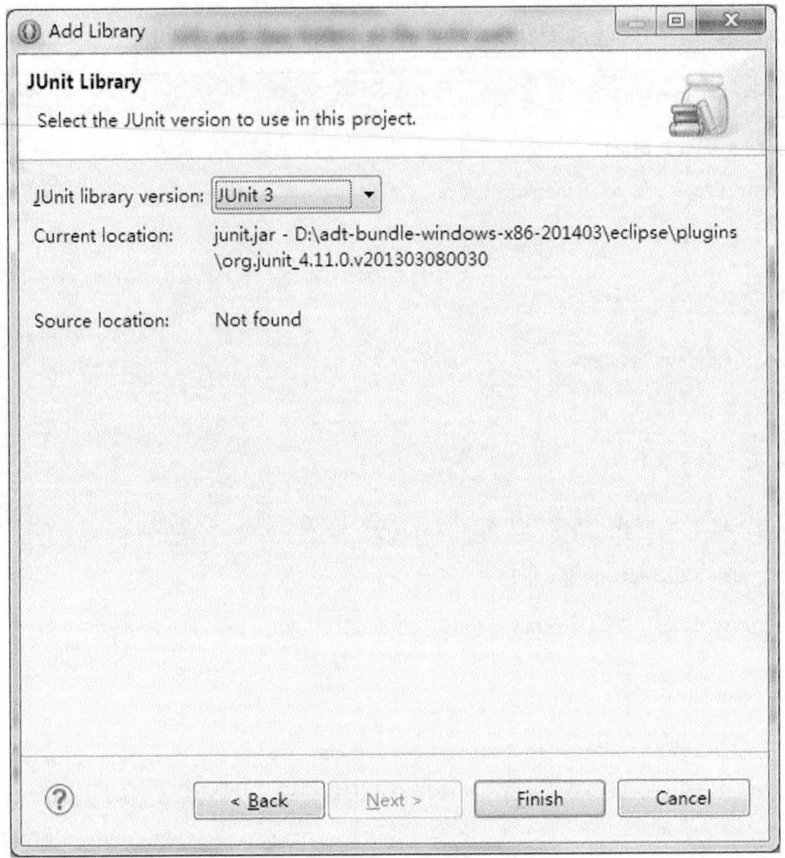

图 6-3　导入 JUnit 库

图 6-4　导入 jar 包

导入所有的库和 jar 包后，项目的库配置如图 6-5 所示。

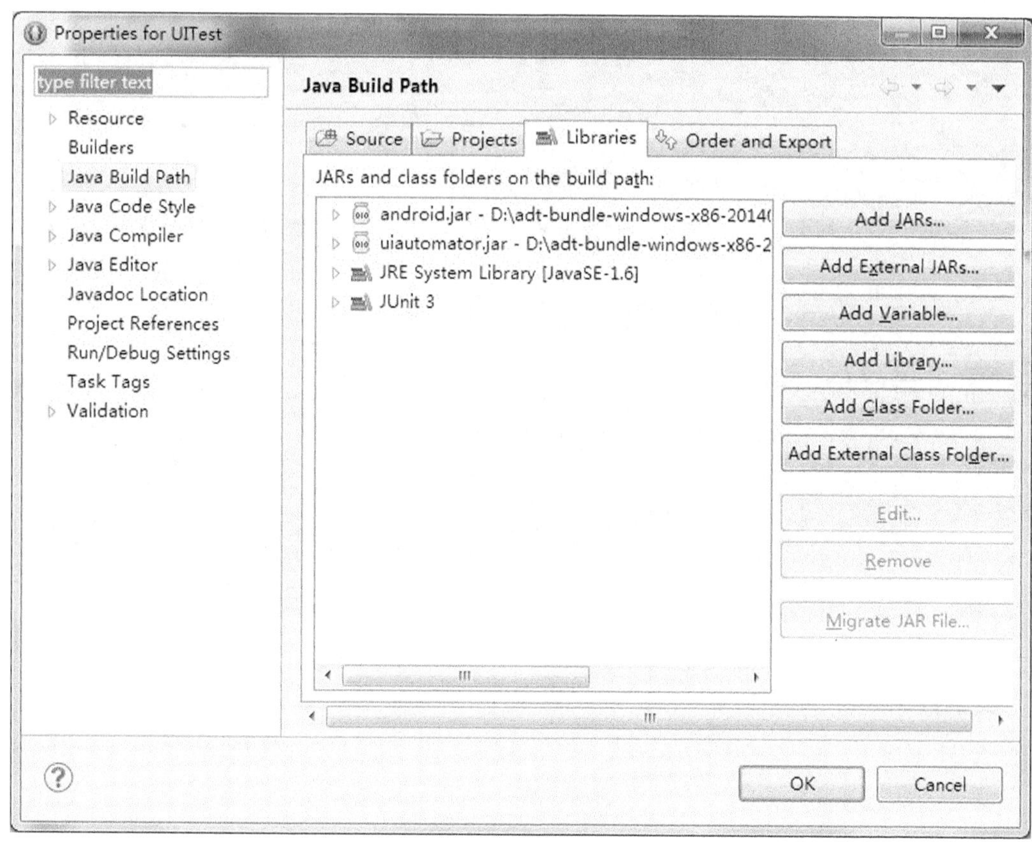

图 6-5　项目库配置

新建 Java 类文件 UItestcase，代码如下所示。

```
package com.uitest;
import com.android.uiautomator.core.UiObjectNotFoundException;
import com.android.uiautomator.testrunner.UiAutomatorTestCase;
public class UItestcase extends UiAutomatorTestCase {

    public void testDemo() throws UiObjectNotFoundException{
      getUiDevice().pressHome();  //获取当前设备，模拟按下 Home 按键
         }
}
```

UI 测试的类以 UiAutomatorTestCase 为父类，测试方法以 test×××命名。通过 getUiDevice() 获取当前设备，pressHome()对应的操作为按下 Home 按键。

二、构建项目并运行

（1）创建编译配置文件。打开命令提示符，输入命令 “android list”，查看当前连接的设备和平台，得到图 6-6 所示的结果。

```
Available Android targets:
----------
id: 1 or "android-19"
     Name: Android 4.4.2
     Type: Platform
     API level: 19
     Revision: 3
     Skins: HVGA, QVGA, WQVGA400, WQVGA432, WSVGA, WVGA800 (default), WVGA854, W
XGA720, WXGA800, WXGA800-7in
 Tag/ABIs : default/armeabi-v7a
Available Android Virtual Devices:
    Name: AVD_for_Nexus_One_by_Google
  Device: Nexus One (Google)
    Path: C:\Users\123\.android\avd\AVD_for_Nexus_One_by_Google.avd
  Target: Android 4.4.2 (API level 19)
 Tag/ABI: default/armeabi-v7a
    Skin: 480x800
  Sdcard: 256M
Snapshot: true
Available devices definitions:
id: 0 or "Galaxy Nexus"
    Name: Galaxy Nexus
    OEM : Google
```

图 6-6　当前 Android targets 列表

假如 Eclipse 的工作区在 E:\android_workspace，在命令提示符下输入后顺改命令：

```
android create uitest-project -n UITest -t 1 -p E:\android_workspace\UITest
```

该命令的格式如下：

```
android create uitest-project -n <jar_name> -t <id> -p <path>
```

其中，-n 后的参数<jar_name>是要创建的项目的名字（即后面生成的 jar 文件的名字）。-t 后的参数<id>是本机上 Android Targets 的 ID。从图 6-6 可见，当前所连接的设备的 ID 为（1）-p 后的参数是要构建的测试项目源文件所在的完整地址。

输入命令后，得到图 6-7 所示的输出。

```
Added file E:\android_workspace\UITest\build.xml
```

图 6-7　文件生成成功提示

在 Eclipse 中，右键单击项目 UITest，选择“Refresh...”命令，可看到项目中已生成了构建配置文件 build.xml，如图 6-8 所示。

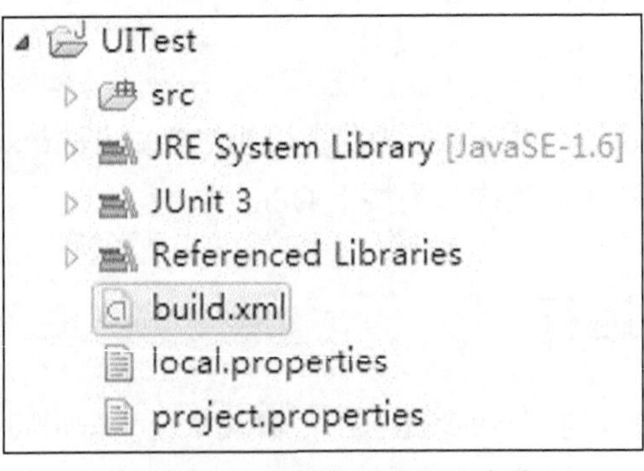

图 6-8　项目中的 build.xml 文件

（2）构建项目。在 Eclipse 中对 build.xml 文件单击右键，选择“Run As/Ant Build”命令，如图 6-9 所示。

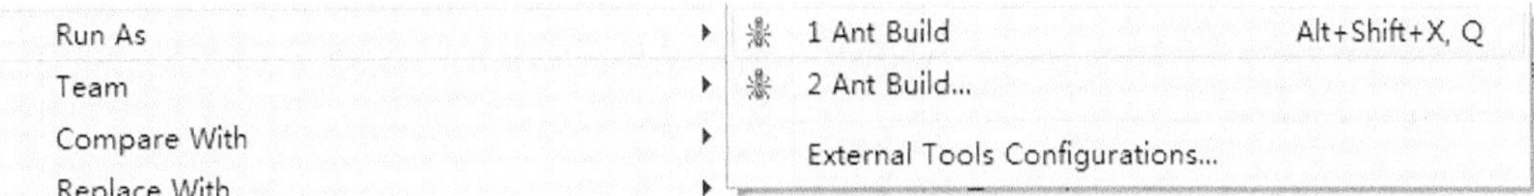

图 6-9　运行 Ant Build

默认情况下，将显示一些帮助信息，如图 6-10 所示。

```
Buildfile: E:\android workspace\UITest\build.xml
help:
     [echo] Android Ant Build. Available targets:
     [echo]    help:       Displays this help.
     [echo]    clean:      Removes output files created by other targets.
     [echo]    build:      Builds the test library.
     [echo]    install:    Installs the library on a connected device or
     [echo]                emulator.
     [echo]    test:       Runs the tests.
     [echo] It is possible to mix targets. For instance:
     [echo]    ant build install test
     [echo] This will build, install and run the test in a single command.
BUILD SUCCESSFUL
Total time: 990 milliseconds
```

图 6-10　默认帮助信息显示

双击打开 build.xml 文件，把第二行的“project”标签的 default 属性改为 build，如图 6-11 所示，保存修改。

```
<?xml version="1.0" encoding="UTF-8"?>
<project name="UITest" default="build">
```

图 6-11　修改配置文件

在 Eclipse 中对 build.xml 文件单击右键，选择“Run As/Ant Build”，将得到类似图 6-12 所示的提示信息，项目构建成功。

```
Buildfile: E:\android workspace\UITest\build.xml
-check-env:
 [checkenv] Android SDK Tools Revision 22.6.2
 [checkenv] Installed at D:\adt-bundle-windows-x86-201403\sdk
-build-setup:
[getbuildtools] Using latest Build Tools: 19.0.3
     [echo] Resolving Build Target for UITest...
[getuitarget] Project Target:   Android 4.4.2
[getuitarget] API level:        19
     [echo] ----------
     [echo] Creating output directories if needed...
    [mkdir] Created dir: E:\android_workspace\UITest\bin\classes
-pre-compile:
compile:
    [javac] Compiling 1 source file to E:\android_workspace\UITest\bin\classes
-post-compile:
-dex:
      [dex] input: E:\android_workspace\UITest\bin\classes
      [dex] Converting compiled files and external libraries into E:\android_workspace\UITest\bin\classes.dex...
-post-dex:
-jar:
      [jar] Building jar: E:\android_workspace\UITest\bin\UITest.jar
-post-jar:
build:
BUILD SUCCESSFUL
Total time: 3 seconds
```

图 6-12　项目构建成功

此时，在项目文件夹下，将出现 bin 文件夹及 UITest.jar 文件，如图 6-13 所示。

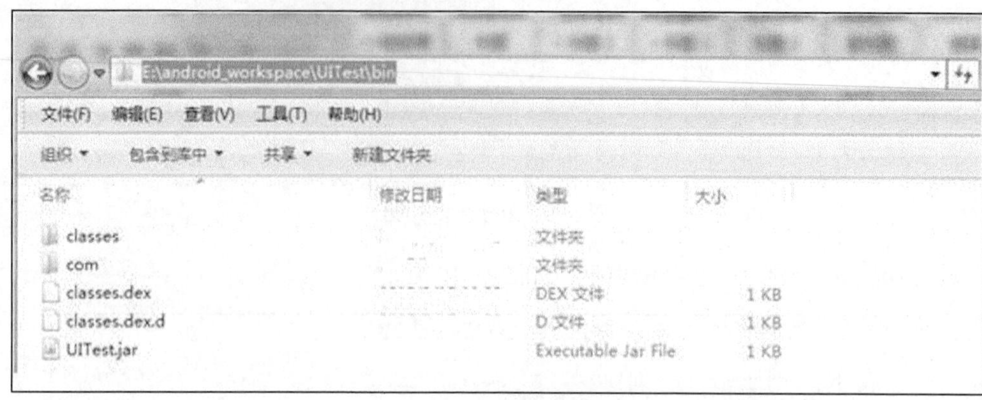

图 6-13 bin 文件夹及其结构

除了可以在 Eclipse 里面进行构建，还可以在命令行中使用 ant 命令构建。

（3）运行项目。打开命令提示符窗口，进入项目文件的\bin 文件夹下，依次执行命令：

```
adb push UITest.jar /data/local/tmp/
adb shell uiautomator runtest UITest.jar -c com.uitest.UItestcase
```

其中，第一个命令是把前面生成的 UITest.jar 上传到设备的/data/local/tmp 目录下，第二个命令运行 UITest.jar。

使用 adb shell 命令调用 uiautomator 工具在设备上运行测试的命令格式如下：

```
adb shell uiautomator runtest <jar> -c <test_class_or_method>
```

参数<jar>是要执行的 JAR 文件名称，可以同时执行多个 JAR 文件，只需以空格分隔。参数<test_class_or_method>是要执行的测试类或测试方法列表，这里的测试类或方法必须给出连同包名在内的完整的路径名，形如<包名>.<类名>#<方法名>，多个类或方法之间以空格分隔。

运行结果的输出如图 6-14 所示。可在运行前把界面切换到任意其他程序，运行后可看到设备执行了模拟按下 Home 按键的操作。

```
E:\android_workspace\UITest\bin>adb shell uiautomator runtest UITest.jar -c com.
uitest.UItestcase
INSTRUMENTATION_STATUS: numtests=1
INSTRUMENTATION_STATUS: stream=
com.uitest.UItestcase:
INSTRUMENTATION_STATUS: id=UiAutomatorTestRunner
INSTRUMENTATION_STATUS: test=testDemo
INSTRUMENTATION_STATUS: class=com.uitest.UItestcase
INSTRUMENTATION_STATUS: current=1
INSTRUMENTATION_STATUS_CODE: 1
INSTRUMENTATION_STATUS: numtests=1
INSTRUMENTATION_STATUS: stream=.
INSTRUMENTATION_STATUS: id=UiAutomatorTestRunner
INSTRUMENTATION_STATUS: test=testDemo
INSTRUMENTATION_STATUS: class=com.uitest.UItestcase
INSTRUMENTATION_STATUS: current=1
INSTRUMENTATION_STATUS_CODE: 0
INSTRUMENTATION_STATUS: stream=
Test results for WatcherResultPrinter=.
Time: 1.767
```

图 6-14 运行结果输出

任务拓展

uiautomatorviewer 的使用

确保已连接了测试用设备后，可进入 Android SDK 所在目录的 tools 子目录下，输入命令“uiautomatorviewer”即可启动 uiautomatorviewer。如果已在系统环境变量 Path 中配置了 Android SDK 的 tools 目录，则直接在命令行输入 “uiautomatorviewer” 即可启动这个工具。

如果同时连接了多个设备，要先以环境变量 ANDROID_SERIAL 指定具体设备的序列号 <device serial number>，而如果只连接了一个设备则不需要配置这个变量。

Windows 下配置 ANDROID_SERIAL 变量的命令如下：

```
set ANDROID_SERIAL=<device serial number>
```

UNIX 下对应的命令如下：

```
export ANDROID_SERIAL=<device serial number>
```

单击 uiautomatorviewer 界面上方工具栏的按键，即可获取当前界面的截图。把鼠标移到界面截图对应的 UI 控件上，就可以查看控件的布局结构及属性，如图 6-15 所示。要定位到指定控件，单击该控件即可。

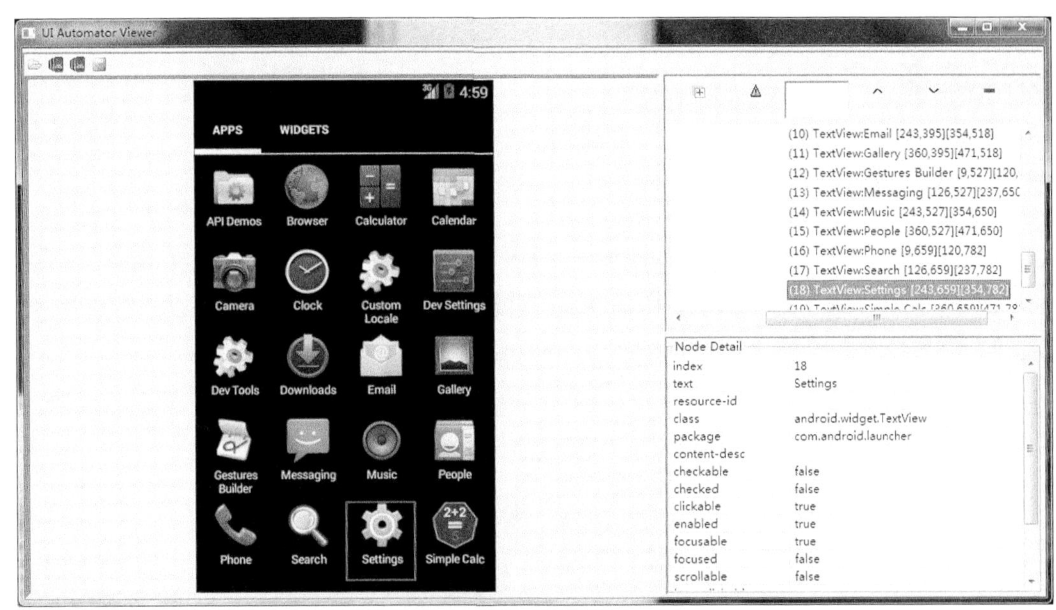

图 6-15 使用 uiautomatorviewer 查看指定 UI 控件

单击工具栏右上方的按钮（Toggle NAF Nodes），可以查看哪些 UI 控件不能使用 uiautomator 测试框架进行访问。

使用 uiautomatorviewer 查看到的 UI 控件属性和布局结构，是编写 UI 测试的重要依据。例如，在获取某个控件时，可通过其索引、文字（text）等实现。

在下面情形使用自动化 UI 测试可以获得更高的效率。

（1）确保在不同的设备上，应用中相同的 UI 功能及响应是否正确（如在不同分辨率的设备上运行）。

（2）在各种设备上，模拟应用在一些常见的用户场景发生时的 UI 显示，如来电、网络中断、用户切换等。

相关链接及参考

关于 UI 测试工具 uiautomator 的官方文档，可通过链接查看：

http://developer.android.com/tools/testing/testing_ui.html

或

http://android.toolib.net/tools/testing/testing_ui.html

uiautomator 常用的 API 见附录。

任务二　示例程序分析

任务分析

通过分析官方文档给出的示例程序，了解 uiautomator 框架核心类的关系和常用 API，了解框架的简单使用及常用的 API。

知识准备

一、核心类

在 uiautomator 中，所有 UI 控件都是 UiObject 的对象，如 Button 和 ImageView，在 uiautomator 框架中都一视同仁地作为 UiObject 对象进行处理。在测试时，必须先查找要操作的对象，然后控制其操作。下面介绍在 uiautomator 框架中常用的几个核心类。

查找与操作 UI 控件的几个类之间的关系如图 6-16 所示。

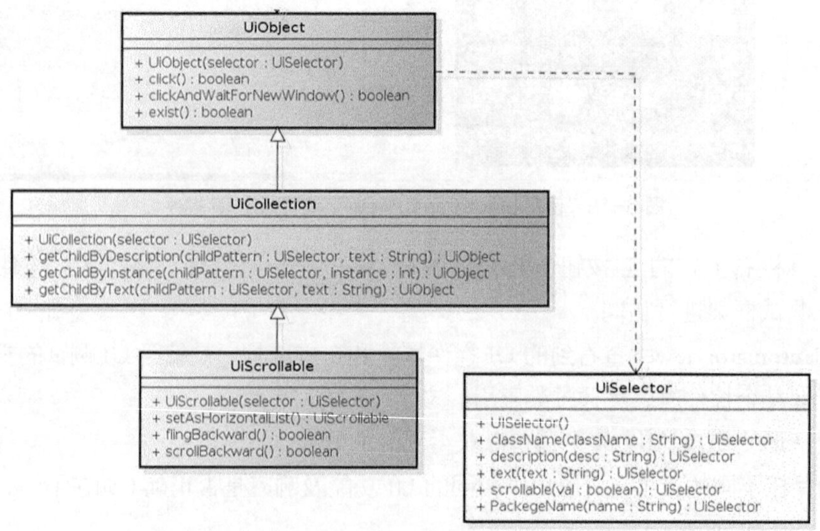

图 6-16　核心类之间的关系

（1）UiObject 类的实例用于指代一个 UI 元素。通常一个 UI 元素可能具有很多属性，如 text、content-description、class name 及描述其当前状态信息的 selected、enabled、checked 等。

要创建一个 UiObject 实例，可使用 UiSelector 描述查找及选取 UI 元素的标准。

（2）UiSelector 用于描述查找及控制某个特定 UI 元素的依据，若查找成功，则返回一个 UiObject 类的对象。如果查找到的多于一个元素，则返回布局层次结构上的第一个匹配元素。可以通过指定多个属性缩小查找的范围。如果查找失败，则抛出 UiAutomator Object Not Found Exception 类的异常。

UiObject 实例可重用。要注意的是，每次使用一个 UiObject 实例单击一个 UI 元素或查询其属性时，uiautomator 测试框架都将在当前布局搜索匹配的元素。

查找并创建 UI 对象实例的一般格式如下：

```
<UiObject 对象名> = new UiObject(new UiSelector().<查找条件 1>.<查找条件 2>…);
```

下面是查找并创建 UiObject 对象的示例。

```
/*查找一个属性 text 为"Cancel"的 UI 对象，把查找到的结果返回到名为 cancelButton 的
UiObject 对象*/
UiObject cancelButton=new UiObject( new UiSelector().text ("Cancel" ));

/*查找一个属性 text 为"OK"的 UI 对象，把查找到的结果返回到名为 okButton 的 UiObject */
UiObject  okButton=new UiObject( new UiSelector().text ( "OK" ));
```

（3）UiCollection 用于列举容器内的所有 UI 元素，可实现元素集合的计数，也可以通过文字或描述定位具体子元素。与 UiObject 不同的是，UiColleciton 表示的是一系列对象的集合，如播放列表里的几个媒体文件、邮箱里的若干邮件等。与 UiObject 类似，可以通过指定 UiSelector 创建 UiCollection 实例。但用 UiSelector 创建的 UiCollection 对象时，查找应作用于作为容器或封装（wrapper）的 UI 元素（如包含 UI 子元素的布局界面等）。

以下代码演示了如何创建 UiCollection 对象来表示布局 FrameLayout 上播放列表里的所有文件。

```
UiCollection videos =
new UiCollection(new UiSelector(). className("android. widget. FrameLayout"));
```

如果文件以线性布局形式排列，需要获取集合里列表项的数量时可用以下语句。

```
int  count  =  videos.getChildCount(new  UiSelector().  className("android.
widget.LinearLayout"));
```

如果需要在线性布局的元素集合中查找某个有“Cute Baby Laughing”文字标签的文件，并模拟单击这个文件，可使用以下语句：

```
UiObject video = videos.getChildByText(
new UiSelector().className("android.widget.LinearLayout"), "Cute Baby Laughing");
video.click();
```

类似的可以在 UI 对象上模拟其他用户行为，假如要模拟选中一个复选框的动作，可以使用以下语句。

```
UiObject checkBox = video.getChild(new UiSelector().className("android.widget.Checkbox"));
if(!checkBox.isSelected()) checkbox.click();
```

（4）UiScrollable 描述的是 UI 元素的一个可滚动的视图集合。可以通过 UiScrollable 模拟屏幕垂直的滚动方式或水平的滚动方式。当一个 UI 元素在屏幕底部时，可以借助这个方法把它显示出来。

以下代码示范了如何让 Setting 界面的屏幕滚动到最下方，并单击 Setting 菜单里的“About tablet”选项。

```
UiScrollable settingsItem =
new UiScrollable(new UiSelector().className("android.widget.ListView"));
//获取线性视图的滚动对象
UiObject about = settingsItem.getChildByText(new UiSelector()
.className("android.widget.LinearLayout"), "About  tablet");
//通过布局集合获取“About tablet”元素
about.click();//单击此元素
```

以下代码示范了如何设置屏幕的滚动方式。

```
UiScrollable appViews = new UiScrollable(new UiSelector(). scrollable(true));//获取当前界面
appViews.setAsHorizontalList();//设置滚动方式为垂直滚动
```

二、设备控制与监控

设备控制与监控的相关类如图 6-17 所示。

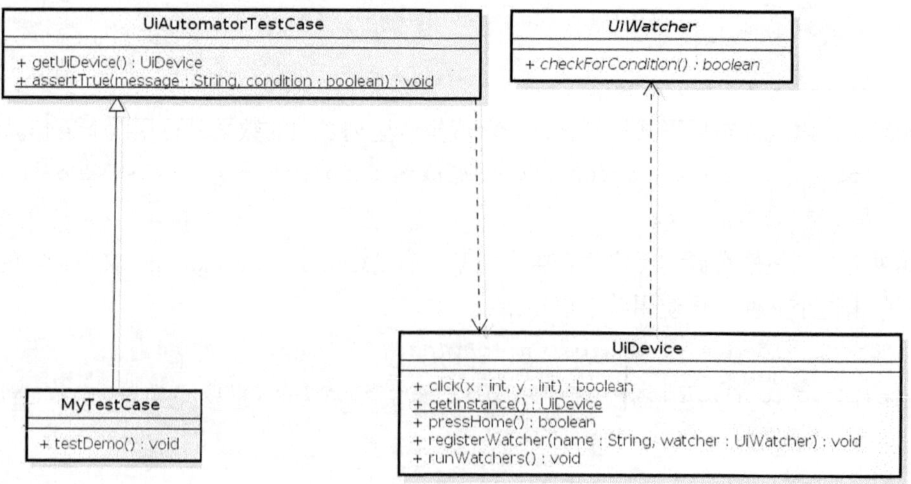

图 6-17　设备控制与监控的类

UiDevice 用于描述设备的状态。可以通过调用 UiDevice 实例，检查各项属性的状态，如当前屏幕方向、屏幕尺寸等；还可以使用 UiDevice 实例执行设备级的操作，如调整设备显示方向、按下指定按键（如 Home 键、Menu 按键等）。

获取 UiDevice 实例并按下 Home 按键可用：

```
getUiDevice().pressHome();
```

如果要监控测试过程中的设备信息，可通过监视器 UiWatcher。先通过 UiDevice 提供的 registerWatcher 方法，注册一个监视器，通过 UiDevice 提供的 runWatchers 可以运行监视器，还可以通过 removeWatcher 移除监视器。

三、测试实现过程

根据图 6-17 所描述的关系，UI 测试的 TestCase（测试类）继承自 UIAutomatorTestCase，首先通过 getUiDevice()获取当前设备并对测试类进行初始化，然后通过 UiSelector 可描述特定的搜索条件，获取符合条件的 UiObject。如果要获取某个布局或视图上所有对象的集合，可通过 UiCollection，而如果涉及滚动对象，可通过 UiScrollable。

1．设备操纵与监听

使用 getUidevice()可以获取当前连接的设备，然后进行设备级操作或获取设备信息，如按下 Home 按键（pressHome）、按下返回键（pressBack）、截图（takeScreenshot）、睡眠（sleep）与唤醒（wakeUp）等。

2．对象查找与控制

如果查找的是单个的对象，可使用类似如下语句查找并新建 UiObject 对象。

```
UiObject <对象名> = new UiObject(new UiSelector().<查找条件>);
```

查找条件一般是指定的属性或状态信息，查找条件之间可以使用.连接。

如果当前界面上的 UI 对象较多，或查找的对象的指定属性或状态与其他对象相同，则需要通过一些方式缩小搜索的范围。

缩小搜索范围可以采用如下的思路。

（1）通过 UiSelector 先获取对象集，再在对象集中通过指定条件逐级搜索，获取所需对象。

（2）指定多个搜索条件，如通过 UiSelector 的 childSelector 添加搜索条件。

3．状态判断

在经过一系列操作后，可能需要获取当前视图或 UI 控件的状态信息。如果要获取设备的一些状态信息，可通过 UiDevice 提供的一些方法实现；如果要获取具体某个 UI 控件的状态信息，可通过 UiObject 提供的一些方法实现。获取到需要的状态信息后，就可以构造预期结果与实际结果的断言。

任务实施

在上一任务所建的项目 UITest 中，新建 Java 类 LaunchSettings，其代码及注释如下：

```
package com.uitest;
//导入测试所需要的类
import com.android.uiautomator.core.UiObject;
import com.android.uiautomator.core.UiObjectNotFoundException;
import com.android.uiautomator.core.UiScrollable;
import com.android.uiautomator.core.UiSelector;
import com.android.uiautomator.testrunner.UiAutomatorTestCase;

public class LaunchSettings extends UiAutomatorTestCase {
public void testDemo() throws UiObjectNotFoundException {
    // 模拟单击 Home 按键
   getUiDevice().pressHome();

   // 在主界面中，需要通过单击“所有程序”的图标进入菜单
  // 使用 uiautomatorviewer 工具查看，可发现这个图标的 content-description 属性是
Apps
  // 如图 6-18 所示
   // 使用这个属性，建立 UiSelector ，查找这个按钮
   UiObject allAppsButton = new UiObject(new UiSelector()
      .description("Apps"));

   // 模拟单击此图标
   allAppsButton.clickAndWaitForNewWindow();

   // Settings 图标在 Apps 选项卡 In the All Apps screen, the Settings app is
located in
   //为准确定位到这个 Settings 图标，可先通过 UiSelector 定位到 Apps 选项卡
   UiObject appsTab = new UiObject(new UiSelector()
      .text("Apps"));

   // 模拟单击选项卡
   appsTab.click();

   // 模拟屏幕滚动，创建一个 UiScrollable
   UiScrollable appViews = new UiScrollable(new UiSelector()
```

```
        .scrollable(true));

    // 设置水平滚动方式
    appViews.setAsHorizontalList();

    // 创建一个 UiSelector 查找 Settings 图标并模拟单击
    UiObject settingsApp = appViews.getChildByText(new UiSelector()
        .className(android.widget.TextView.class.getName()),
        "Settings");
    settingsApp.clickAndWaitForNewWindow();

    // 验证当前 package 是否期望值
    UiObject settingsValidation = new UiObject(new UiSelector()
.packageName("com.android.settings"));
    assertTrue("Unable to detect Settings", settingsValidation.exists());
}
}
```

在 Eclipse 中对 build.xml 文件单击右键，选择“Run As/Ant Build”，构建 jar 文件。

构建成功后，打开命令行进入项目文件\bin 下，依次执行命令：

```
adb push UITest.jar /data/local/tmp/
adb shell uiautomator runtest UITest.jar -c com.uitest.UItestcase
```

即可在设备上查看到测试运行结果。

任务三 使用 uiautomator 测试 Android 应用

任务分析

本任务从新建与配置测试项目开始，通过实现一个完整的测试项目，掌握如何进行 UI 控件分析、UI 控件查找及操纵，从而开发 UI 测试的过程。

任务实施

一、新建 Java 项目并导入指定库

新建一个 Java 项目，命名为 TimeTest。在新建项目对话框切换到“Libraries”标签，把 JUnit3 的库、android.jar、uiautomator.jar 依次导入。导入后项目的设置如图 6-18 所示。

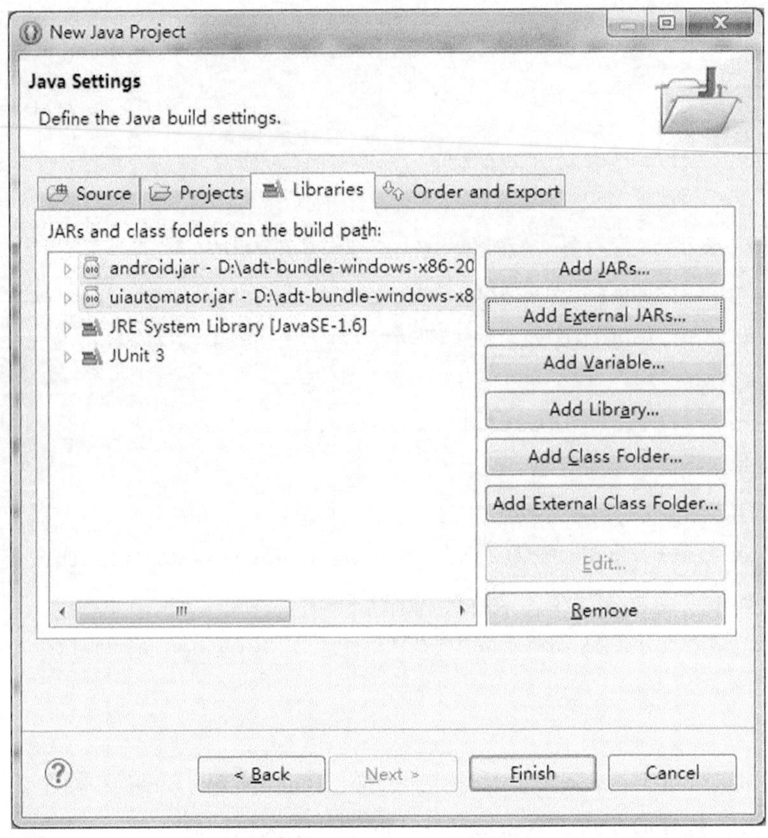

图 6-18　新建 Java 项目并配置

二、初始化测试

创建一个测试类 TimeTest，该类继承自 UiAutomatorTestCase。在该类里创建一个 test××× 命名的测试方法。先通过 getUiDevice()获取当前设备，并进行一些测试前的初始化工作，包括唤醒设备，单击 Home 按键。

测试类当前代码如下：

```
package com.timetest;
import com.android.uiautomator.core.UiDevice;
import com.android.uiautomator.testrunner.UiAutomatorTestCase;

public class TimeTest extends UiAutomatorTestCase{

        public void testDemo() throws UiObjectNotFoundException, RemoteException {

            UiDevice device = getUiDevice();//获取当前设备
            device.wakeUp();//唤醒设备
            device.pressHome();//单击 Home 按键
```

```
        }
    }
```

三、分析并操纵 UI 控件

打开命令提示符，输入“uiautomatorviewer”命令或进入 Android SDK 目录的 tools 文件夹下打开 uiautomatorviewer.bat，打开 uiautomatorviewer 分析工具。

下面我们考虑测试的操作步骤。模拟一次具体的测试步骤，并分析涉及的 UI 控件。

（1）进入 Clock 程序。在主界面中，要先单击“所有程序”的图标，使用 uiautomatorviewer 获取当前截图，选中“所有程序”图标，查看其属性，如图 6-19 所示。

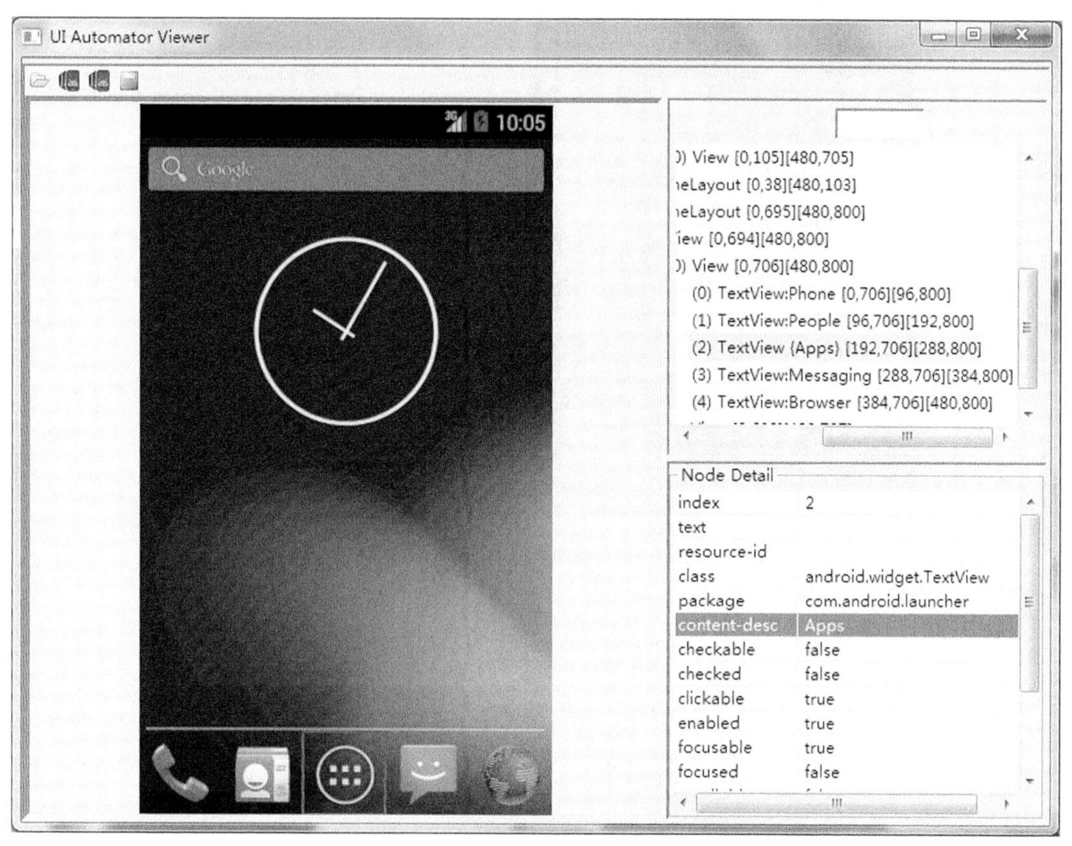

图 6-19 获取“所有程序”图标属性

可见，此图标的 content-description 属性为“Apps”。要查找 content-description 属性为指定值的 UI 控件，可使用 UiSelector 的 description 方法指定要查找的值。要获取该 UI 控件的控制，可先创建 UiSelector，并通过 description 方法进行查找并保存查找到的 UI 控件。

相关代码及注释如下：

```
//创建 UiSelector，查找当前视图上 content-description 属性为“Apps”的控件
UiObject allAppsButton = new UiObject(new UiSelector().description("Apps"));
allAppsButton.clickAndWaitForNewWindow(); //单击此控件，并等待窗口切换
```

打开所有程序的图标界面后，单击时钟图标。类似地，使用 uiautomatorviewer 获取当前截图，选择时钟图标查看其属性，可见其 text 属性为“Clock”，如图 6-20 所示。可创建 UiSelector，并使用 text 方法在当前视图是查找 text 属性为“Clock”的控件，以此方法获取该控件的控制。单击该控件后，即可进入时钟程序界面。

图 6-20　获取“时钟”图标属性

相关代码及注释如下：

```
//创建 UiSelector，查找当前视图上 text 属性为“Clock”的控件
UiObject clock = new UiObject(new UiSelector().text("Clock"));
clock.clickAndWaitForNewWindow();//单击此控件，并等待窗口切换
```

（2）进入倒计时模块。在时钟程序界面，单击倒计时标签。使用 uiautomatorviewer 获取当前截图并查看相关组件信息。这里出现一个问题，我们要切换到倒计时模块时，单击的到底是图 6-21 所示的标签，还是图 6-22 所示的沙漏图标呢？

这里有个小技巧，我们只需比较两个控件的属性，可见图 6-21 标签 clickable 属性为 true，而图 6-22 的沙漏图标 clickable 属性是 false 的，也就是意味着沙漏图标是不可单击，或者准确地说是单击了也没有响应事件的。因此，在模块切换时单击的并非沙漏图标，而是沙漏图标外层的标签。

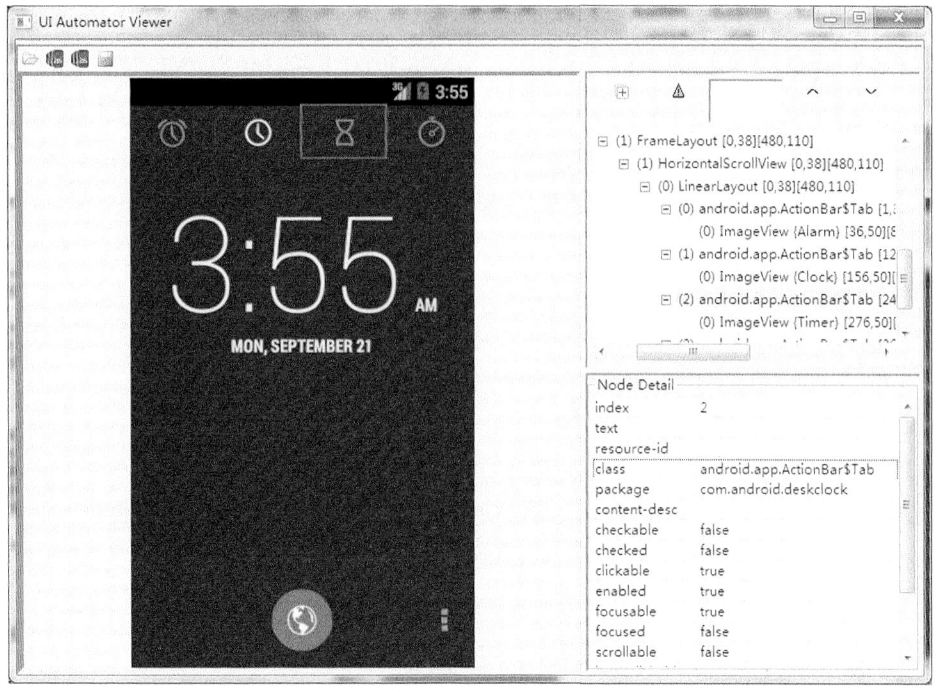

图 6-21　获取“倒计时”标签属性

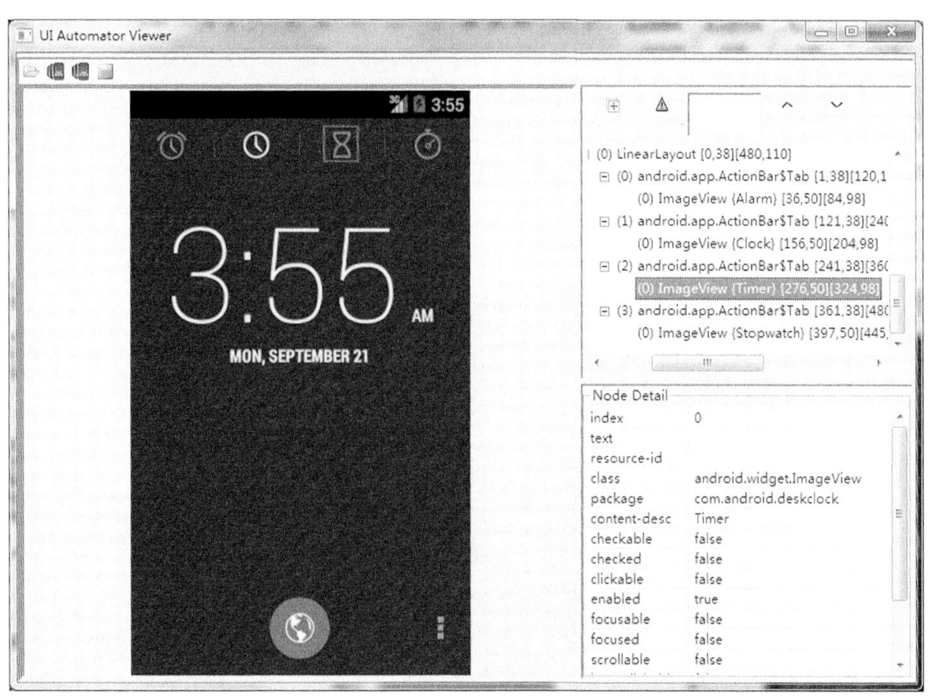

图 6-22　获取“沙漏”图形属性

从图 6-21 可知，该标签的 class 属性为 android.app.ActionBar$Tab，而 index 值为 2。同时我们观察到，这一行上所有标签的 class 属性都是一样的，因此如果使用 class 属性作为查找依据，返回的将是查找到的第一个对象，即最左边的标签。所以这里不能直接以 class 属性为查找依据。

那么在多个 UI 控件都有相同属性的情况下，怎么才能准确地获取对象呢？这里有两种思路，可以先通过当前视图（android.widget.LinearLayout）获取 UI 控件的集合（UiCollection），然后通过索引获取这个标签；还有一种方法就是指定多个查找条件，并通过复合条件限定某个控件。

通过比较此标签和其他 UI 控件的属性，可发现若查找索引属性 index 为 2 的标签，查找到并能返回的就是这个标签。因此这里我们就可以简单处理为以 index 方法并指定查找的值为 2 来构成查找条件。

相关代码及注释如下：

```
//创建 UiSelector，查找当前视图上 index 属性为 2 的控件
UiObject count = new UiObject(new UiSelector().index(2));
count.click();//模拟单击此控件
```

（3）设置计时并启动。假如要设置的是 10 秒，依次单击按键 1、0、“Start”，其中按键 1、“Start”按键的控制都可以通过指定 text 属性使用 text()方法查找，但按键 0 则遇到了一些麻烦。因为如果通过 text 属性查找这个按键，由于当前视图上 text 属性为 0 的控件有多个（如第一行当前显示的 0），查找后获取到的并不是这个按键，而是界面上左上方即查找到的第一个 text 属性为 0 的控件。所以我们要获取到按键 0，不能通过 text 属性。

获取当前 UI 截图，如图 6-23 所示。查看按键 0 的 UI 属性并与其他控件比较，发现使用 resource-id 和 text 两个属性，即可准确获得按键 0。因此我们可以构建复合查找条件：

```
    UiObject zeroButton = new UiObject
    (new  UiSelector().  resourceId("com.android.  deskclock:id/key_middle").
text("0"));
```

要构造复合查找条件，可直接使用符号“.”连接多个限定条件即可。

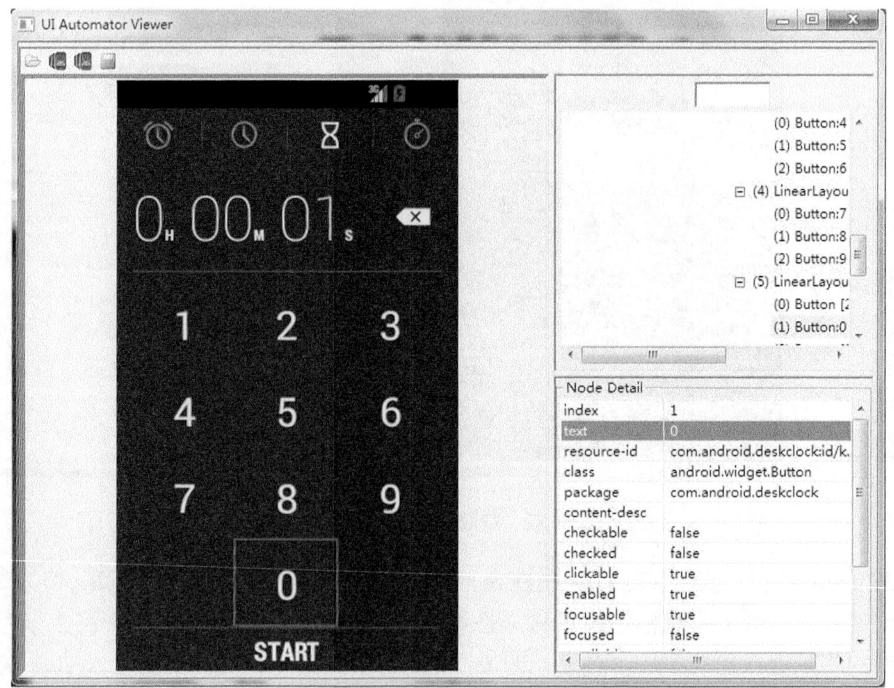

图 6-23　获取按键“0”属性

设置倒计时长并单击“开始”的代码如下：

```
//创建 UiSelector，查找当前视图上 text 属性为 1 的控件
UiObject oneButton = new UiObject(new UiSelector().text("1"));
oneButton.click();//模拟单击此控件
sleep(3);//等待 3 秒
//创建 UiSelector，查找当前视图上 resource-id 为"com.android. deskclock:
id/key_middle"
//且 text 属性为 1 的控件
UiObject zeroButton = new UiObject
(new UiSelector().resourceId("com. android.deskclock: id/key_middle").
text("0"));
zeroButton.click();//模拟单击此控件
sleep(3);
//创建 UiSelector，查找当前视图上 text 属性为"Start"的控件
UiObject startButton = new UiObject(new UiSelector().text("Start"));
startButton.click();//模拟单击此控件
sleep(3);
```

可对照相关的 UI 控件属性理解上述代码。在单击每个按钮后，因为 UI 界面的反应可能需要一些时间，所以可使用 sleep 语句等待一段时间，让操作有足够的时候响应。

（4）在计时过程中可单击 Stop 按钮暂停计时、单击 Start 按钮重启计时，还可以重置计时器及删除计时器。操作中涉及的 UI 控件及属性如图 6-24、6-25、6-26 所示。其中，Start/Stop 按钮可通过 text 属性查找，而重置计时器及删除计时器的按钮可以通过 resource-id 属性进行查找，也可以通过 content-description 属性进行查找。

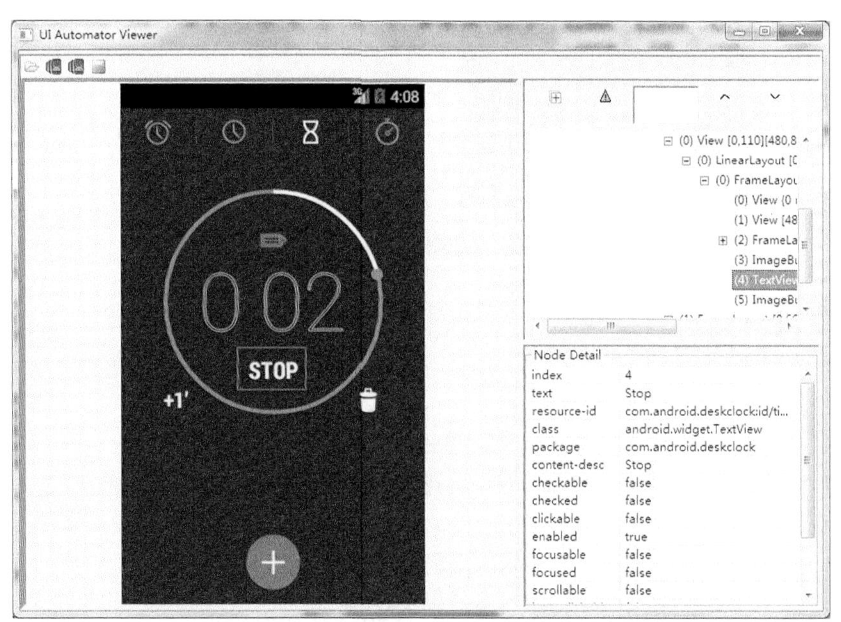

图 6-24 获取按键“Stop”属性

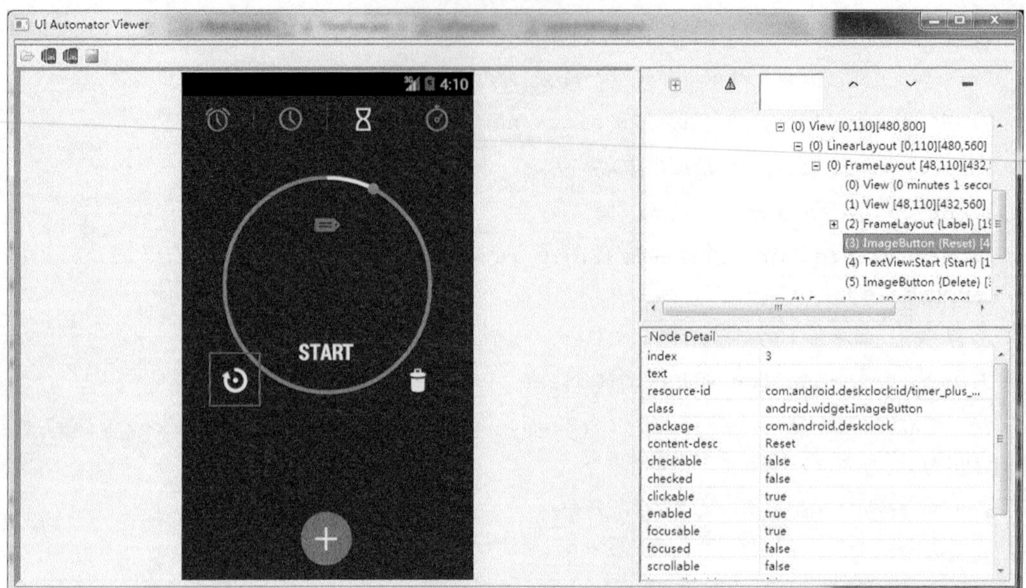

图 6-25　获取重置计时器按键属性

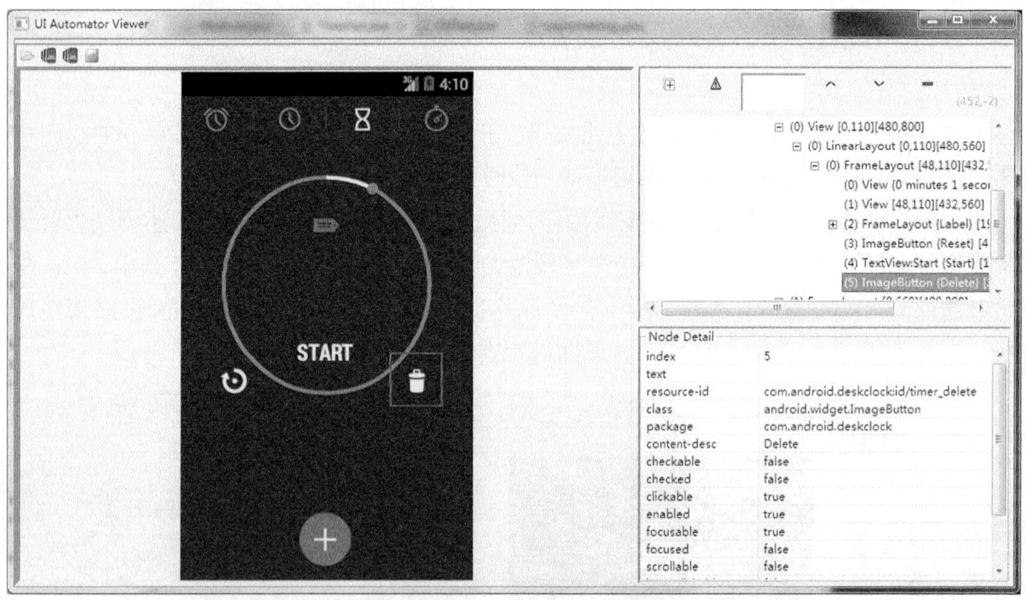

图 6-26　获取删除计时器按键属性

测试类完整代码如下（供参考）：

```
package com.timetest;
import android.os.RemoteException;
import com.android.uiautomator.core.UiDevice;
import com.android.uiautomator.core.UiObject;
import com.android.uiautomator.core.UiObjectNotFoundException;
import com.android.uiautomator.core.UiSelector;
import com.android.uiautomator.testrunner.UiAutomatorTestCase;
```

```
public class TimeTest extends UiAutomatorTestCase{

        public void testDemo() throws UiObjectNotFoundException, RemoteException{
        //操纵设备，准备测试
        UiDevice device = getUiDevice();
        device.wakeUp();
        device.pressHome();
        //查找“所有应用”按键并模拟单击
        UiObject allAppsButton = new UiObject(new UiSelector(). Description
("Apps"));
        allAppsButton.clickAndWaitForNewWindow();
        //查找时钟按键并单击
        UiObject clock = new UiObject(new UiSelector().text("Clock"));
        clock.clickAndWaitForNewWindow();
        //查找计时器标签并单击
        UiObject count = new UiObject(new UiSelector().index(2));
        count.click();
        //依次查找并按下按键 1、0、Start
        UiObject oneButton = new UiObject(new UiSelector().text("1"));
        oneButton.click();
        sleep(3);
    UiObject zeroButton =
    new UiObject(new UiSelector().resourceId("com. android.deskclock: id/key_
middle").text("0"));
        zeroButton.click();
        sleep(3);
        UiObject startButton = new UiObject(new UiSelector().text("Start"));
        startButton.click();
        sleep(3);

          //暂停计时，查找 Stop 按键并按下
        UiObject stopButton = new UiObject(new UiSelector().text("Stop"));
        stopButton.click();

          //重启计时，查找 Start 按键并按下
        startButton = new UiObject(new UiSelector().text("Start"));
        startButton.click();
```

```
        sleep(3);

          //暂停计时，查找 Stop 按键并按下
        stopButton = new UiObject(new UiSelector().text("Stop"));
        stopButton.click();

          //测试重置计时操作。查找重置计时按键并单击
        UiObject timer_plus_one = new UiObject(
                new UiSelector(). resourceId("com. android. deskclock: id/
timer_plus_one"));
        timer_plus_one.click();

            //测试删除计时操作。查找删除计时按键并单击
        UiObject timer_delete = new UiObject(
               new UiSelector(). resourceId ("com.android. deskclock: id/
timer_delete"));
        timer_delete.click();
        sleep(3);

           //删除计时器后，应回到计时器设置页面且时、分、秒都显示 0
           //获取指定字符串并断言。这里只断言了秒的显示，其他可按类似方法补充
        UiObject seconds = new UiObject(
               new UiSelector(). resourceId("com. android.deskclock: id/ seconds"));
       assertEquals("00",seconds.getText());
        }
       }
```

课堂练习

1. 补充断言语句，断言时、分的显示是否如预期。
2. 试修改代码，查找重置计时器和删除计时器按键时使用 resource-id 属性进行查找。

四、构建项目并运行

打开命令提示符，假如 Eclipse 的工作区在 E:\android_workspace，在命令提示符下输入命令：

```
android create uitest-project -n UITest -t 1 -p E:\android_workspace\TimeTest
```

打开生成的 build.xml，修改 default="build"后运行，生成 UITest.jar。

进入工作区（如 E:\android_workspace）中当前项目的 bin 目录下，输入命令上传 jar 文件并执行：

```
adb push UITest.jar /data/local/tmp/
adb shell uiautomator runtest UITest.jar -c com.uitest.UItestcase
```

可得图 6-27 所示的运行结果，显示执行完成。

```
e:\android_workspace\TimeTest\bin>adb shell uiautomator runtest UITest.jar -c co
m.timetest.TimeTest
INSTRUMENTATION_STATUS: numtests=1
INSTRUMENTATION_STATUS: stream=
com.timetest.TimeTest:
INSTRUMENTATION_STATUS: id=UiAutomatorTestRunner
INSTRUMENTATION_STATUS: test=testDemo
INSTRUMENTATION_STATUS: class=com.timetest.TimeTest
INSTRUMENTATION_STATUS: current=1
INSTRUMENTATION_STATUS_CODE: 1
INSTRUMENTATION_STATUS: numtests=1
INSTRUMENTATION_STATUS: stream=.
INSTRUMENTATION_STATUS: id=UiAutomatorTestRunner
INSTRUMENTATION_STATUS: test=testDemo
INSTRUMENTATION_STATUS: class=com.timetest.TimeTest
INSTRUMENTATION_STATUS: current=1
INSTRUMENTATION_STATUS_CODE: 0
INSTRUMENTATION_STATUS: stream=
Test results for WatcherResultPrinter=.
Time: 18.802

OK (1 test)


INSTRUMENTATION_STATUS_CODE: -1
```

图 6-27　执行结果提示

相关链接与参考

除了 Robotium 和 uiautomator，还可以使用开源工具 Appium 进行自动化的功能测试。Appium 工具适用于 iOS 环境和 Android 环境，是一种跨平台的框架，同时支持 Java、Python 等多种语言。其实现的对象查找、对象定位、对象操控等机制类似于 uiautomator，有兴趣的读者可查阅相关资料深入了解。

实训项目

一、实训目的与要求

对于系统自带的计算器，使用 uiautomator 框架实现简单的自动化 UI 测试。

二、实训内容

对系统自带的计算器，编写基于 uiautomator 框架的测试，实现测试：

（1）验证指定 UI 控件的结构是否正确；

（2）验证给定测试数据的计算是否正确。

三、实训要点

（1）新建Java项目，导入要使用的包和库。

（2）根据需要创建 UiAutomatorTestCase 测试子类，编写测试类代码。

（3）结合测试操作的过程，分析测试中涉及的 UI 控件的属性，查找并操纵对象实现测试。

（4）在测试时，对要考察的 UI 控件增加适当的断言（如属性、外观等）。

（5）构建项目，运行测试，分析结果。

测试类的代码如下（仅供参考，测试方法的步骤和数据可根据需要进行补充）：

```
package com.uitest;
import android.os.RemoteException;
import com.android.uiautomator.core.UiDevice;
import com.android.uiautomator.core.UiObject;
import com.android.uiautomator.core.UiObjectNotFoundException;
import com.android.uiautomator.core.UiSelector;
import com.android.uiautomator.testrunner.UiAutomatorTestCase;

public class CalTest extends UiAutomatorTestCase {

    public void testDemo() throws UiObjectNotFoundException, RemoteException {
        UiDevice device = getUiDevice();
        // 唤醒屏幕
        device.wakeUp();
        assertTrue("screenOn: can't wakeup", device.isScreenOn());
        // 回到 HOME
        device.pressHome();
        sleep(1000);
        // 启动计算器 App
            UiObject allAppsButton = new UiObject(new UiSelector(). description("Apps"));
            allAppsButton.clickAndWaitForNewWindow();
         //进入计算器程序
        UiObject Cal = new UiObject(new UiSelector().text("Calculator"));
        Cal.clickAndWaitForNewWindow();

        //分别获取按键 1、+、=，并断言
        UiObject oneButton = new UiObject(new UiSelector().text("1"));
        assertTrue("oneButton not found", oneButton.exists());
        UiObject plusButton = new UiObject(new UiSelector().text("+"));
        assertTrue("plusButton not found", plusButton.exists());
```

```
        sleep(100);
        UiObject equalButton = new UiObject(new UiSelector().text("="));
        assertTrue("equalButton not found", equalButton.exists());
        //模拟依次按下按键 1、+、1、=
        oneButton.click();
        sleep(100);
        plusButton.click();
        sleep(100);
        oneButton.click();
        equalButton.click();
        sleep(100);

       //获取计算结果并断言
       UiObject switcher = new UiObject(
              new UiSelector(). resourceId("com. android.calculator2: id/display"));
        UiObject result = switcher.getChild(new UiSelector().index(0));
        System.out.print("text is :" + result.getText());
        assertTrue("result != 2", result.getText().equals("2"));
    }
  }
```

四、总结与反思

总结 uiautomator 框架开发 UI 测试项目的过程，并思考，该框架实现的测试与 Robotium 框架在开发、运行等方面有何区别？如何才能发挥自动化 UI 测试的最高效率？

本章小结

本章介绍了 Android 自带的 uiautomator 自动化 UI 测试框架的简单应用，对这个框架的结构和使用有了一个初步的了解与认识。uiautomator 框架结合自带的 uiautomatorviewer 工具，对 UI 控件进行属性分析，通过 UI 控件的指定属性值进行查找，可操纵指定的 UI 控件，并模拟 UI 操作，结合测试断言，达到动态 UI 内容测试的目的。

习题

一、问答题

1. 新建 UiSelector，指定查找条件及属性值并返回查找结果为 UiObject 的语句，一般格式是怎样的？

2. 获取 content-description 属性为“App”的 UI 组件，可怎样创建 UiSelector 的查找语句?

3. 获取 text 属性为“App”的 UI 组件，可怎样创建 UiSelector 的查找语句?

4. 获取 resource-id 属性为“App”的 UI 组件，可怎样创建 UiSelector 的查找语句?

5. 获取当前设备并模拟按下返回键（Back），对应的代码是怎样的?

6. 构建项目并运行包含哪些步骤？要在命令行输入哪些命令？这些命令分别有什么作用?

7. 比较 Robotium 框架和 uiautomatorviewer 框架编写的测试，说说这两个框架编写的测试有哪些区别。

二、实验题

1. 使用 uiautomatorviewer 框架，编写指定的 Android 应用程序的自动化 UI 测试。

2. 对任务二的示例代码，添加一些测试代码修改设置项。

3. 对任务三的项目，添加测试方法进行更多的操作，以实现更完整的测试。

PART 7

项目七 Android 应用性能监控与测试

项目导引

对 Android 应用程序进行功能测试后，将考虑应用运行时性能的表现。性能测试在软件的质量保证中起着重要的作用，它包括执行效率、资源占用、系统稳定性、可靠性等内容。性能测试主要通过自动化的测试工具模拟多种正常、峰值及异常负载条件并监控运行时各项指标来实现，分为负载测试、压力测试、基准测试等类型。

性能测试包括 3 个方面：应用在客户端的性能测试、应用在网络上的性能测试和应用在服务器端的性能测试。我们在本项目中主要考虑应用在客户端的性能测试。

学习目标

- ☑ 了解 Java 的内存泄露及内存回收机制
- ☑ 掌握 logcat 提示信息的分析与过滤查找操作
- ☑ 能在 DDMS 下查看内存分配及进行执行情况
- ☑ 掌握 MAT 工具的使用
- ☑ 能理解 MAT 得到的内存分析报告
- ☑ 掌握开源工具 Emmagee 及 APT 的使用
- ☑ 能使用工具获取指定的性能指标

任务一　Android 应用内存分析

任务分析

在运行程序时，通过查看 logcat 和 DDMS 获取的数据，了解 Java 的内存管理机制，并通过 MAT 初步定为可能存在的内存问题。

知识准备

与 Java 一样，Android 里的内存释放由垃圾回收器（Garbage Collection）来完成的。对于 GC 来说，当程序员创建对象时，GC 就开始监控这个对象的地址、大小以及使用情况。通常，GC 采用有向图的方式记录和管理堆（heap）中的所有对象，通过这种方式确定哪些对象是“可达的”，哪些对象是“不可达的”。当 GC 确定一些对象为“不可达”时，GC 就有责任回收这些内存空间。

GC 会选择一些它了解还存活的对象作为内存遍历的根节点（GC Roots），如 thread stack 中的变量、JNI 中的全局变量等，对堆进行遍历。如果节点没有直接或者间接引用到 GC Roots，就通过回收这些内存。

如图 7-1 所示，GC 将回收没有被 GC Roots 引用的内存空间，即图中黑色圆圈所示。这与 C/C++的内存管理机制是不同的。因此，Java 内存泄漏指的并非没有引用的内存没有回收，而是指进程中某些对象已经没有使用价值了，但是却被直接或间接地引用，从而导致内存无法被 GC 回收。无用的对象占据着内存空间，这样实际可使用内存就会变小，导致内存泄漏。

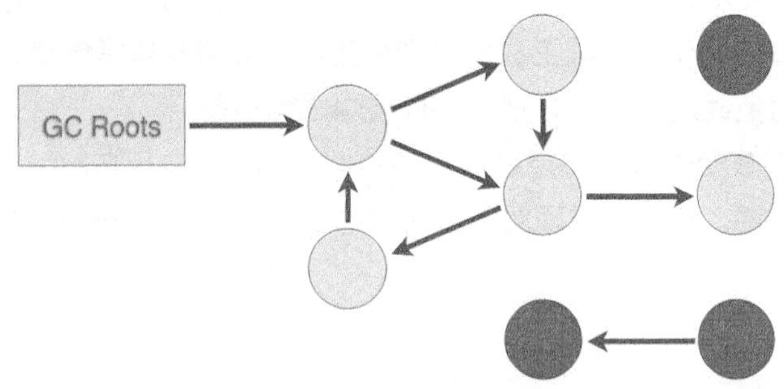

图 7-1　GC 内存管理原理

程序在运行的过程中不停地创建新的对象并消耗内存。内存不足时，如果要创建新对象就会触发 GC 线程启动垃圾回收过程。

GC 的机制可以有效防止内存泄露，但也并不能完全防止。一些不良的开发习惯，如查询数据库后没有关闭游标、Bitmap 对象不使用时没有释放内存等都会导致内存泄露。导致内存泄漏主要的原因是，先前申请了内存空间而忘记了释放。如果程序中存在对无用对象的引用，那么这些对象就会驻留内存，消耗内存，因为无法让垃圾回收器 GC 验证这些对象是否不再需要。只要存在对象的引用，这个对象就不会被释放。要确定对象所占内存将被回收，务必确认该对象不再会被使用。典型的做法就是把对象数据成员设为 null 或者从集合中移除该对象。

Android 设备的资源往往比较有限，为了更有效率地利用资源，Android 为不同类型的进程分配了不同的内存使用上限，如果程序在运行过程中出现了内存泄漏而造成应用进程使用的内存超过了这个上限，则会被系统视为内存泄漏，从而被杀掉，而不会影响其他进程（如果是 system_process 等系统进程出问题的话，则会引起系统重启）。

任务实施

一、导入项目运行并观察 logcat

导入 android14 平台的官方示例项目 HoneycombGallery，该例是一个简单的照片画廊应用。连接虚拟设备，试安装并该项目。

在右下方的 logcat 窗口，可以观察到类似图 7-2 的 GC 信息。

```
dalvikvm    WAIT_FOR_CONCURRENT_GC blocked 6ms
dalvikvm    GC_CONCURRENT freed 805K, 17% free 5546K/6676K, paused 7ms+23ms, total 200ms
dalvikvm    GC_CONCURRENT freed 765K, 24% free 4998K/6528K, paused 42ms+85ms, total 347ms
dalvikvm    GC_CONCURRENT freed 576K, 16% free 5621K/6676K, paused 3ms+36ms, total 332ms
dalvikvm    GC_CONCURRENT freed 1972K, 35% free 3902K/5956K, paused 14ms+4ms, total 43ms
dalvikvm    GC_EXPLICIT freed 38K, 5% free 2771K/2888K, paused 13ms+3ms, total 78ms
dalvikvm    GC_EXPLICIT freed <1K, 5% free 2771K/2888K, paused 2ms+3ms, total 71ms
dalvikvm    GC_EXPLICIT freed <1K, 5% free 2771K/2888K, paused 13ms+4ms, total 61ms
dalvikvm    GC_FOR_ALLOC freed 420K, 39% free 3687K/5956K, paused 27ms, total 32ms
```

图 7-2 logcat 中给出的 GC 信息

理解 logcat 的信息提示，是调试及测试 Android 应用时的重要提示。logcat 里的 GC 信息一般以以下格式显示。

```
<GC_Reason><Amount_freed>,<Heap_stats>,<External_memory_stats>,
<Pause_time>
```

GC_Reason 即触发 GC 的原因，详细的描述如表 7-1 所示。

表 7-1 触发 GC 原因提示解释

类型	描述
GC_CONCURRENT	内存使用率将满（达到一定警戒线）时，并行触发的 GC
GC_FOR_ALLOC	当内存已满，而尝试分配内存时，系统会停止某些后台应用并触发 GC
GC_HPROF_DUMP_HEAP	当创建 HPROF 文件分析内存时触发的 GC
GC_EXPLICIT	显式的 GC，当调用 gc() 时触发
GC_BEFORE_OOM	设备抛出内存不足的异常（OOM）前，触发的 GC

而“Amount_freed”是释放的内存区大小，“Heap_stats”表示当前剩余内存比例，“External_memory_stats”表示当前堆状态，用已占用空间/当前堆大小来表示，“Pause_time”是处理过程耗时。

假如有 GC 信息：

```
GC_FOR_ALLOC freed 2733K, 31% free 3893K/5608K, paused 78ms, total 79ms
```

信息表示该次 GC 因内存已满又尝试分配内存时触发，释放了 2733KB 内存，GC 后还有 31%的剩余内存，“3893K/5608K”表示 GC 后有 3893KB 内存被占用，总可用内存为 5608KB。“*paused 78ms, total 79ms*”表示该次 GC 中断耗费了 78ms，而从触发 GC 到中断到返回中断完成整个过程耗时 79ms。

对于并行的 GC，即 GC_CONCURRENT，会有两次中断，因此在 logcat 中有两个中断时间。一次中断是在标记可回收的内存单位时，而另一次是在清理内存的时候。如 GC 信息：

```
GC_CONCURRENT freed 602K, 13% free 5666K/6448K, paused 5ms+8ms, total 177ms
```

信息表示该次 GC 因内存将满，与其他进程并行触发的，释放了 602KB 内存，GC 后还有 13%的剩余内存，“5666K/6448K”表示 GC 后有 5666KB 内存被占用，总可用内存为 6448KB。“paused 5ms+8ms, total 177ms”表示该次 GC 发生了两次中断，前一次标记内存单元的中断耗时 5ms，而回收的中断耗时 8ms，从触发 GC 到中断到返回总耗时 177ms。

当 logcat 的提示信息较多，想快速找出需要 logcat 信息时，可以使用 logcat 的信息过滤功能。单击 logcat 窗口左侧的 Filters 界面的 ✚ 按钮，弹出过滤条件设置窗口，要查找当前所有 GC 信息，可进行图 7-3 所示的设置。

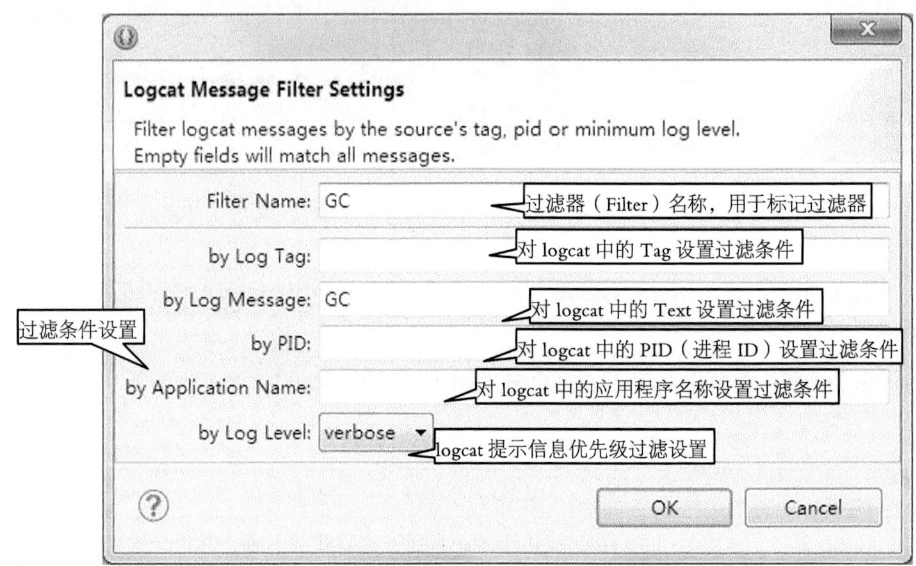

图 7-3 logcat 过滤器设置

其中，logcat 信息的优先级说明如表 7-2 所示。前 5 个类别优先级依次升高，在过滤器设置某个级别时，可显示该级别及以上优先级的提示信息。而 assert 类型主要用于标记程序中的断言。

表 7-2 logcat 优先级

缩写	名称	级别提示
V	verbose	冗余，最低优先级
D	debug	调试
I	info	信息
W	warn	警告
E	error	错误
F	fatal	严重错误
	assert	断言

如果要查找相似的 logcat 信息，可以在某行 logcat 信息处单击鼠标右键，选择“Filter similar message”，如图 7-4 所示。

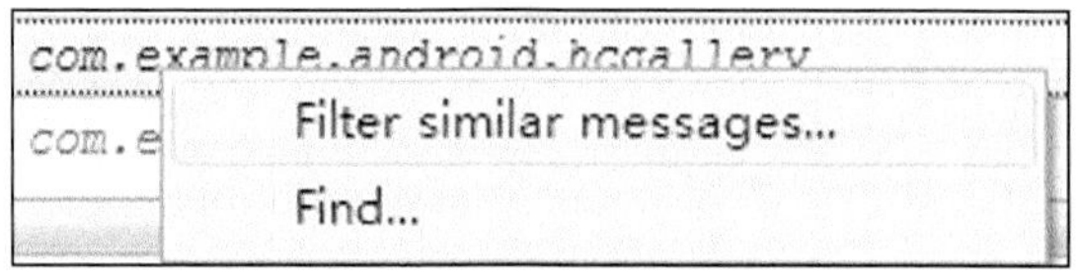

图 7-4　设置相似信息的过滤器

在弹出的类似图 7-5 所示的对话框中，给该过滤器起一个容易识别的名字，删去不必要的过滤条件。在这里，我们主要查看应用 hcgallery 的 logcat 信息，因此保留“Application Name”这个选项，并设置筛选 verbose 级别及以上的提示。

Logcat Message Filter Settings

Filter logcat messages by the source's tag, pid or minimum log level.
Empty fields will match all messages.

Filter Name: hcgallery
by Log Tag: dalvikvm
by Log Message:
by PID:
by Application Name: com.example.android.hcgallery
by Log Level: verbose

OK　Cancel

图 7-5　应用程序的 logcat 过滤

另外，在程序中还可以通过 Log 语句，控制程序在 logcat 输出一些提示信息。例如：

```
        //下面是如何输出各个不同优先级的 logcat 信息的语句示例
Log.v(TAG, "This is Verbose");
        Log.d(TAG, "This is Debug");
        Log.i(TAG, "This is Info");
        Log.w(TAG, "This is Warn");
        Log.e(TAG, "This is Error");
```

一般来说，可从以下方面，观察应用程序是否可能存在内存泄露问题。

（1）在 logcat 中是否频繁出现 GC，且内存占用率、占用空间和内存堆大小一直在增加。

（2）运行一段时间，执行一系列操作后，是否因抛出 java.lang.OutOfMemery 异常而崩溃。

尝试频繁操作应用 hcgallery，把 logcat 信息中关于该应用的内容过滤出来，发现该应用频繁地触发 GC。这提示该应用可能存在内存泄露问题。

二、在 DDMS 下查看内存使用

选择 DDMS 视图，并确认打开 Heap 视图和 Allocation Tracker 视图（如果没有打开，则在“Window/Show View”中打开）。

单击选择要监控的进程，如这里选择“com.example.android.hcgallery”。在 Allocation Tracker 视图下，依次单击“Start Tracking”和“Get Allocations”，即可获得当前内存分配的信息。

在 Devices 视图界面上单击“update heap”图标，再切换到 Heap 视图，单击“Cause GC”按钮（相当于向设备发送了一次 GC 请求的操作），即可在 Heap 视图中观察到内存分配情况的变化。选中某个具体的数据类型，观察其内存使用的变化，如图 7-6 所示。下方的直方图显示的是当前类不同大小的对象实例的数量，其中横坐标是对象大小分类，而纵坐标是对象的数量。

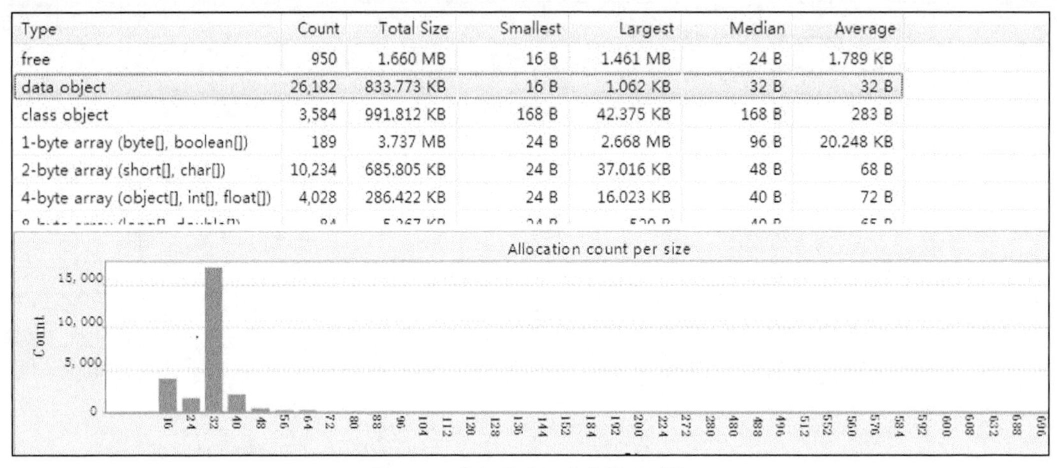

Type	Count	Total Size	Smallest	Largest	Median	Average
free	950	1.660 MB	16 B	1.461 MB	24 B	1.789 KB
data object	26,182	833.773 KB	16 B	1.062 KB	32 B	32 B
class object	3,584	991.812 KB	168 B	42.375 KB	168 B	283 B
1-byte array (byte[], boolean[])	189	3.737 MB	24 B	2.668 MB	96 B	20.248 KB
2-byte array (short[], char[])	10,234	685.805 KB	24 B	37.016 KB	48 B	68 B
4-byte array (object[], int[], float[])	4,028	286.422 KB	24 B	16.023 KB	40 B	72 B

图 7-6　内存分配及变化情况对比

一般情况下，可观察“data object”对象的“Total size”的变化，正常情况下“Total size”的值会稳定在一个有限的范围内，也就说程序中的代码良好，没有造成程序中的对象不被回收的情况。如果代码中存在没有释放对象引用的情况，那么“data object”的“Total size”在每次 GC 之后都不会有明显的回落，并随着操作次数的增加“Total size”也在不断的增加。因此，在选择了“data object”后，我们可以通过不断的操作应用，观察“Total size”的变化。

可以根据以下现象判断是否有内存泄漏现象。

（1）不断地操作当前应用，或者重复某一动作，注意观察“data object”的“Total Size”值。

（2）正常情况下“Total Size”值都会稳定在一个有限的范围内，即便我们不断地操作生成很多对象，而在虚拟机不断地进行垃圾回收的过程中，这些对象都被正常回收了，内存使用量会保持在一个比较稳定的水平。

（3）如果代码中存在对象引用没有释放的情况，则“data object”的“Total Size”值在每次 GC 后不会有明显的回落，随着操作次数的增多“Total Size”的值会越来越大。

正常情况下，一个虚拟机的进程的内存有 64MB，如果出现严重的内存泄漏，Heap Size 将不断地逼近 64MB，最终出现强制退出应用等情况。

我们尝试反复查看不同的图片，并观察“data object”对象的“total size”，发现每次 GC

之后没有出现明显减少。

三、使用 MAT 工具分析内存

MAT（Memory Analyzer Tool），一个基于 Eclipse 的内存分析工具，是一个快速、功能丰富的 JAVA heap 分析工具，它可以帮助我们查找内存泄漏和减少内存消耗。使用内存分析工具从众多的对象中进行分析，快速地计算出在内存中对象的占用大小，通过报表直观地查看到可能造成内存泄露的对象及产生原因。

下面我们使用 MAT 工具来对应用的内存状况进行分析。

打开“Help/Install New Software”菜单，选择“Add”插件，在图 7-7 所示菜单中单击“Archive”按钮并选择文件所在的位置进行离线安装。弹出图 7-8 所示的对话框，选中要安装的插件，逐步完成安装后重启 Eclipse。

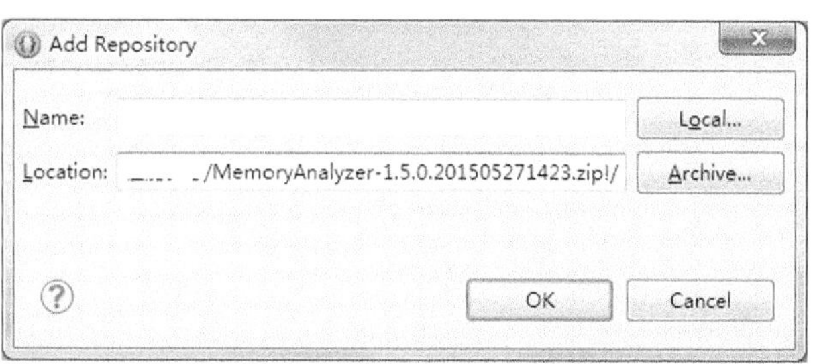

图 7-7　选择插件安装文件所在位置

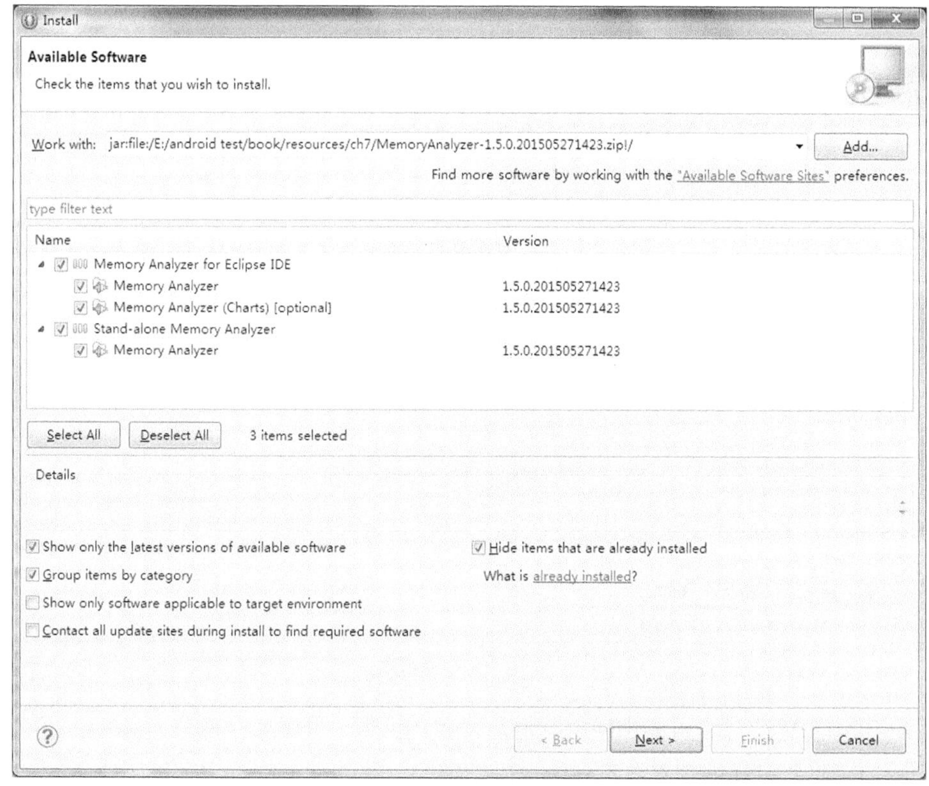

图 7-8　安装界面

MAT 安装完成后，切换到 DDMS，单击左侧工具栏图标，即默认打开 MAT 开始界面，如图 7–9 所示。选择“Leak Suspects Report”查看当前内存泄露情况。

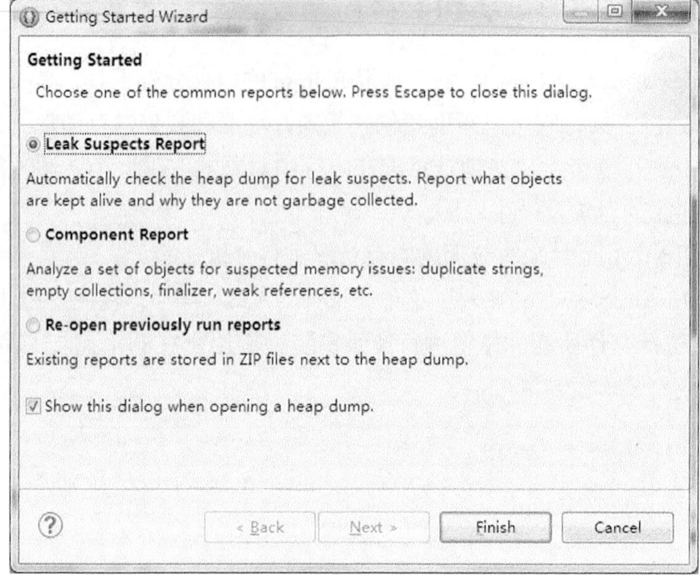

图 7–9　MAT 分析选项

单击确定，即可获取当前进程信息，打开分析结果图表，如图 7–10 所示。

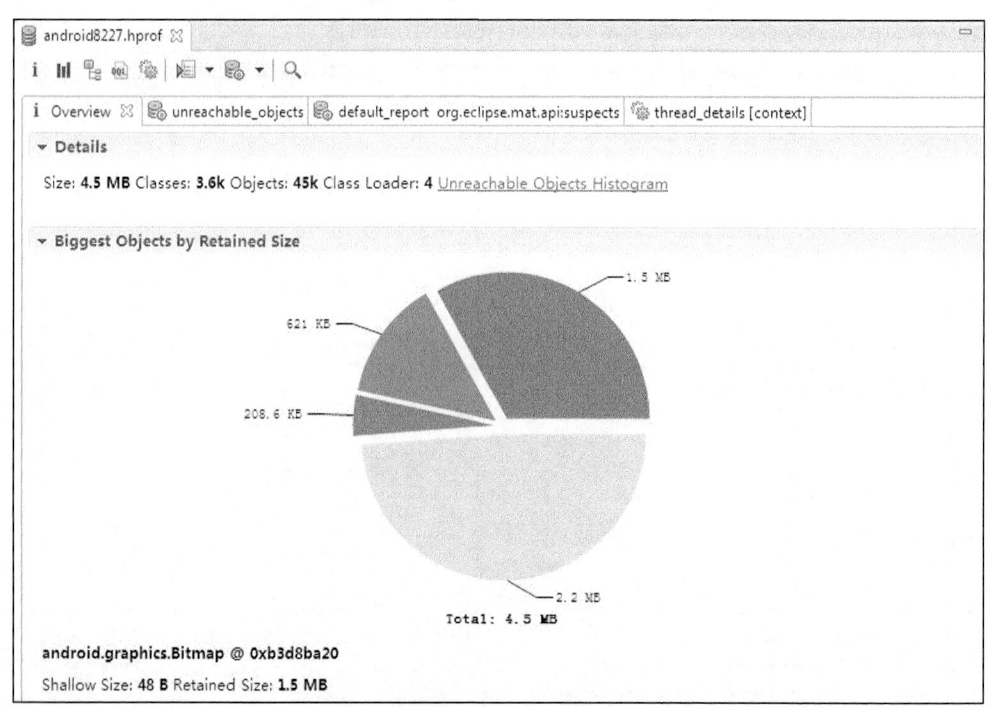

图 7–10　内存分析结果

图 7–10 中深色部分是可能出现内存泄露嫌疑的区间。选中某个部分，右击鼠标可打开图 7–11 所示的菜单，可详细查看对象列表、每个类的对象、GC Roots 的信息等。

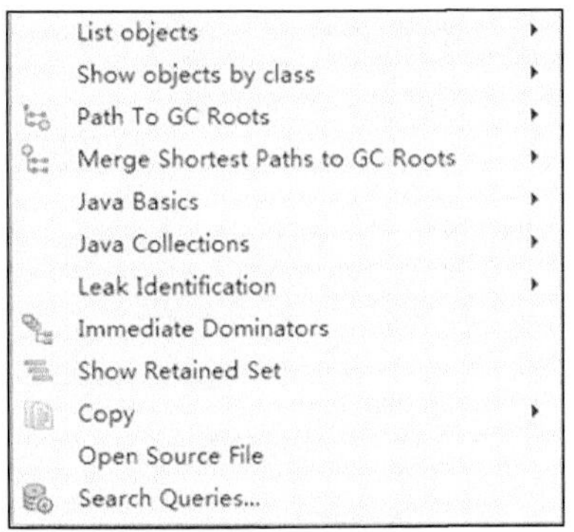

图 7-11　查看类的详细信息

而在 Overview 视图界面下方的选项如图 7-12 所示。每个选项的作用如下。

（1）Histogram 可以列出内存中存在哪些对象、对象的个数及大小。

（2）Dominator Tree 可以列出程序的线程，以及线程下面对象占用的空间的情况。

（3）Top consumers 通过图形列出最大的 object。

（4）Duplicate Classes 列出被多个类引用的对象。

（5）Leak Suspects 可以查看详细的内存泄露分析报告。

（6）Top Components 列出运行时占用堆大于 1%的组件报告。

（7）Component Report 是一个组合的工作流程，可按提示逐步分析程序运行时的内存数据。

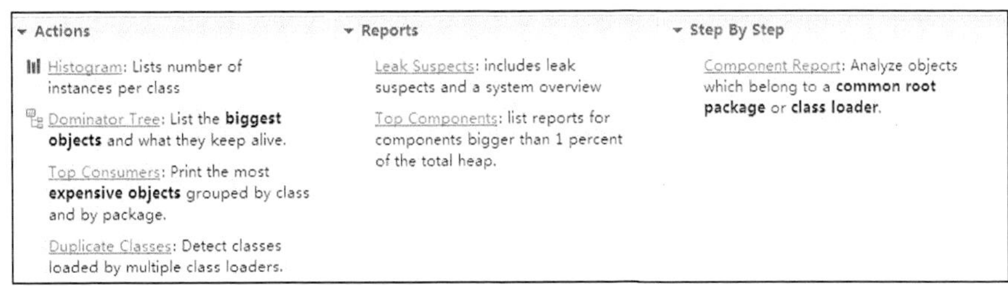

图 7-12　分析选项

单击“Leak Suspects”，查看可能导致内存泄露的原因。报告列出了程序中可能存在内存泄露的 4 个地方，其中第 1 点和第 2 点是相关的，如图 7-13 所示。

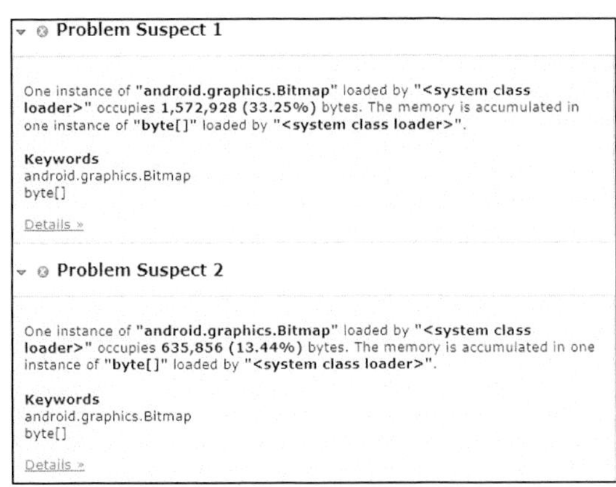

图 7-13　内存泄露原因分析

从提示可知，这个程序存在主要的内存问题可能是分配给图像缓存的空间没有及时回收。需要注意的是，这里列出的只提示了可能存在的内存问题，要定位问题具体出现的位置，还需要进一步分析其他数据。

回到“Overview”页面，单击查看“dominator_tree”。得到类似图 7-14 所示的数据。

i Overview | unreachable_objects | Histogram | Histogram | dominator_tree

Class Name	Shallow Heap	Retained Heap	Percentage
<Regex>	<Numeric>	<Numeric>	<Numeric>
android.graphics.Bitmap @ 0xb3d8ba20	48	1,572,928	33.25%
android.graphics.Bitmap @ 0xb3da5410	48	635,856	13.44%
class org.apache.harmony.security.fortress.Services @ 0xb3c63c78 System Cla	32	213,624	4.52%
class android.text.Html$HtmlParser @ 0xb3bcae98 System Class	8	126,632	2.68%

图 7-14　对象占用情况

其中 Class Name 是 java 类名，Shallow Heap 是一个对象消耗内存的大小（不包含对其他对象的引用），而 Retained Heap 是 Shallow Heap 的总和，也就是该对象被 GC 之后所能回收到内存的总和。从图 7-14 可见，当前程序只有一个线程，占用内存最多的也是位图类 Bitmap。

还可以打开“Top Consumers”视图，查看内存占用的比例，如图 7-15 所示。可见，占用内存最多的也是图像类的对象，占了超过一半的内存（见图 7-15 下方的饼图）。

要导出测试数据，如果是表格类的数据，可以通过单击工具栏的 按钮导出；如果是网页类的数据，则可以右击鼠标通过选择“属性”，找到生成的报告文件所在的位置并复制。

除了可以在 DDMS 中触发 MAT 工具，还可以切换“Memory Analysis”视图后，选择“File/Acquire Heap Dump”菜单，弹出图 7-16 所示对话框，选择需要的进程进行分析，并设置分析文件保存的位置。单击确定，MAT 即自动生成分析报告。还可以通过“Open Heap Dump”命令打开 Java 导出的 hprof 文件进行内存分析，如图 7-17 所示。

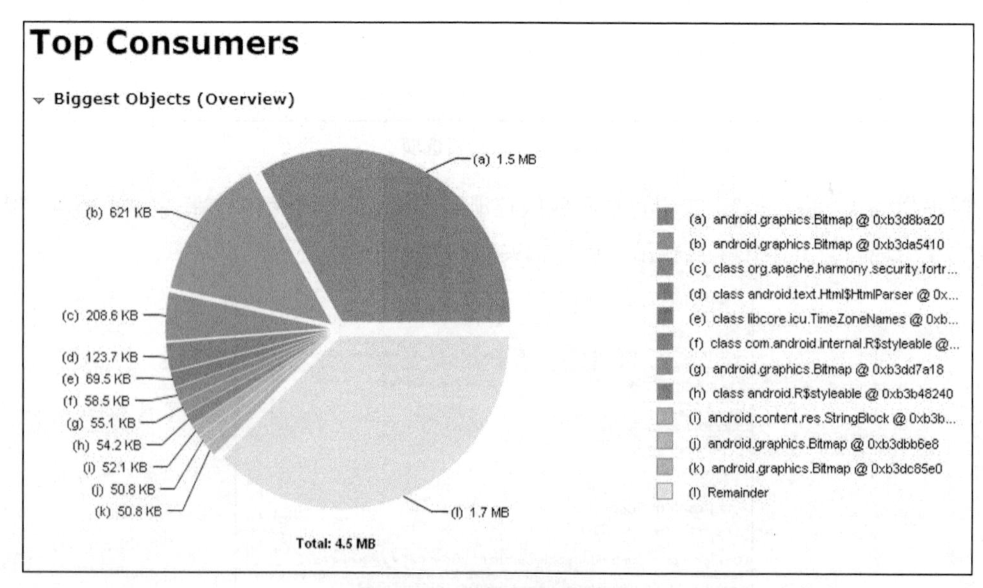

图 7-15　对象占用内存比例

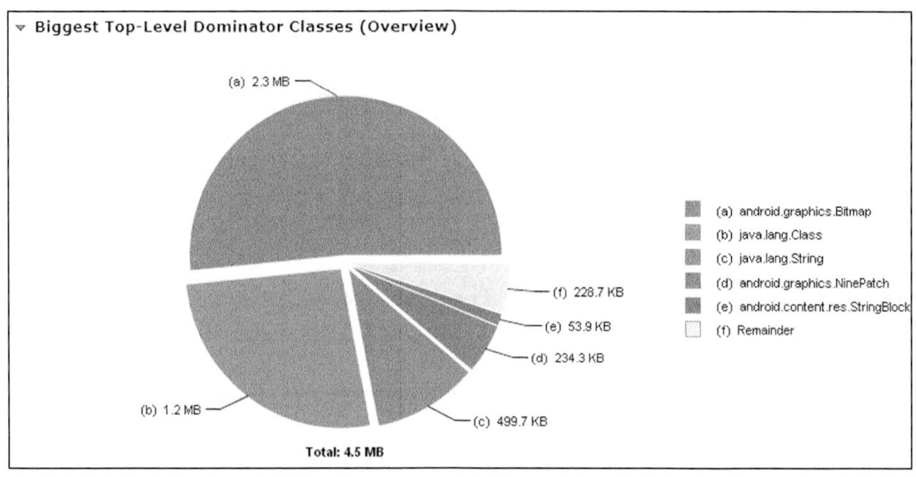

图 7-15　对象占用内存比例（续）

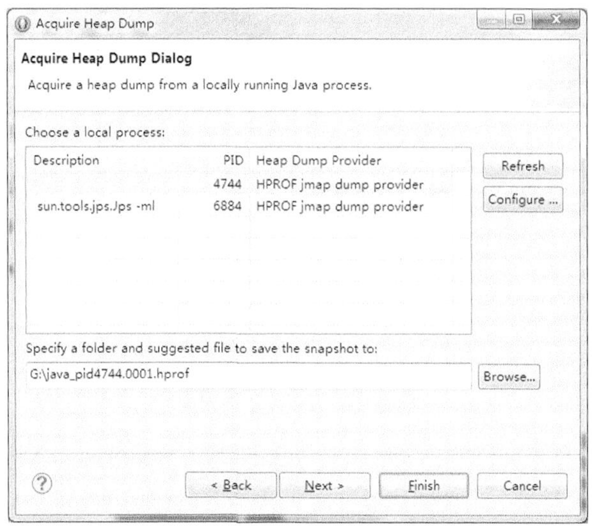

图 7-16　获取进程内存数据

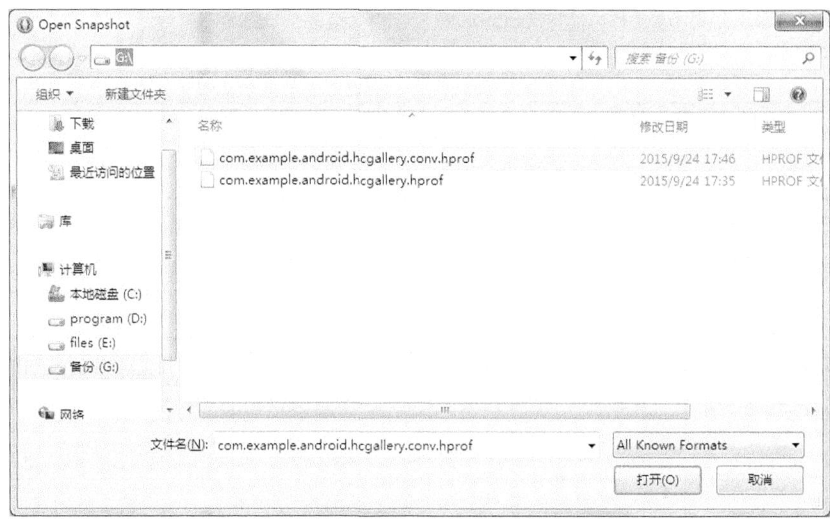

图 7-17　打开 Java hprof 工具

任务拓展

使用 Traceview 分析进程执行情况

在 DDMS 中，选择 Devices 设备中需要监控的进程后，启动监控时单击 按钮开启方法分析（Start Method Profiling），测试完毕时单击 停止方法分析 （Stop Method Profiling）。停止分析后，将自动打开 DDMS 的 trace 分析界面。

TraceView 界面分为上下两个面板，即 Timeline Panel（时间线面板）和 Profile Panel（分析面板），如图 7-18 所示。Timeline Panel（时间线面板）又可细分为左右两个部分。

左边显示的是测试数据中所采集的线程信息，右边显示的是时间线。时间线上是每个线程测试时间段内所涉及的函数调用信息，包括函数名、函数执行时间等，可以移动时间线纵轴，观察纵轴上边显示的当前时间点中某线程正在执行的函数信息。

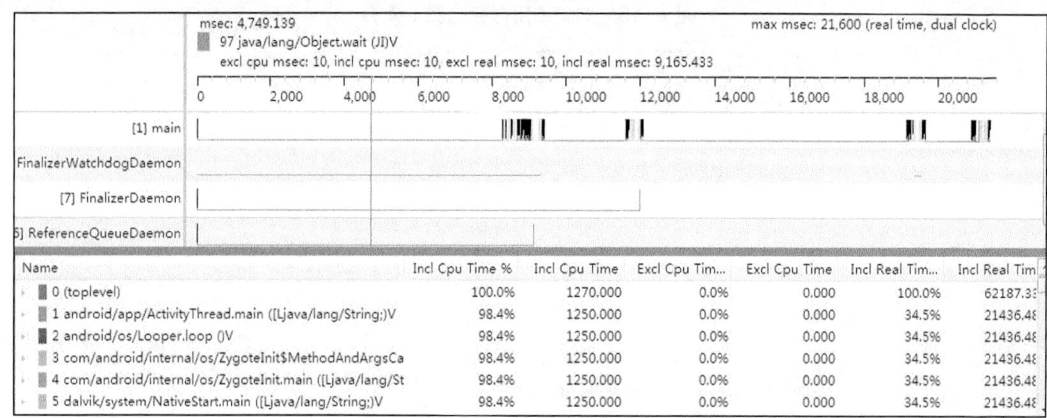

图 7-18　trace 分析界面

TraceView 界面下半部分为 Profile Panel（分析面板）。Profile Panel 是 TraceView 的核心界面，它展示了某个线程中各个函数调用的情况，包括 CPU 使用时间、调用次数等信息，这些信息是性能监控与测试的关键依据。所以，对开发者而言，一定要了解 Profile Panel 中各列的含义。表 7-3 列出了 Profile Panel 中监控数据的名称及其描述。

表 7-3　Profile Panel 中监控数据的名称及其描述

名称	描述
Name	线程运行时调用的函数名
Incl CPU Time	某函数调用时占用的 CPU 时间，包含其调用其他函数的 CPU 时间
Excl CPU Time	某函数调用时占用的 CPU 时间，但不包含其调用其他函数的 CPU 时间
Incl Real Time	某函数运行的真实时间（以 ms 为单位），内含调用其他函数所占用的真实时间
Excl Real Time	某函数运行的真实时间（以 ms 为单位），不含调用其他函数所占用的真实时间
Calls+Recur Calls/Total	某函数调用次数和递归调用占总调用次数的百分比
CPU Time/Call	某函数调用的 CPU 时间除以调用次数，相对于函数的平均 CPU 时间 (ms)
Real Time/Call	某函数调用的真实时间除以调用次数，相对于函数的平均真实执行时间 (ms)

对 Profile Panel 中显示的结果进行排序分析，结合应用运行的过程，有助于定位性能问题和瓶颈。

还可以在程序中添加调试代码，有目的地获取 TraceView 的输出信息。首先确定设备或模拟器必须设置SD card，并具有对SD card读写操作的权限。在应用项目的AndroidManifest.xml文件中添加权限语句：

```
    <uses-permission
android:name="android.permission.WRITE_EXTERNAL_STORAGE" />
```

然后在程序中添加语句：

```
        Debug.startMethodTracing("test");//开启跟踪
         ...
        Debug.stopMethodTracing();// 停止跟踪
```

跟踪结果将自动保存到设备“/sdcard/test.trace”目录下。结束调试后，可以在 Eclipse 中的 File Explorer 中的“storage/sdcard/test.trace”中找到生成的文件，并可将其导出分析。

任务二　使用开源工具 Emmagee

任务分析

根据典型业务场景设计性能测试用例并执行，在运行时通过使用 Emmagee 收集各项性能数据。

知识准备

性能测试包括 3 个方面：应用在客户端的性能测试、应用在网络上的性能测试和应用在服务器端的性能测试。如果要进行服务器端的性能测试，那么传统的 Jmeter、LoadRunner 等工具都可以实现，通过修改分析接口即可；如果要进行客户端性能测试，则需要使用一些客户端的性能监控工具，监控程序运行时客户端内存、CPU、电量等性能指标；如果要考虑应用在网络上的性能测试，还要考虑结合具体的网络环境条件。当然，如果有特殊的测试需求或者对性能监控的要求比较严谨，最佳的还是有针对性的开发客户端性能测试工具。

在正式开展性能测试前，先了解性能测试的一些指标。

1．响应时间

响应时间是指用户提交一个请求，系统从开始呈现到将所有信息都呈现到客户端所需要的时间。

2．资源利用率

资源利用率是指的是系统资源被占用的情况，主要包括 CPU 利用率、内存利用率、磁盘利用率、网络流量等。

3．性能计数器

性能计数器是指描述服务器或操作系统性能的一些数据指标，主要通过添加计数器来观察的。

用户在测试前提出的性能测试要求，如打开响应时间在 3s 内、主要业务操作时间 10s 内等。确定测试需求后，将进行用户行为模拟，如模拟用户的操作场景，通过监控资源利用率和性能计数器，测试系统是否满足性能需求，有必要的进行性能调优。性能调优指的是通过监控发现潜在的性能缺陷，利用分析工具定位并修正性能问题。

用户的操作场景较为多样化，不可能对所有场景进行完全的测试，因此在性能测试时要选择一些典型的业务。例如：

（1）发生频率非常高的业务（某邮箱核心业务系统中的登录、收发邮件等业务，它们在每天的业务总量中占到 90%以上）；

（2）关键程度非常高的业务（登录等产品经理认为绝对不能出现问题的业务）；

（3）资源占用比较严重的业务（导致 I/O 或网络传输量较大的，如某个业务进行结果提交时需要向数十个表存取数据，或者一个查询提交请求时会检索出大量的数据记录）。

性能测试组织的流程大致如下。

（1）评估系统能力，确定性能测试需求，制定测试评估标准。

（2）分析用户场景，选择典型业务场景，设计用户操作过程。

（3）搭建测试环境，配置测试或监控工具。

（4）按设计好的操作过程，模拟真实使用场景，执行测试用例，记录相关数据。

（5）分析测试结果，定位可能存在的性能问题。

在 Android 应用运行时，响应时间信息可从 logcat 的提示中获取，而其他性能指标则要通过借助 DDMS 或其他一些工具辅助。Emmagee 是网易开发的监控指定被测应用在使用过程中占用机器的 CPU、内存、流量资源的性能测试开源小工具。

任务实施

一、安装 Emmagee 并启动监控

下载 Emmagee 的 apk 文件，打开命令提示符窗口并进入 Emmagee 安装文件所在文件夹下，输入命令：

```
adb install Emmagee-2.0.apk
```

安装成功后，即可在设备上找到 Emmagee 的图标。单击启动 Emmagee，打开图 7-19 所示的界面。可选择待测试的应用程序。

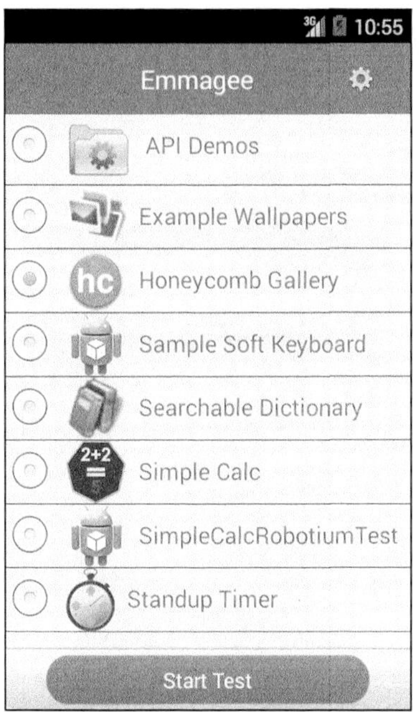

图 7-19　待测试应用列表

单击右上角的图标，打开设置项，如图 7-20 所示。可调整采集的时间间隔，默认为 5s。还可以设置是否显示悬浮窗口。

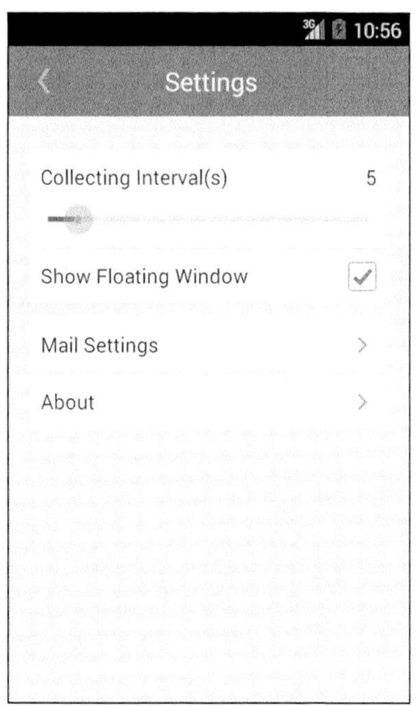

图 7-20　Emmagee 设置

设置完毕后返回主界面，单击“Start Test”按钮即可启动选中的应用并开始监控。

二、导出并分析数据

启动应用及其监控后，如果设置了悬浮窗口，可以在应用运行时及时查看当前的性能信息，如图 7-21 所示。如果要停止监控，单击“Stop Test”按钮。

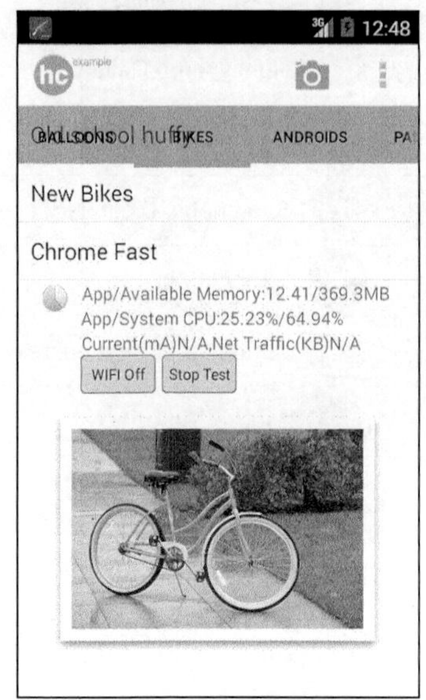

图 7-21　启动监控

依次打开所有目录下浏览所有图片，浏览完毕后单击“Stop Test”按钮停止测试。停止测试后将弹出图 7-22 所示的提示信息。在 DDMS 中打开 File Explorer，在“storage/sdcard/”目录找到记录文件，单击右上角的“Pull a file from the device”图标导出到硬盘并打开，即可分析获取到的监控数据。

Test result failed to be sent to your mailbox,
saved at:/sdcard/
Emmagee_TestResult_20150929084638.csv

图 7-22　记录文件保存提示

打开后的 csv 记录文件如图 7-23 所示。在 csv 记录文件中可查看不同时间获取到的内存使用、CPU、网络速度等数据。

Package Name:	com.example.android.hcgallery					
App Name:	Honeycomb Gallery					
App PID:	1192					
Device Memory Size(MB)	501.76MB					
Device CPU Type:	ARMv7 Processor rev 0 (v71)					
Android Version:	4.4.2					
Device Brand/Model:	sdk					
UID:	10063					
Timestamp	App Used Memory	App Used Memory(%)	System Available Memory(MB)	App Used CPU(%)	Total Used CPU(%)	cpu0 Total Usage(%)
2015/9/29 8:46	12.34	2.46	369.92	0	0	0
2015/9/29 8:46	12.34	2.46	369.54	2.29	35.42	35.42
2015/9/29 8:46	12.34	2.46	369.53	0	59.64	59.64
2015/9/29 8:47	12.35	2.46	369.87	7.88	55.76	55.76
2015/9/29 8:47	12.59	2.51	369.68	10.32	51.16	51.16
2015/9/29 8:47	9.68	1.93	372.33	20.44	68.48	68.48
2015/9/29 8:47	12.35	2.46	369.66	14.08	55.33	55.33

图 7-23　csv 记录文件

相对于自带的 Traceview 工具，Emmagee 的优势在于它可以随时、直观地观测应用运行时各项性能指标，从而快速定位到可能存在性能问题的环节。

任务拓展

使用腾讯开源工具 APT 监控

把下载的 APT_Eclipse_Plugin.jar 文件放到 Eclipse 安装目录下的 plugins 文件夹下，然后重启 Eclipse 完成该插件的即可。

选择 Eclipse 中的“Window/Open Perspective/Other/APT”，如图 7-24 所示，即可启动 APT 透视图。

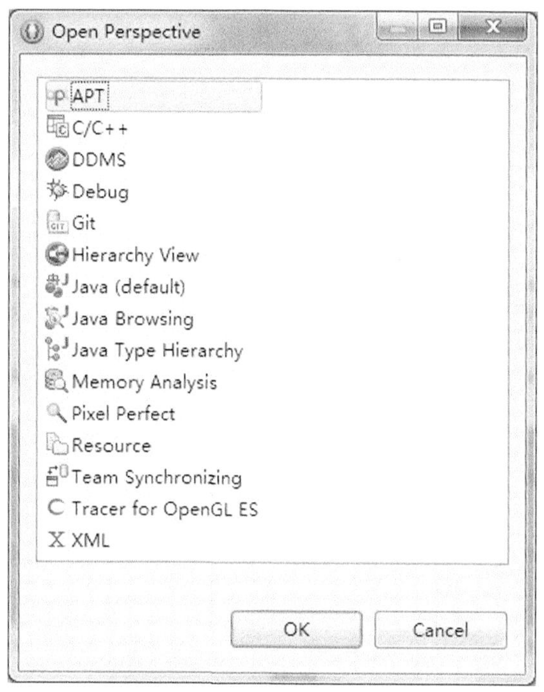

图 7-24　选择 APT 视图并打开

首先在左侧界面确认 CPU 和内存监控的选项是否打开，如图 7-25 所示。同时测试这两项可能会影响 CPU 的测试结果，因此最好更有针对性地选择。

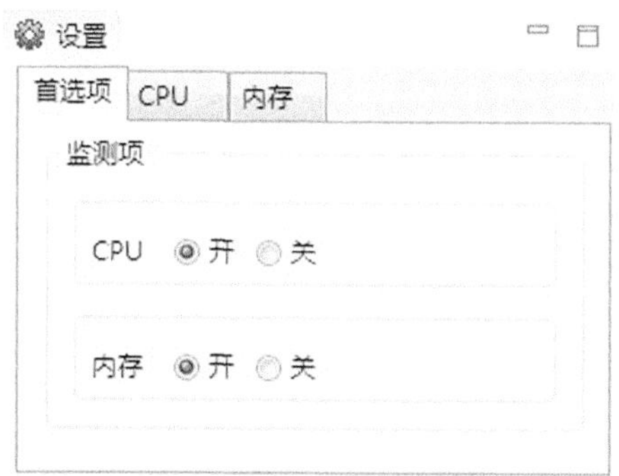

图 7-25　打开监控

单击按钮（获取设备当前进程），刷新当前已连接设备的进程列表。双击进程，可添加到“被测进程列表”，也可以直接通过输入进程名称并单击“添加”按钮来添加。要删除已添加的进程，在已添加的列表处双击即可。

单击按钮（开始检测），即可开启测试，获取当前 CPU 及内存的信息并以曲线图的形式直观显示，如图 7-26 所示。如果要停止当前测试，单击（停止检测）按钮。

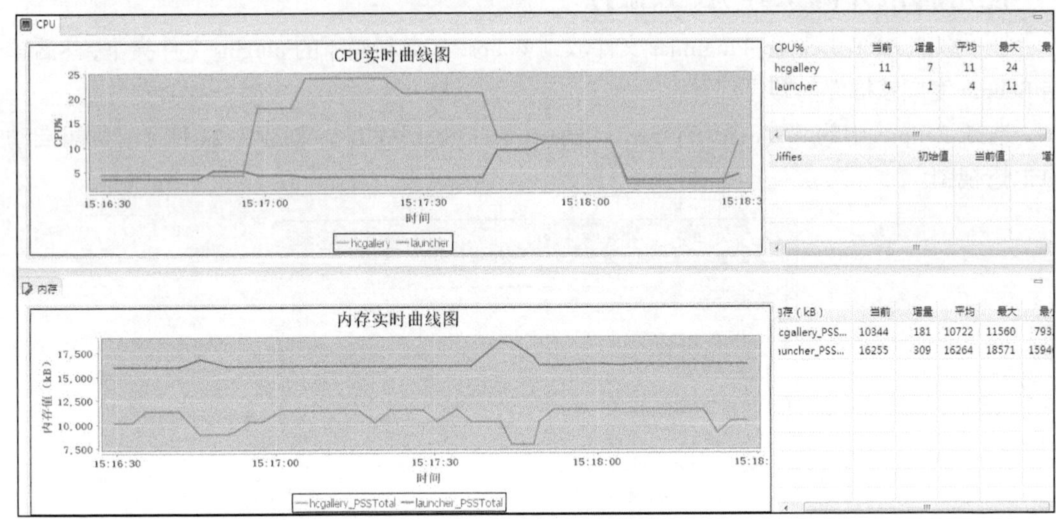

图 7-26　CPU 及内存监控

单击（打开测试结果保存目录）按钮，可查看保存在目录下的记录文件。

实训项目

一、实训目的与要求

使用 DDMS/MAT/Emmagee/APT 工具，测试 Android 系统自带的示例项目 SearchableDictionary（项目五曾使用 Robotium 测试做过功能测试实训）使用过程的性能表现。

二、实训内容

对示例项目 SearchableDictionary，根据用户操作过程，分析使用场景，反复进行查找、返回等操作并通过各种工具分析其性能表现。

三、实训要点

反复进行查找等操作过程，通过各种工具分析其性能表现。

（1）在设备上安装并打开 Emmagee，在操作过程中记录 CPU 及内存使用状况。

（2）使用 APT 插件，在操作过程中记录 CPU 及内存使用状况。

（3）使用 DDMS 工具分析内存使用状态。

（4）使用 MAT 分析可能存在的内存问题。

（5）测试过程中随时通过 logcat 输出信息检查应用运行状况，测试结束后根据需要筛选指定的 logcat 信息。

四、总结与反思

性能测试的关注点与其他类型的测试有何不同？在设计用户场景与测试用例时要注意哪些方面？获取性能测试结果时要注意哪些方面？

本章小结

本章介绍了 Android 性能测试的一些基本概念，并通过使用 Android 自带的 logcat、DDMS、Traceview 等工具获取 Android 应用运行时的一些性能参数，还介绍了 Emmagee、腾讯 APT 等开源工具的使用。要更好地把握性能测试，必须明确在测试中需要实现的场景及要监控的指标，以及这些指标的意义，准确从获取到的数据中把握程序运行时的性能状况，才能更准确地定位性能问题。

习题

一、问答题

1. 性能测试按测试对象，可划分成哪三类？
2. 什么是 Java 中的内存泄露？内存泄露可能有哪些表现？
3. logcat 里的 GC 信息格式是怎样的？分别有什么含义？
4. 什么是响应时间？在 Android 应用进行性能测试时可通过什么方式获取响应时间？

二、实验题

1. 使用 DDMS，结合 MAT 工具，分析指定的 Android 应用程序运行时内存分配的情况。
2. 使用 Emmagee 工具，结合 DDMS 与 logcat 的信息提示，分析指定的 Android 应用程序运行时资源的情况，获取指定性能数据。
3. 使用 APT 工具，结合 DDMS 与 logcat 的信息提示，分析指定的 Android 应用程序运行时资源的情况，获取指定性能数据。

PART 8 项目八 其他测试

项目导引

除了前面项目涉及的测试类型，对 Android 系统的测试中可能还包括兼容性测试、安全测试等方面。执行测试时，除了可以在本地组织一些测试，还可以使用云平台执行一些一般性的测试。

学习目标

☑ 了解 Android CTS 测试的主要任务
☑ 了解 Android CTS 测试涉及的主要方面
☑ 掌握 Android CTS 测试的环境搭建
☑ 掌握 CTS 常用命令的使用
☑ 能理解 CTS 测试的计划编写与结果
☑ 了解 Android 的安全机制与可能存在的安全问题
☑ 掌握使用 drozer 工具进行安全测试的环境搭建
☑ 掌握 drozer 工具常用命令的使用
☑ 了解国内主要的云测试平台

任务一　Windows 下执行 Android CTS 兼容性测试

任务分析

本任务通过实现一项 CTS 测试，初步认识与了解 CTS 测试，并掌握 CTS 测试的环境搭建、测试执行、用例组成等。

知识准备

CTS（Compatibility Test Suite），是 Google 提供的兼容性测试用例集合。现在有越来越多的电子产品使用 Android 的操作系统，而因为各种需求，这些 Android 系统可能经过一些修改。为保证标准的 Android 应用程序能正常运行在所有兼容 Android 的设备上，电子产品开发出来并定制了自己的 Android 系统后，必须要通过最新的 CTS 检测。CTS 使得移动设备制作商开发兼容的安卓设备变得容易。通过了 CTS 验证，将测试报告提交给 Google，才能取得 Android Market 的认证。

CTS 是通过命令行操作的，主要包含两个组件：

（1）运行在 PC 上的测试框架组件，主要用来管理测试用例（test case）的执行；

（2）运行在设备或模拟器上的测试用例，这些用例一般用 JAVA 写成 apk 文件。

关于 CTS 测试的相关文件下载与说明，可查看官方网站：

http://source.android.com/compatibility/index.html

任务实施

一、环境配置

首先，要确保 JDK 安装配置成功，可打开控制台，输入 java –version 查看 JDK 版本；另外还需确保 adb 所在路径已配置到环境变量 Path 中，可在连接好设备后在控制台输入 adb devices 确保设备连接正常。

其次，需下载 Android CTS 测试所需要的文件。可到 Android CTS 官方网站（http://source.android.com/compatibility/downloads.html）下载以下文件。

（1）CTS 测试框架：android–cts–4.4_r3–linux_x86–arm.zip cts。

（2）如果在 CTS 测试中要进行 CTS Verifier 的测试，需要下载 CTS verifier APK：android–cts–verifier–4.4_r3–linux_x86–arm.zip。CTS Verifier 主要用于测试那些自动测试系统无法测试的功能，如相机、传感器等。

（3）如果要进行 CTS 多媒体压力测试，需下载素材 CTS media：android–cts–media–1.0.zip。

最后是测试设备的设置。不管测试设备是虚拟设备还是真机设备，需先保证设备内有安装了 SD 卡，将语言调整为英文，打开 Setting 菜单，配置下面设置项。

（1）取消屏幕锁。进入 Setting 中的 Security 菜单，打开 choose screen lock 设为 None，如图 8–1 所示。

（2）设置屏幕。进入 Setting 中的 Display 菜单，打开自动旋转屏幕（Auto–rotate screen），并把屏幕超时（Sleep）设置为最长，如图 8–2 所示。

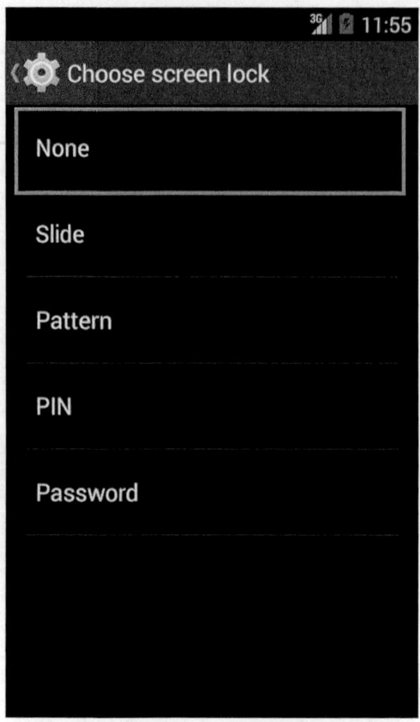

图 8-1　取消屏幕锁

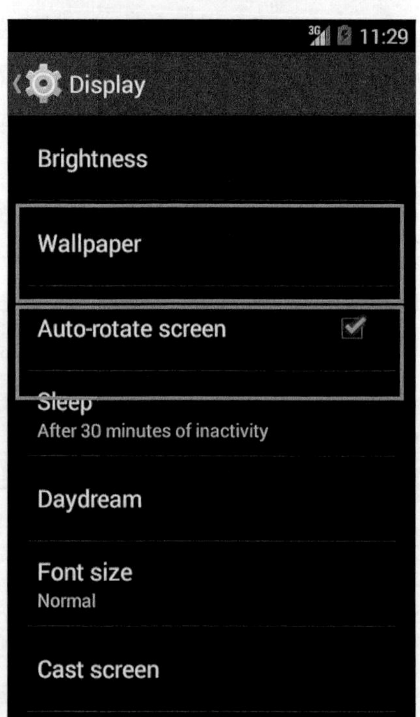

图 8-2　屏幕设置

（3）打开定位。进入 Setting 中的 Location 菜单，打开定位，如图 8-3 所示。

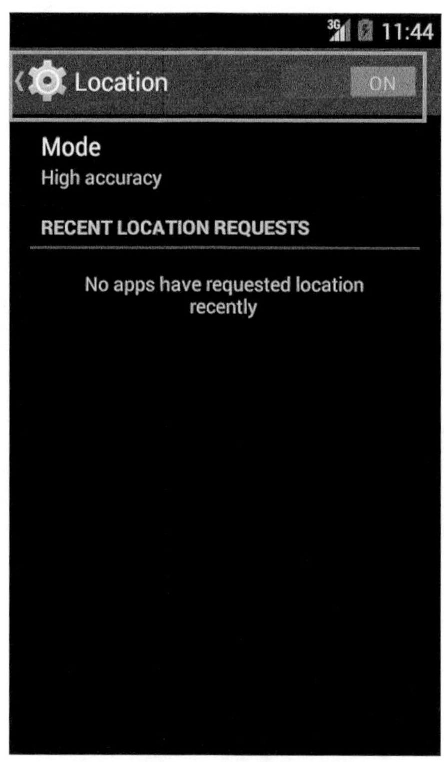

图 8-3　打开定位

（4）开启调试模式。进入 Setting 中的 Developer options 菜单，开启“Stay awake”选项及“USB debuging”选项，如图 8-4 所示。

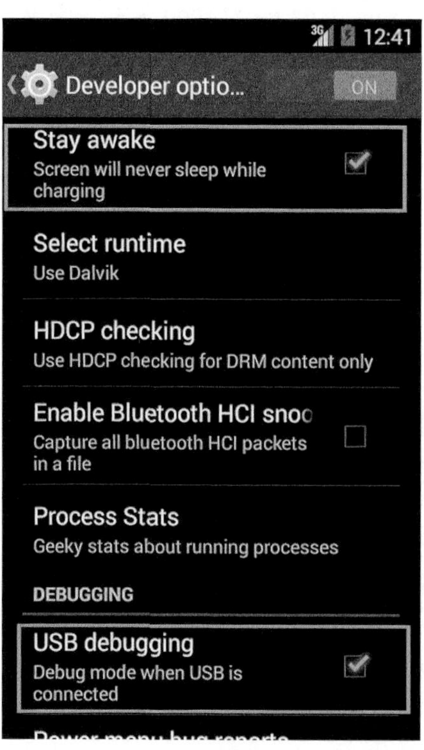

图 8-4　打开 Developer options 相关选项

二、执行测试

在运行 CTS 之前，确保测试设备停留在主界面，且正在运行 CTS 时，不要在设备上进行任何其他操作（包括按键、触摸屏幕等）。

把下载到的 CTS 文件 android-cts-4.4_r3-linux_x86-arm.zip 解压（如解压到 G 盘下），注意解压后的工作路径最好不要有中文、空格或其他特殊字符，以免出现运行失败。

解压后的文件夹有 docs、repository、resource、tools 等 4 个文件夹，docs 下是测试相关的文档，resource 可存放外部资源，repository 是测试的配置文件，tools 是测试执行所需要的可执行文件及相关的工具。

查看 repository 文件，有 logs、plans、results、testcases 等 4 个子文件夹。其中，logs 是存放测试执行时的记录文件，plans 是可使用的测试计划（以 xml 文件存放），results 存放测试执行完后自动生成的结果和测试报告，testcases 则存放测试测试用例文件（以 xml 文件存放）所需要安装及运行的 apk。

在解压后的 repository/tools 目录下，新建文本文件，输入命令：

```
@echo off
setlocal enabledelayedexpansion
setlocal ENABLEEXTENSIONS
::设置 cts 根目录,更改当前目录为批处理本身的目录
set CTS_ROOT=%~dp0\..\..
::设置支持的 jar 包的根目录
set JAR_DIR=%CTS_ROOT%\android-cts\tools
::支持的 jar 包,以下项目中引用的 jar 包都要在启动的时候包含进来
set JARS=ddmlib-prebuilt.jar tradefed-prebuilt.jar hosttestlib.jar cts-tradefed.jar tradefed-prebuilt-orgin.jar jsoup-1.7.3.jar gson-2.2.4.jar commons-compress-1.8.1.jar mail.jar javacsv.jar RXTXcomm.jar
set JAR_PATH=.
for %%i in (%JARS%) do (
set JAR_PATH=!JAR_PATH!;%%i
)
java %RDBG_FLAG% -cp %JAR_PATH% -DCTS_ROOT=%CTS_ROOT% com.android.cts.tradefed.command.CtsConsole %*
pause
```

把文本另存为 cts-tradefed.bat，并保存到 tools 目录下。

在 Windows 下，打开命令提示符进入 tools 目录下，运行 cts-tradefed.bat 或直接单击 cts-tradefed.bat，进入 CTS 命令行交互界面。输入 help 可查看可用命令。

在 Linux 系统下可在进入 tools 目录后直接输入 startcts，进入交互界面。

在交互界面中，输入 help 可查看可用命令；要退出交互界面，输入 exit 即可。

先输入命令查看当前可用测试计划：

```
list p
```

CTS 中默认包含以下可用的测试计划。

（1）CTS：包含 2 万多条测试用例的兼容性测试。

（2）Signature：包含所有针对公用 APIs 的署名测试。

（3）Android：包含针对 Android APIs 的所有测试。

（4）Java：包含所有针对 Java 核心库的测试。

（5）VM-TF：包含对虚拟机的所有测试。

（6）Appserurity：针对 Application 的安全性测试。

常用 CTS 交互命令如表 8-1 所示。因为有些测试类型需要较长时间才能完成，所以我们不要求一次执行所有的测试计划，后面将只选择一些需时较少的测试计划进行演示。

表 8-1 常用 CTS 命令

类别	命令	作用	示例
Run（运行测试）	run cts --plan <test_ plan_ name >	运行指定测试计划	run cts --plan Signature
	run cts --package <package_ name> 或 run cts -p <package_name>	运行指定 CTS 测试包	run cts--package android. text
	run cts --class/-c [--method/-m]	运行指定测试类或方法	
List（列表）	list devices 或 list d 或 l devices 或 l d	列出所有已连接设备及其状态	
	list packages 或 l packages	列出所有 CTS 测试包	
	list plans 或 list p 或 l plans 或 l p	列出当前所有 CTS 测试计划	
	list results 或 l results	列出当前所有 CTS 测试结果	

下面运行 Appserurity 测试作演示。输入命令：

```
cts-tf > run cts --plan AppSecurity
```

将可以在控制台看到一些状态信息输入，类似图 8-5 所示。

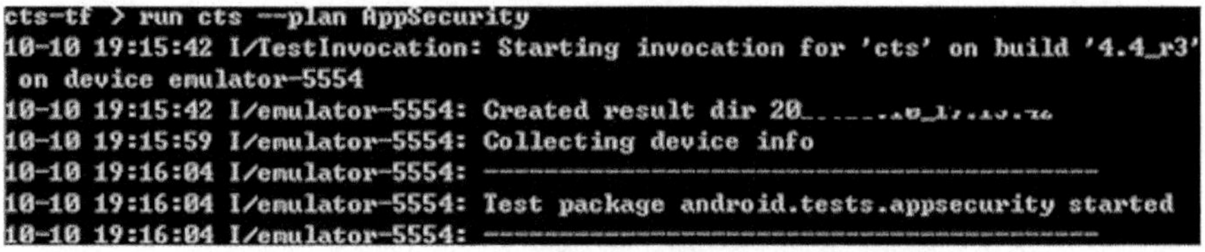

```
cts-tf > run cts --plan AppSecurity
10-10 19:15:42 I/TestInvocation: Starting invocation for 'cts' on build '4.4_r3'
 on device emulator-5554
10-10 19:15:42 I/emulator-5554: Created result dir 20[illegible]
10-10 19:15:59 I/emulator-5554: Collecting device info
10-10 19:16:04 I/emulator-5554: -----------------------------------------
10-10 19:16:04 I/emulator-5554: Test package android.tests.appsecurity started
10-10 19:16:04 I/emulator-5554: -----------------------------------------
```

图 8-5 测试运行信息示例

运行测试需要一些时间。当控制台出现输入提示符时，测试其实并未结束，即使测试设备上也没有其他提示，可能测试正在后台执行。

要知道当前测试是否已结束，一个较简单的判断标准是查看 repository 下的 results 和 logs。当运行一次测试，将在 logs 和 results 目录自动建立以当前测试启动的日期和时间命名的测试日志及测试结果文件夹。所以，如果 results 文件夹下还没有出现测试结果文件，则表明测试仍未结束，在测试结束之前，请不要在设备上进行任何其他操作。

在某些 CTS 测试中，设备可能会重启，重启后设备可能无法连接，CTS 会报错，如“device not found”，此时，可以重新启动设备或插拔 USB 线，不管 CTS 执行过程中间断多长时间，都可以继续上次的 CTS 测试。

测试结束后，可查看到 logs 文件夹下有以该次测试启动日期和时间命名的文件夹，保存了该次测试的执行记录；在 results 文件夹下有以该次测试启动日期和时间命名的文件夹和压缩包。

课堂练习

1. 试使用 CTS 交互命令列出所有 CTS 测试包。
2. 试使用 CTS 交互命令列出当前所有已连接设备及状态。

三、查看测试结果

测试结束后，只要查看 results 文件夹下相关文件，可对测试结果进行分析。打开以测试启动日期和时间命名的文件夹，在浏览器中打开 testresult.xml 文件。

（1）查看整体测试概要。测试报告的第一部分是整体测试概要，包括执行的包、总测试数、通过测试数、失败测试数等，如图 8-6 所示。

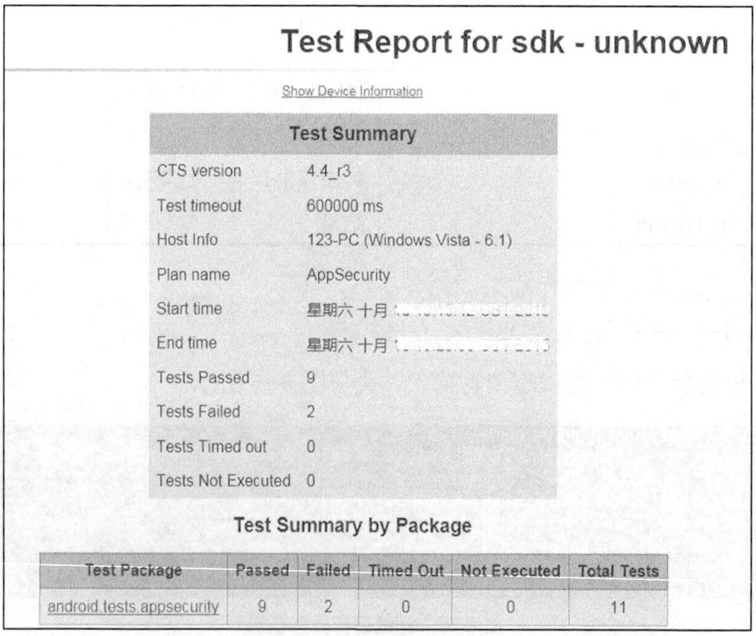

Test Report for sdk - unknown

Show Device Information

Test Summary	
CTS version	4.4_r3
Test timeout	600000 ms
Host Info	123-PC (Windows Vista - 6.1)
Plan name	AppSecurity
Start time	星期六 十月 [illegible]
End time	星期六 十月 [illegible]
Tests Passed	9
Tests Failed	2
Tests Timed out	0
Tests Not Executed	0

Test Summary by Package

Test Package	Passed	Failed	Timed Out	Not Executed	Total Tests
android.tests.appsecurity	9	2	0	0	11

图 8-6　测试结果概要

（2）查看失败用例情况。测试报告的第二部分是失败用例的情况，列出了失败用例所在的包和测试，以及失败的提示信息。

（3）查看失败用例细节。测试报告最后部分是测试用例执行的细节，如图 8-7 所示。

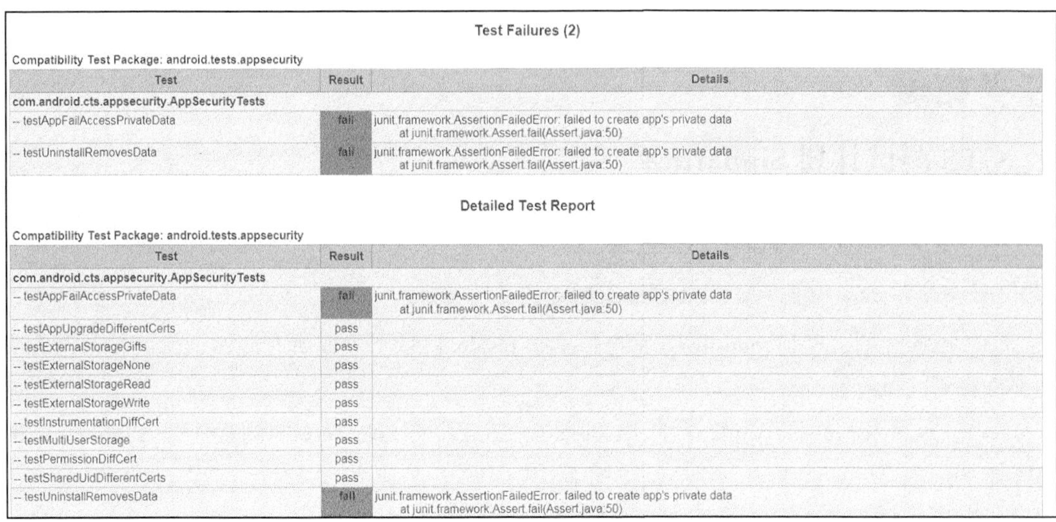

Test Failures (2)

Compatibility Test Package: android.tests.appsecurity

Test	Result	Details
com.android.cts.appsecurity.AppSecurityTests		
-- testAppFailAccessPrivateData	fail	junit.framework.AssertionFailedError: failed to create app's private data at junit.framework.Assert.fail(Assert.java:50)
-- testUninstallRemovesData	fail	junit.framework.AssertionFailedError: failed to create app's private data at junit.framework.Assert.fail(Assert.java:50)

Detailed Test Report

Compatibility Test Package: android.tests.appsecurity

Test	Result	Details
com.android.cts.appsecurity.AppSecurityTests		
-- testAppFailAccessPrivateData	fail	junit.framework.AssertionFailedError: failed to create app's private data at junit.framework.Assert.fail(Assert.java:50)
-- testAppUpgradeDifferentCerts	pass	
-- testExternalStorageGifts	pass	
-- testExternalStorageNone	pass	
-- testExternalStorageRead	pass	
-- testExternalStorageWrite	pass	
-- testInstrumentationDiffCert	pass	
-- testMultiUserStorage	pass	
-- testPermissionDiffCert	pass	
-- testSharedUidDifferentCerts	pass	
-- testUninstallRemovesData	fail	junit.framework.AssertionFailedError: failed to create app's private data at junit.framework.Assert.fail(Assert.java:50)

图 8-7　测试细节

（4）如果需要查看测试执行的 log 记录，可打开 repository 下的 logs 文件夹下，查看以测试启动日期和时间命名的 log 记录，包括两个部分：控制台输出记录（host_log）和 logcat 输出记录（device_logcat）。

四、查看测试计划

可打开 repository 下的 plans 文件夹，查看对应的 xml 测试计划文件。如刚才执行的 AppSecurity，打开 AppSecurity.xml，代码如下：

```
<?xml version="1.0" encoding="UTF-8"?>
<TestPlan version="1.0">
  <Entry uri="android.tests.appsecurity"/>
</TestPlan>
```

可见，该测试要执行的测试包名为 android.tests.appsecurity。可打开 repository 下的 testcases 文件夹，尝试查看相应的包。

在某些测试下，测试包名将以包名.apk 或包名.jar 的形式出现在 testcases 文件夹下，另外还有一个包名.xml 命名的 xml 文件。但在 AppSecurity 测试中，并没有能直接找到对应的包名。

打开测试执行的日志尝试查看该测试所使用的 jar 文件。回到 repository 文件夹下的 logs 子文件夹，打开对应的日志文件夹，查看 host_log 输出细节。可找到信息：

```
19:15:42 D/TestPackageDef: Creating host test for CtsAppSecurityTests
19:15:42 D/TestDeviceSetup.apk: Uploading TestDeviceSetup.apk onto device 'emulator-5554'
19:15:42 D/Device: Uploading file onto device 'emulator-5554'
```

```
19:15:46 I/RemoteAndroidTest: Running am instrument -w -r  android.tests.devicesetup/android.tests.getinfo.DeviceInfoInstrument on AVD_for_ Nexus_One_by_Google [emulator-5554]
```

可见该测试上传了安装包 TestDeviceSetup.apk 并运行了该应用里已编写好的测试。

任务拓展

CTS 测试计划 Signature

（1）被测设备打开主界面，打开命令提示符，进入 CTS 目录下的 tools，运行 cts−tradefed.bat。

（2）进入 CTS 交互界面，输入命令：

```
cts-tf > run cts --plan Signature
```

（3）稍候片刻，直到 repository 下的 logs 和 results 目录下生成所有测试记录。打开对应文件夹查看测试执行情况。

（4）进入目录 repository\plans，打开 Signature.xml 查看 Signature 的测试计划。Signature.xml 内容如下：

```
<?xml version="1.0" encoding="UTF-8"?>
<TestPlan version="1.0">
  <Entry uri="android.tests.sigtest"/>
</TestPlan>
```

（5）进入目录 repository\testcases，打开 SignatureTest.xml 查看测试用例，内容如下：

```
<?xml version="1.0" encoding="UTF-8"?>
<TestPackage AndroidFramework="Android 1.0" appNameSpace="android.tests.sigtest" appPackageName="android.tests.sigtest" jarPath="" name="SignatureTest" runner=".InstrumentationRunner" signatureCheck="true" targetBinaryName="" targetNameSpace="" version="1.0">
  <TestSuite name="android">
    <TestSuite name="tests">
      <TestSuite name="sigtest">
        <TestCase name="SignatureTest">
          <Test name="testSignature"/>
        </TestCase>
      </TestSuite>
    </TestSuite>
  </TestSuite>
</TestPackage>
```

测试用例描述里说明了测试中所在的包名（appPackageName）、测试用例应用的文件名（name，没有 apk 后缀）、测试用例引用到的外部包的路径（jarPath），还可能包括测试用例引用到的待测应用（apkToTestName）等。而在 TestSuite 标签里会对测试用例包名的每个层次对应的使用嵌套标签进行描述，如这里分别用 3 层嵌套的 TestSuite 标签描述了测试包名 android.test.sigtest。而 TestCase 标签指定了包含测试用例的类名。

（6）从上面 xml 文件的描述及测试报告可知，Signature 的 CTS 测试，测试执行了唯一的包名为 android.test.sigtest，测试中安装了 SignatureTest.apk。

相关链接及参考

云测试

云测试是指开发者将移动应用上传之后，在服务器端的自动化测试环境中部署和测试，并自动获取测试报告的方式。相比开发者自己测试，云测试平台可以为 App 开发项目提供全套的测试方案，可以提高测试效率和测试覆盖率，节省测试成本。

下面简要介绍现在国内较有代表性的几个云测试平台。这些平台都提供了有限的免费服务，如果要定制更专业、更有针对性的测试则需要一定费用。

1．Testin 云测试平台（http://www. testin. cn/）

Testin 云测试平台是一个基于真实终端设备环境，基于自动化测试技术的 7×24 云端服务。Testin 在云端部署了多部测试终端，并开放这些智能终端给全球移动开发者进行测试，开发者只需在 Testin 平台提交自己的应用，选择需要测试的网络、机型，便可进行在线的自动化测试，无需人工干预，自动输出含错误、报警等测试日志、UI 截图、内存/CPU/启动时间等在内的标准测试报告。Testin 云测支持 Android 与 iOS，功能覆盖面广，涵盖兼容性（适配）测试、功能测试、性能测试等，还提供了自动化测试脚本录制工具。

2．百度云测试 MTC（http://mtc. baidu. com/startTest）

MTC 是百度云面向移动和 Web 开发者提供的服务，提供兼容测试、深度性能测试、功能点遍历测试、功能回放测试、安全漏洞扫描等服务，支持 10 000 种机型，支持云端客户端回放。对经过测试的应用，还提供应用推广、提交上架等服务。百度云众测平台（http://yunce.baidu.com/）可以将开发者提供的应用进行用户评测并收集反馈，将开发者与用户联系起来。

3．易测云（http://www. yiceyun. com/）

易测云由国内知名软件公司东软出品，是一个专业为移动应用提供适配测试、性能测试、遍历测试、功能测试等多种服务的真机自动化云测试平台，可自动导出完善的测试报告，主要为所有移动产品的开发者和测试者，以及需要定制服务的企业级用户，提供安全、专业、高效、易用的自动化云测试服务。其优势在于强大的录制脚本插件、详细实用的测试报告，以及简单人性化的操作体验。

云测试操作都比较简单，只需简单注册后即可使用应用上传、启动服务等功能，在测试结束后自动获得测试报告。云测试的不足在于对于较专业、较个性化的测试需求，可能要较长时间或较多花费才能实现。

任务二　使用 drozer 进行 Android 应用的安全测试

任务分析

本任务通过使用 drozer 工具扫描指定应用，找出应用中可能存在的安全问题，初步了解渗透测试的实现过程，以及 Android 应用中可能存在的安全问题。

知识准备

一、渗透测试

渗透测试，主要是通过模拟恶意黑客的攻击方法来评估系统安全的一种方法。这个过程包括对系统的任何弱点、技术缺陷或漏洞的主动分析，然后利用漏洞进行攻击，主要是从攻击者的角度进行的。因此，渗透测试是指渗透人员在不同的位置（如从内网、从外网等位置）利用各种手段对系统进行测试，以期发现和挖掘系统中存在的漏洞。根据渗透人员提供的渗透测试报告，可以找出系统中可能存在的安全隐患和问题，并加以修正与防护。

对一个应用项目进行渗透性测试一般要经过下面 3 个步骤。

第一步，用一些侦测工具进行踩点，获得目标的基本信息。

第二步，通过漏洞扫描工具或其他自动化测试工具获取目标的漏洞列表，缩小测试的范围，明确攻击点。

第三步，利用一些灵活的代理、请求伪造和重放工具，根据测试人员的经验和技术去验证或发现应用的漏洞。

二、Android 安全机制

Android 的安全机制设置如表 8-2 所示。

表 8-2　Android 安全机制

系统架构层	安全机制
Linux 内核	POSIX User
	文件访问控制

续表

系统架构层	安全机制
Android 本地库及运行环境	内存管理单元
	强类型安全语言
	移动设备安全
应用程序框架	应用程序权限控制
	组件封装
	签名机制

1. POSIX（Portable Operating System Interface of Unix）User

每一个应用程序（.apk）安装时，Android 会赋予该应用程序唯一的 ID。因此，不同的应用程序不可能运行于同一进程。这样，系统为每一个程序建立一个沙箱，不管应用程序是被激发或是调用，它始终运行在属于自己的进程中，拥有固定的权限。如联系人程序打开短信息编辑器，编辑器仍然只能编辑和发送短信息及访问短信息编辑器拥有的文件，与联系人程序的权限无关。

2. 文件访问控制

Android 中的文件访问控制来源于 Linux 权限控制机制。每一文件访问权限都与其拥有者、所属组号和读写执行 3 个向量组共同控制。文件在创建时将被赋予不同应用程序 ID，从而不能被其他应用程序访问，除非它们拥有相同 ID 或文件被设置为全局可读写。配置文件位于固件（Firmware），只有在系统初始化中加载。所有的用户和程序数据都存储在数据分区，数据分区有别于系统分区，它是在系统运行中有效的存储和加载用户数据。而且，当 Android 系统处于“安全模式”时，数据分区的数据不会加载，从而可以对系统进行有效的恢复管理。

3. 内存管理单元

对进程分配不同的虚拟内存空间的硬件设备进程只能访问自身分配的内存空间，而不能访问其他进程所占用的内存空间。因此，进程的权限提升的可能性受到限制，因为其不能运行在系统特权级内存空间。

4. 强制类型安全

类型安全是编程语言的一个特性，它强制变量在赋值时必须符合其声明的类型，从而阻止变量被错误或不恰当地使用。缓冲区溢出攻击通常是由类型转化错误或缺少边界检查而造成。Android 使用强类型 Java 语言，Java 语言依靠 3 种机制达到类型安全：编译期间的类型检查、自动的存储管理、数组的边界检查。

5. 移动设备安全

作为一个广泛应用于移动设备的系统，Android 安全机制中引用 AAA 原则——认证（Authentication）、授权（Authorization）和审计（Accounting）。Android 借鉴智能手机中典型安全特性，认证和授权过程由 SIM 卡及其协议完成，SIM 卡中通常保存使用者的密钥。

6. 应用程序权限控制

权限控制是 Android 应用程序安全的核心机制。应用程序必须在系统给予的权限中运行，不得访问未被赋予权限的其他任何内容。程序安装时由包管理器 赋予权限，运行时由应用程序框架层执行权限控制。Android 内置大约有一百多种行为或服务的权限控制，包括打电话、发短信息、访问互联网等。应用程序在安装时必须申明其运行时需获得的权限，Android 通过检查签名和与用户的交互赋予相应权限。权限的申请只能在安装时得到批准或拒绝，在运行过程中不得再申请任何权限。

7. 组件封装

通过组件封装，应用程序的内容能被其他程序访问。除此之外，Android 组件内容不允许被其他程序访问。这种功能主要通过组件中定义读取（exported）操作。如果设置为否，则组件只能被程序本身或拥有同一 ID 的程序访问。

8. 签名机制

Android 中每一个程序都被打包成 apk 格式以方便安装。apk 文件与 Java 标准 jar 文件相似，apk 文件包括所有非代码资源文件，如图片、声音等。Android 要求所有应用程序都经过数字签名认证。签名文件通常是 Android 确认不同应用程序是否来自同源开发者的依据。

三、Android 的安全问题

由于 Android 系统的开放性，尽管 Android 已经采用了多项安全机制，依然可能存在安全陷阱与漏洞。下面列举几个常见的安全问题。

1. 外部数据存储安全问题

存放在外部存储（如 SD 卡）的文件并没有读写权限的管理，因此若应用中申明 READ_EXTERNAL_STORAGE 和 WRITE_EXTERNAL_STORAGE 的权限，则可以随意创建、读取、修改、删除位于外部存储中的任何文件。由此可能带来一系列安全问题，如将隐私数据明文保存在外部存储、将系统数据明文保存在外部存储、将软件运行时依赖的数据保存在外部存储等，使得攻击者可以使用伪装的应用。把这些数据读取出来，从而造成隐私信息泄露或制造进一步攻击（如会话劫持）。因此，较安全的做法是考虑把敏感数据保存到内部存储，如果必须存储到 SD 卡，则应该在每次使用前检验它是否被篡改，与预先保存在内部的文件哈希值进行比较。

2. “重打包”（re-packaging）伪装

目前有不少 Android 恶意代码采用了这一技术，把恶意代码打包到看似常见的软件安装包里。重打包的基本原理是，先将 apk 文件反汇编，然后在其中一些恶意指令序列，并适当改动 Manifest 文件，最后将这些指令重新汇编并打包成新的 apk 文件，再次签名，就可以给其他手机安装了。通过重打包，攻击者可以加入恶意代码、改变数据或指令，而软件原有功能和界面基本不会受到影响，用户难以察觉。这样，如果没有验证安装文件的有效性和安全性时，一旦安装就会运行攻击者的代码攻击，给用户带来各种损失，如直接发送扣费短信、泄露用户输入的账户密码、弹出钓鱼界面等。要避免“重打包”陷阱，最好在可靠的来源下载经过安全检查的安装包，在安装或加载位于 SD 卡的任何文件之前，最好对其完整性做验证，判断其与实现保存在内部存储中的（或从服务器下载来的）哈希值是否一致。

3．全局可读写的内部文件安全问题

存储在设备内部的文件一般是有权限保护的，但如果开发者把它设置为全局可读或全局可写，则所有软件都可以对它进行操作。这样做本来可能是为了实现不同软件之间的数据共享，但却无法区别哪些是恶意软件。如果要跨应用使用数据，更好的方案是实现一个 Content Provider 组件，提供数据的读写接口并为读写操作分别设置一个自定义的权限。

4．root 权限漏洞

不少用户会通过各种方式获取 root 权限，获取了 root 权限后就可以随意读写其他软件的内部文件，包括一些敏感数据。如果攻击者构造的软件伪造成一些功能强大的工具，可以欺骗用户授予它 root 权限，从而操纵内部文件。而且在较低版本的 Android 系统中，存在一些可用于获取 root 权限的漏洞，对这种漏洞的利用不需要用户的确认。所以，在对设备获取 root 权限后，对系统的使用和操纵要更加谨慎。

5．明文数据传输问题

例如不加密地明文传输敏感数据，可以让攻击者通过劫持或重定向等方式，获取用户账户信息。因此，对敏感数据采用基于 SSL/TLS 的 HTTPS 进行传输将更安全。

6．证书有效性问题

在 SSL/TLS 通信中，客户端通过数字证书判断服务器是否可信，并采用证书的公钥与服务器进行加密通信。然而，在通信时如果不检查服务器证书的有效性，或选择接受所有的证书时，可能导致中间人攻击。例如攻击者可以通过设置 DNS 服务器使客户端与指定的服务器进行通信，攻击者在服务器上部署另一个证书，在会话建立阶段，客户端会收到这张证书，如果客户端忽略这个证书上的异常，或者接受这个证书，就会成功建立会话、开始加密通信，但攻击者拥有私钥，因此可以解密得到客户端发来数据的明文。攻击者还可以模拟客户端，与真正的服务器联系，充当中间人做监听。

7．使用短信注册账户或接收密码

短信并不是一种安全的通信方式。恶意软件只要申明了一些短信收发的权限，就可以通过系统提供的 API 向任意号码发送任意短信、接收指定号码发来的短信并读取其内容，甚至拦截短信。因此，通过短信注册或接收密码的方法，可能引起假冒注册、恶意密码重置、密码窃取等攻击，此外，这种与手机号关联的账户还可能产生增值服务，危险更大。

8．不安全的密码和认证策略

许多软件有“记住密码”的功能。如果将密码明文存储在本地，也可能导致泄漏。

事实上，Android 可能存在的安全问题并不仅限于上面列举的。随着移动技术的发展，将可能有更多的漏洞暴露，这些漏洞的根源可能与开发者的技巧、用户的使用习惯等相关。因此，定期更新系统、只安装可靠来源的应用、谨慎赋予应用权限等良好使用习惯，有助于保证隐私数据与财产的安全。

任务实施

在本任务中，将利用 drozer 查找到的应用漏洞，示范一次绕过登录验证、获取用户隐私数据的测试。先到 drozer 官网（https://www.mwrinfosecurity.com/products/drozer/）下载 drozer 安装包，如果是在 Windows 下使用，可下载“drozer (Windows Installer)”并解压，Linux 系统则下载“drozer (Debian/Ubuntu Archive)”。还需要下载测试素材 sieve.apk，必要时可下载使用手册（drozer Users' Guide）。

一、环境配置

1. PC 端环境配置

进入解压后的安装包，单击 setup.exe 打开安装程序，安装 PC 端组件，如图 8-8 所示。按安装提示逐步完成。

安装目录尽量简单（如直接安装在磁盘根目录下），不能带中文字符或空格，否则后面执行时可能出现失败。

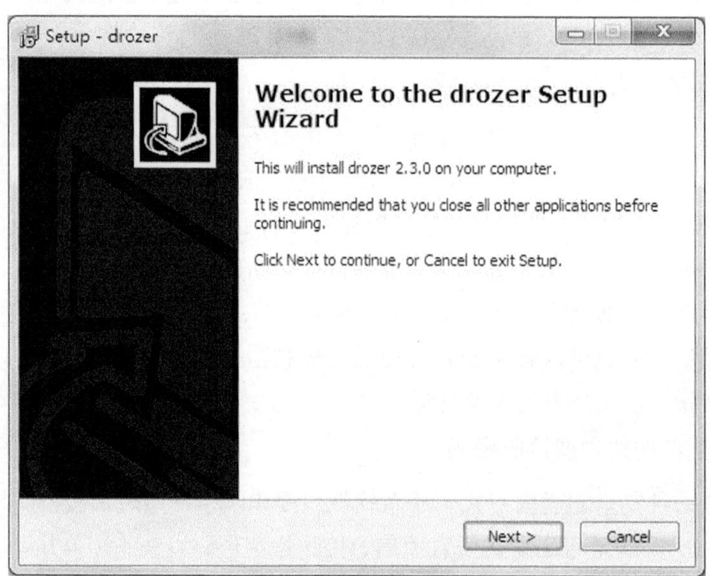

图 8-8 安装 PC 端组件

2. 在设备上安装 agent

连接后设备，把安装包文件里的 agent.apk 安装到设备上。打开命令提示符，进入解压后的安装包路径，使用 adb 命令安装 agent.apk。参考命令：

```
adb install agent.apk
```

安装完毕后，可以在设备上看到 drozer 的图标，如图 8-9 所示。

图 8-9　drozer 图标

单击图标，启动 drozer agent。拖动图 8-9 安装完毕后下方的开关打卡 drozer agent，若成功打开应显示“ON”及当前端口设置，如图 8-10 所示。

图 8-10　打开 agent

3．使用建立 PC 端与设备之间的连接

输入 adb 命令：

```
adb forward tcp:31415 tcp:31415
```

4．进入 drozer 控制台界面

打开 drozer 的程序文件夹，有一个 drozer.bat 文件。打开命令提示符，进入 drozer 程序文件夹，输入命令打开 drozer 交互界面：

```
drozer.bat console connect
```

如果成功启动 drozer 交互界面，将显示图 8-11 所示的界面。如果要退出交互界面，输入 exit 即可。

```
G:\drozer>drozer.bat console connect
Selecting 228ce03bd69a7b89 (unknown sdk 4.4.2)

            ..                    ..:.
           ..o..                  .r..
            ..a..  . ....... .   ..nd
              ro..idsnemesisand..pr
              .otectorandroidsneme.
           .,sisandprotectorandroids+.
         ..nemesisandprotectorandroidsn:.
        .emesisandprotectorandroidsnemes..
      ..isandp,..,rotectorandro,..,idsnem.
      .isisandp..rotectorandroid..snemisis.
      ,andprotectorandroidsnemisisandprotec.
     .torandroidsnemesisandprotectorandroid.
     .snemisisandprotectorandroidsnemesisan:
     .dprotectorandroidsnemesisandprotector.

drozer Console (v2.3.4)
dz>
```

图 8-11　drozer 交互界面

启动过程中，可能出现以下的错误。

（1）Java Path 配置问题。

如果有类似如下出错提示，则需要另外的配置文件指明 Java 路径。

出错提示：Could not find java. Please ensure that it is installed and on your PATH.

出错提示：ErrNo 10061

新建文本文件，输入以下内容。

```
[executables]
java =G:\jdk1.6.0_10\bin\java.exe
javac =G:\jdk1.6.0_10\bin\javac.exe
dx =D:\adt-bundle-windows-x86\sdk\build-tools\android-4.4.2\dx.bat
```

这个文件用于指明当前PC机上Java JDK所在的地址及Android SDK所在地址。前两行根据当前Java安装地址进行修改，最后一行根据当前Android SDK的地址设置进行修改。

把该文本文件另存到drozer程序目录下，命名为drozer_config。

打开命令提示符，进入drozer程序目录下，通过cmd命令重命名此文件为".drozer_config"（前面增加一个.号），参考命令如下：

```
rename drozer_config .drozer_config
```

（2）adb的tcp转发问题。

先输入以下命令检查adb是否被正常启动及设备是否被正常连接，否则可能需要重启机器或设备：

```
adb devices
```

输入命令设置adb转发：

```
adb forward tcp:31415 tcp:31415
```

如果默认端口31415被占用，可设置其他自定义端口。在设备上打开drozer agent，单击右上角的设置按钮，选择"Settings"选项进入设置项，如图8-12所示。选择"Port"选项即可修改agent转发的端口。

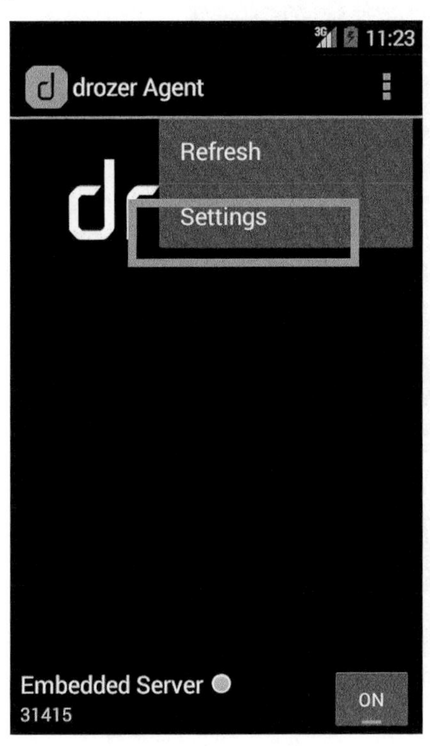

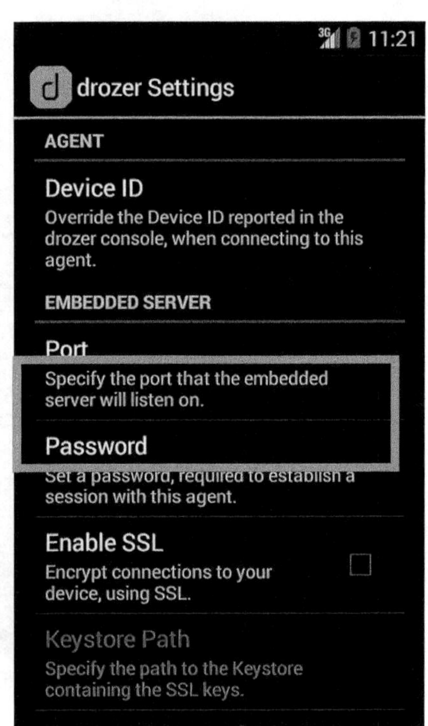

图8-12 设置drozer agent端口

（3）agent连接错误。

错误提示：ErrNo 10054

这个错误提示的是 agent 连接失败。解决办法是再次确认手机上的 agent 是否已打开，或把手机上的 agent 关闭再重新打开。

二、了解被测应用

1．安装被测应用 sieve.apk

在命令提示符下使用 adb 命令安装被测的 sieve.apk。假如该文件在 G 盘根目录下：

```
adb install G:\ sieve.apk
```

安装成功，可在设备的应用列表中查看到该应用的图标，如图 8-13 所示。

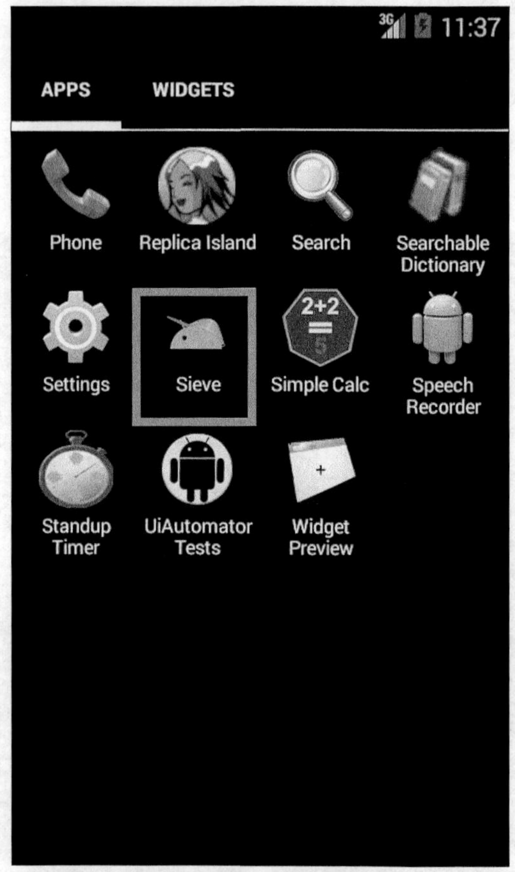

图 8-13　被测应用安装完毕

2．查看被测应用基本功能

打开应用 Sieve，该应用是一个密码管理器。启动后会先提示设置用户密码与 PIN 码。按提示设置完毕后，再次进入应用将出现登录提示，要求输入登录密码，如图 8-14 所示。

图 8-14 登录界面

进入应用后是密码管理的界面，可以管理自己的账号和密码，包括增加、修改、删除等，如图 8-15 所示。

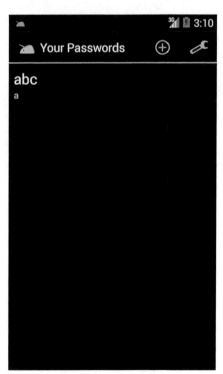

图 8-15 密码管理界面

课堂练习

试了解该应用的密码管理功能，尝试增加、编辑、删除等功能的操作。

三、启动测试

启动测试前，确认已成功进入图 8-11 所示的 drozer 交互界面。打开命令提示符，进入 drozer 程序文件夹，输入命令打开 drozer 交互界面：

```
drozer.bat console connect
```

1. 查看被测包信息

```
命令：dz> run app.package.info -a [被测包名]
```

其中，run 命令用于运行指定任务的模块，而显示包信息则使用模块 app.package.info。

输入命令：

```
dz> run app.package.info -a com.mwr.example.sieve
```

结果如图 8-16 所示。

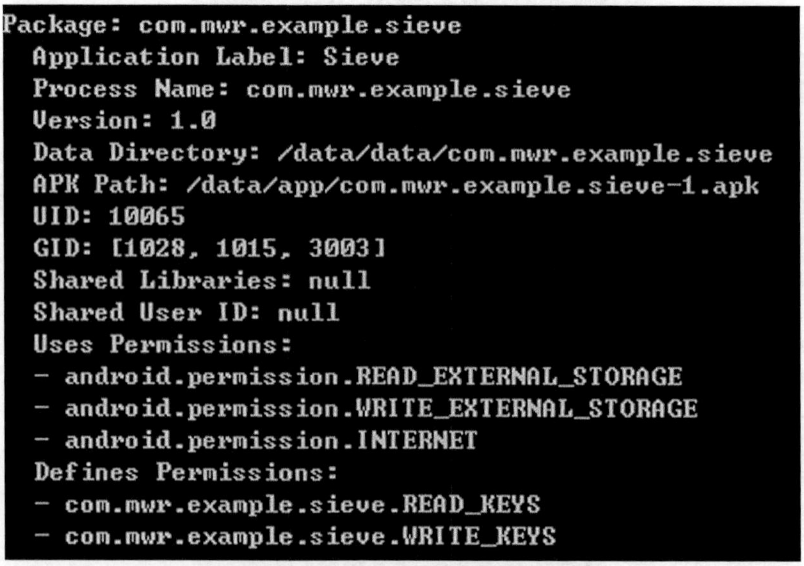

```
Package: com.mwr.example.sieve
  Application Label: Sieve
  Process Name: com.mwr.example.sieve
  Version: 1.0
  Data Directory: /data/data/com.mwr.example.sieve
  APK Path: /data/app/com.mwr.example.sieve-1.apk
  UID: 10065
  GID: [1028, 1015, 3003]
  Shared Libraries: null
  Shared User ID: null
  Uses Permissions:
  - android.permission.READ_EXTERNAL_STORAGE
  - android.permission.WRITE_EXTERNAL_STORAGE
  - android.permission.INTERNET
  Defines Permissions:
  - com.mwr.example.sieve.READ_KEYS
  - com.mwr.example.sieve.WRITE_KEYS
```

图 8-16　输出被测包的基本信息

输出内容显示了关于这个应用的一些信息，包括版本号、安装目录的位置、apk 所在的位置、允许的权限等。

如果要查看某个模块的使用说明，可使用 help 命令。

```
命令：dz>help [模块名]
或：dz> run [模块名] -h
```

例如，如果要查看模块 app.package.info 的使用说明，则输入命令：

```
dz> help app.package.info
```

2．识别应用的可攻击接口

了解应用的一些基本情况后，就可以开始查找一些可以进行渗透工具的位置。可先查看其可攻击的接口。

```
命令：dz> run app.package.attacksurface [被测包名]
```

输入命令：

```
dz> run app.package.attacksurface com.mwr.example.sieve
```

结果如图 8-17 所示。

```
Attack Surface:
  3 activities exported
  0 broadcast receivers exported
  2 content providers exported
  2 services exported
    is debuggable
```

图 8-17 显示可能受攻击的安全漏洞

输出结果显示了可能容易被攻击的安全漏洞，这些安全漏洞可能导致敏感信息的泄露。从输出结果看，当前应用分别有 3 个 Activities、2 个 Content Providers（数据库对象）和 2 个 Services（后台服务）是暴露的（即可以被外部调用）。同时，这个应用的服务还是可被调试的（debuggable），这表明可以使用 adb 等工具对进程附加调试器，并尝试猜测代码。

下面将利用查找到的漏洞，尝试绕过登录界面的限制，直接进入系统查看用户的隐私信息。

3．查找应用的其他入口

在前面已了解到，该应用一共有 3 个 Activities 是可以被外部调用的。下面先查找关于这些 Activities 更详细的信息。

使用模块 app.activity.info 可列出当前应用中 Activities 的详细信息。

```
命令：dz> run app.activity.info -a [被测包名]
```

输入命令：

```
dz> run app.activity.info -a com.mwr.example.sieve
```

结果如图 8-18 所示。

```
Package: com.mwr.example.sieve
  com.mwr.example.sieve.FileSelectActivity
    Permission: null
  com.mwr.example.sieve.MainLoginActivity
    Permission: null
  com.mwr.example.sieve.PWList
    Permission: null
```

图 8-18 查看应用的 Activities 信息

4．利用 Activity 权限漏洞的攻击

图 8-18 所示的输出结果显示了应用的 3 个 Activities 的信息。可见，这些 Activities 都没有设置权限限制，因此都可以在外部调用。其中，com.mwr.example.sieve.MainLoginActivity 是

应用启动后的主界面。下面我们从另外两个 Activity 入手。

启动指定 activity 的命令为

```
dz> run app.activity.start --component [完整的 Activity 名称]
```

输入以下命令，启动 com.mwr.example.sieve.PWList

```
dz>    run    app.activity.start    --component    com.mwr.example.sieve
com.mwr.example.sieve.PWList
```

查看设备显示，发现已成功绕过登录限制，显示用户隐私信息，如图 8-19 所示。

图 8-19　绕过登录界面显示用户信息

任务拓展

表 8-3 列出了部分针对应用各个层面的命令列表。可尝试使用 drozer 对应用进行多方面的扫描观察，找出可能导致安全问题的地方。

表 8-3　部分 drozer 命令列表

操作对象	命令示例	说明
应用项目	run app.package.info -a [被测包名]	查看应用信息
	run app.package.attacksurface [被测包名]	查看应用可攻击接口
Activity	run app.activity.info -a [被测包名]	查看应用所包含的 Activities 信息
	run app.activity.start --component [完整的 Activity 名称]	运行指定的 Activitiy

续表

操作对象	命令示例	说明
Content Provider（数据库接口）	run app.provider.info −a [被测包名]	查看应用包含的数据库信息
	run scanner.provider.finduris −a [被测包名]	扫描可以查询的 URI
	run scanner.provider.injection −a [被测包名]	扫描可能构造 SQL 注入的位置
	run app.provider.query [content 名]	查看指定数据表的内容
	run app.provider.insert [字段名]	在数据表中插入指定数据
	run app.provider.delete [条件]	在数据表中删除指定数据
	run app.provider.read [content 名]	读取指定数据表
	run app.provider.download [content 名]	下载指定数据表
Broadcast	run app.broadcast.info −a [被测包名]	查看应用的广播接收器
	run app.broadcast.send −−component [包名] (−−action android.intent.action.XXX)	发送广播
Service	run app.service.info −a [被测包名]	查看应用包含的 Service 信息
	run app.service.start −a [被测包名] −−action [操作名]	启动指定的 Service

如果对模块（包名）的使用有疑问，可在前面使用 help 命令或在 run 命令后使用−h 参数，查看帮助信息。

相关链接及参考

在线安全检测平台

和云测试平台类似，现在也陆续推出了一些在线的安全漏洞检测或扫描平台。爱加密 App 安全漏洞检测平台是其中之一。可登录网站（http://safe.ijiami.cn/analyze），上传待测应用安装包即可自动生成安全漏洞检测报告。

实训项目

一、实训目的与要求

对一个 Android 应用（被测程序可自行选择），使用 drozer 扫描其安全漏洞。

二、实训内容

连接测试设备与客户端，使用 drozer 工具进行：

（1）查看应用基本信息；

（2）查看应用可攻击接口；

（3）查看应用所包含的 Activities 信息；

（4）运行其中一个指定 Activity（非软件主界面）；

（5）查看应用包含的数据库信息；

（6）查看应用可能包含的服务。

三、总结与反思

如何更好地保护应用的安全（包含保护用户的隐私数据、保护关键操作等）？

本章小结

本章先后介绍了 Android 的 CTS 兼容性测试与安全测试，简单介绍了相关的一些基本概念。Android CTS 测试是针对设备修改后的 Android 系统组织的关于系统平台的兼容性测试。安全测试的范围很广，渗透性测试是其中一个重要的手段。目前有很多工具可以进行应用的安全性扫描，drozer 是其中之一，可用于查看应用各方面的信息，找出可能存在的安全漏洞。要更好地把握安全测试，必须对 Android 的组件及其机制有更深入的认识。本章还介绍了目前国内一些比较有代表性的云平台，可利用这些平台组织各方面一般性的测试。

习题

一、问答题

1. 什么是 CTS？
2. CTS 主要包含哪两个组件？
3. 写出运行 Android CTS 的 AppSecurity 测试的命令。
4. 写出列出当前 Android CTS 所有测试计划的命令。
5. Android 系统可能存在哪些安全问题？
6. 如何才能更好地保护自己的设备安全？

二、实验题

1. 选择一个云测试平台，上传任意应用，体验云测试平台的工作流程。
2. 使用爱加密 App 安全漏洞检测平台，扫描任意 Android 应用，了解 Android 应用可能存在的安全问题。
3. 使用 drozer 扫描任意 Android 应用，并试图进行渗透测试，指出其可能存在的安全问题。

PART 9

项目九
综合测试项目分析

项目导引

本项目以 Android 示例项目 NotePad 为例，总结软件测试实施的阶段与每个阶段需要实现的任务，穿插在实现某些测试时可能需要借用的一些工具或框架。

学习目标

- ☑ 了解软件项目测试实施的阶段
- ☑ 了解每个阶段的测试需要实现的任务及可以使用的技术
- ☑ 了解常用自动化测试框架可以实现的测试类型和目的
- ☑ 能根据测试需要灵活、恰当地选取测试手段或工具

任务一　单元测试

任务分析

软件测试按阶段一般可划分为单元测试、集成测试、系统测试、验收测试等阶段。单元测试一般是针对软件中的最小可测试单元进行的检查和验证。单元测试可以有静态测试和动态测试，静态测试包括代码审查、静态分析等，而动态的实现则主要是白盒测试。

单元测试的执行者一般是软件开发人员。传统的单元测试是在代码开发完成以后编写单元测试。而近年提出的“测试驱动”的实践，则是在编写某个功能的代码之前先编写测试代码，然后只编写使测试通过的功能代码，通过测试来推动整个开发的进行，有助于编写简洁可用和高质量的代码，加速开发过程。

单元测试阶段的主要任务包括：

（1）静态测试，包括静态的代码扫描与审查、静态分析等，常以人工方式或自动化代码

扫描工具（如 Eclipse 插件 Findbugs、PMD、Jtest 等）实现；

（2）动态测试，主要是逻辑覆盖测试，一般以基于 xUnit 的框架开发测试代码，通过一些代码覆盖率检查工具（如 EMMA 等）收集代码覆盖率。

任务实施

本任务中主要要求实现动态测试部分。除了 Activity，Android 中的 Content Provider 和 Service 都可以作为单元测试的目标进行测试。

单元测试一般在软件开发初期实现，通常需要程序开发者对代码有较深入的了解与认识。单元测试代码及注释在 Android 自带工程中，在此不再赘述。

任务二　冒烟测试

任务分析

冒烟测试的主要目的是确认软件基本功能正常，为后续的正式测试做好准备，其对象是每一个新编译的、需要正式测试的软件版本。冒烟测试的执行者一般是版本编译人员，在新版本编译出来后，需要进行一些基本的确认性测试，包括：安装/卸载测试、主要功能是否实现、是否存在严重死机或数据严重丢失等较严重的 Bug。通过了冒烟测试，才可以开展正式测试。冒烟测试可视为集成测试的一部分。

在本任务中，主要进行一些基本功能测试的检查。根据用户实际使用场景，设计基本操作过程的测试。

任务实施

一、安装与卸载测试

安装测试主要需要验证的包括：安装程序是否能正确运行；程序是否能被成功安装；不同安装路径对程序的安装及运行是否有影响；程序安装后是否能正确运行、快捷方式是否正确建立等。如果是 UI 界面的安装过程，还需要检查 UI 界面的显示是否正确、是否能在界面上回溯或取消安装操作等；还要考虑在安装过程中如果出现意外情况（如来电、死机、断电等），对安装过程的影响。

卸载测试主要需要验证的包括：程序是否被卸载完全，是否有文件残留（如用户个人文件等）及对配置文件的处理；直接删除程序文件的卸载对程序的影响；使用其他卸载工具的卸载；卸载后是否对其他的应用程序造成不正常影响等。如果是 UI 界面的卸载过程，还需要检查 UI 界面的显示是否正确、是否能在界面上取消操作等，以及如果出现意外情况（如来电、死机、断电等），对卸载过程的影响。还可在设备上进行反复的安装、卸载、再安装的过程，检查程序健壮性及对系统的影响。

在连接虚拟设备测试时，常借助 adb 命令实现文件的上传、安装、卸载。

除了安装、卸载过程，有时还要考虑升级操作的测试，包括升级后的功能是否与需求一致、升级界面的 UI 测试、版本检测与升级提示信息的显示等。

二、基本功能检查

1．新增记录

新增记录的基本过程如图 9-1 所示。分别测试保存记录与放弃保存两种操作场景，可尝试反复编辑记录。建立的记录一律按照建立时间从新到旧排列。

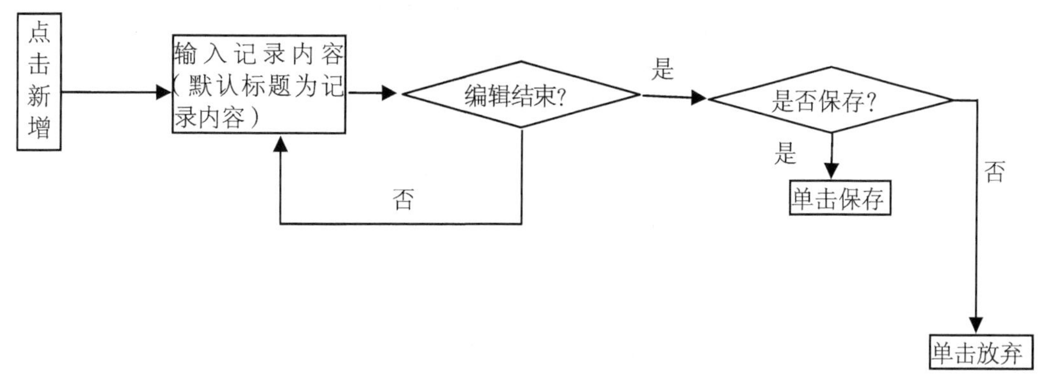

图 9-1　新增记录

2．修改记录

修改记录包括修改记录内容及修改记录标题。长按记录，在弹出的菜单中选择“Open”则打开记录，并可编辑记录内容；若选择“Edit Title”则修改记录标题，如图 9-2 所示。分别检查修改内容及修改标题两种操作，其操作过程可类似图 9-1 得到。

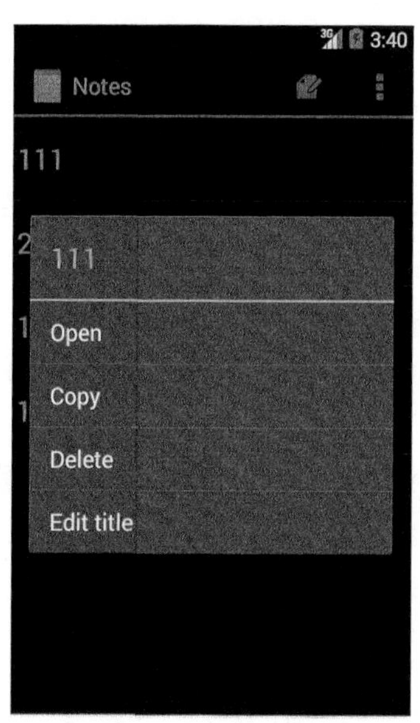

图 9-2　编辑菜单

3．复制或删除记录

长按记录，在弹出的菜单中选择“Delete”即可删除记录。若要复制，则在菜单中选择“Copy”后，单击右上角的菜单按钮，选择“Paste”即可粘贴已复制的记录，如图 9-3 所示。

图 9-3　复制粘贴操作

任务三　功能与性能检查

任务分析

功能测试就是对产品的各功能进行详细的验证，检查产品是否达到用户需求。可以在任务二冒烟测试的基础上，补充测试用例，完善功能验证。例如，在创建或修改记录时考虑的长度、特殊字符等。

在 Android 应用上还要考虑打断事件测试。例如，当编辑内容或标题时，有短信、来电或闹钟等打断事件时程序的表现。

性能测试的主要目的包括评估系统的能力、识别体系中的弱点、检测系统中存在的问题、验证系统稳定性和可靠性等，以检查软件系统是否能够达到用户提出的性能指标，同时发现软件系统中存在的性能瓶颈，以优化系统。

可使用 Monkey 进行系统的稳定性和可靠性的验证。根据用户实际操作，设计测试场景，结合 DDMS/MAT/Emmagee/APT 等工具，监测系统性能表现，必要时还可结合 MonkeyRunner 等工具发送自动发送指定操作到设备，使设备自动完成指定任务。

任务实施

一、功能测试

（1）逻辑功能测试。在任务二的基础上，补充测试用例，如针对输入数据或根据经验可能容易出错的地方补充。

（2）打断事件测试。可参考表 9-1 的测试用例执行。如有需要可再作补充。

表 9-1　编辑时打断事件测试

测试项	主要操作步骤	结果
按下 Home 键	编辑记录内容或标题时，按下 Home 键回到主界面，再回到程序	
按下 Back 键	编辑记录内容或标题时，按下 Back 键	
编辑时有信息	编辑记录内容或标题时，通过 DDMS 发送短信到设备	
编辑时有来电	编辑记录内容或标题时，通过 DDMS 模拟来电到设备	
编辑时有闹铃	编辑记录内容或标题时，提前设置的闹铃响起	

二、可靠性测试

使用 Monkey 工具进行可靠性测试。例如，在命令提示符下先输入“adb shell”进入 shell 命令行模式，然后在 shell 命令模式下运行命令：

```
monkey -p com.example.android.notepad -v 1000
```

也可根据需要指定命令的比例，在 shell 命令模式下运行命令：

```
monkey -p com.example.android.notepad --pct-touch 50  -v 1000
```

三、性能监测

可分别根据用户场景设计操作过程，执行以下操作。

（1）反复新建记录。

（2）反复修改记录并保存。

（3）依次删除所有记录。

针对新建、编辑、删除等操作过程，通过各种工具分析其性能表现。

（1）在设备上安装并打开 Emmagee，在操作过程中记录 CPU 及内存使用状况。

（2）使用 APT 插件，在操作过程中记录 CPU 及内存使用状况。

（3）使用 DDMS 工具分析内存使用状态。

（4）使用 MAT 分析可能存在的内存问题。

（5）测试过程中随时通过 logcat 输出信息检查应用运行状况，测试结束后根据需要筛选指定的 logcat 信息。

任务四　UI 测试

任务分析

UI 测试的目标是确保用户界面会通过测试对象的功能来为用户提供相应的访问或浏览功能，确保用户界面符合公司或行业的标准。UI 测试主要包括静态检查和动态检查。静态检查主要是测试用户界面（如菜单、对话框、窗口和其它控件等）的布局、风格是否满足客户要求、文字显示是否正确、页面是否美观、操作是否友好等。

如果按测试执行的方式来分，还可以分为手工测试与自动化测试。手工测试一般用于执行一些机器难以自动分析结果、需要人的主观去判断的测试，如导航测试、分辨率检查、图形图像检查、控件检查、内容及显示检查、整体界面检查等。具体可参考表 9-2 的测试项，表中一个测试项可能需要多个测试用例去检查。

表 9-2　UI 手工检查表

类型	测试项	结果
导航测试	按钮、对话框、列表和窗口等显示是否直观、正确	
	不同的页面之间的导航是否直观、正确	
	链接是否正确，页面间的跳转是否按预期实现	
	页面之间的跳转是否流畅	
	是否提供搜索功能，如果有，其使用是否恰当	
	导航的帮助信息是否准确、直观	
	导航与页面结构、菜单、连接页面的风格是否一致	
图形图像检查	内容根据窗口大小自适应	
	页面标签风格是否统一	
	页面的图片显示是否整体有序美观	
	图像质量是否符合要求	
	占用空间是否过大（移动终端尽量使用尺寸较小的图像）	
	各种分辨率、各种系统下，界面显示是否正常	
控件检查	控件的排列和显示是否正确	
	控件的屏蔽是否准确	
	控件的使用是否符合预期	
	控件使用的提示信息的显示是否准确	
	控件的焦点与非焦点状态的显示是否准确	

续表

类型	测试项	结果
内容检查	长操作（下载，上传，更新，登录等）时，是否有明确的动态指示 logo 或文字（如 loading…等）	
	对于非法的输入或操作是否有足够的提示说明，提示、警告或错误说明是否清楚、明了、恰当	
	文字描述的准确性，文字描述与对应功能是否一致，没有错别字	
	文字用语的一致统一：父窗口的选项与子窗口标题一致	
	产品帮助文档的格式是否满足用户使用要求，是否提供技术支持方式	
整体界面检查	颜色搭配合理协调，颜色显示是否有误差	
	产品的版权和商标的 logo 和文字申明（一般在启动界面或者软件产品的“关于”选项里面）	

自动化测试则主要是检查 UI 中对用户各项操作的响应。可参考项目六使用的框架 uiautomator 实现，如果偏重于用户角度的操作检查，也可以使用项目五使用的框架 Robotium。在本任务中，我们主要使用 uiautomator 来检查 UI 对一些简单操作的响应。

任务实施

手工测试与检查可参考表 9-2。

使用 uiautomator 实现的自动化 UI 检查，具体过程如下。

（1）新建 Java 项目，导入要使用的包和库。创建好的项目 NotePadUITest，如图 9-4 所示。

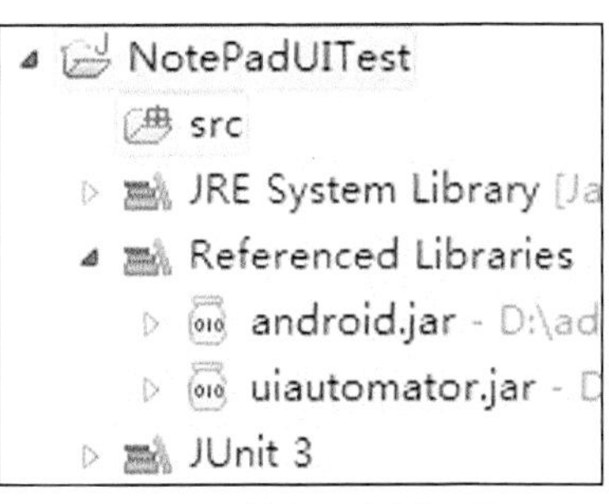

图 9-4 创建 UI 测试项目

（2）创建 UiAutomatorTestCase 测试子类。下面以检查新增记录的 UI 显示为例，查找并操纵 UI 对象实现测试。

新增记录的过程如图 9-1 所示。结合操作过程，先大致了解需要查找并操纵的 UI 对象。

进入应用列表后，单击程序图标，该图标的 text 属性为“Notes”，如图 9-5 所示。

图 9-5　根据图标属性查找并操纵控件

打开程序界面后，单击“新建”按钮，该按钮的属性如图 9-6 所示，可使用“content-desc”属性进行查找。

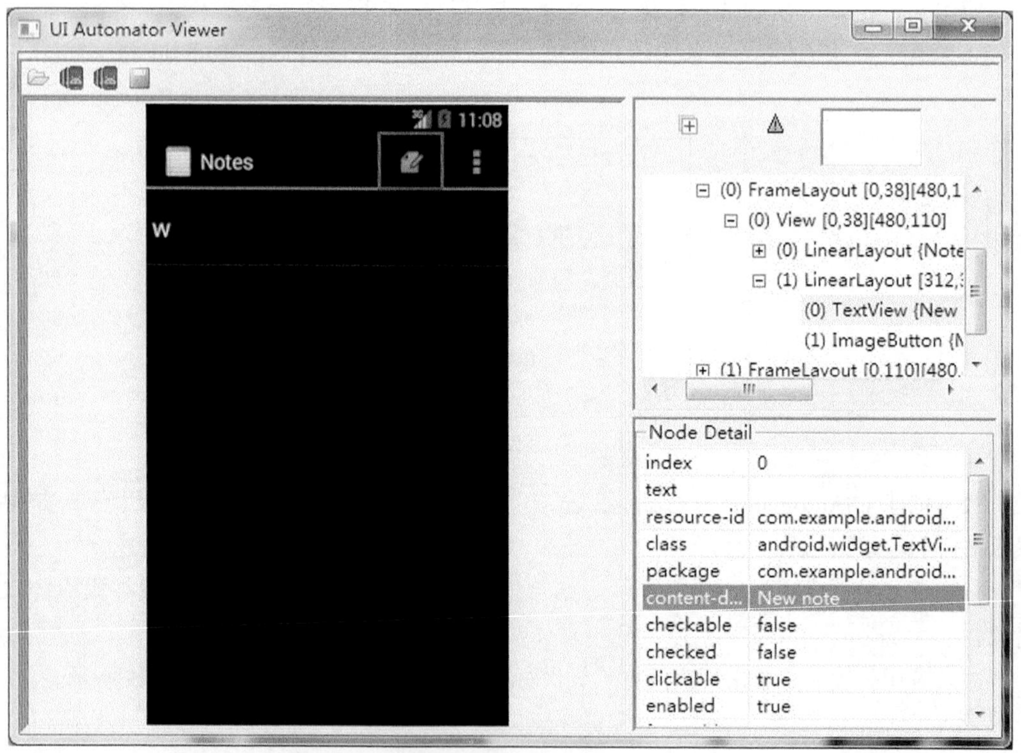

图 9-6　新建图标属性

在文本框输入文本。文本框的查找可以使用“resource-id”属性，如图 9-7 所示。

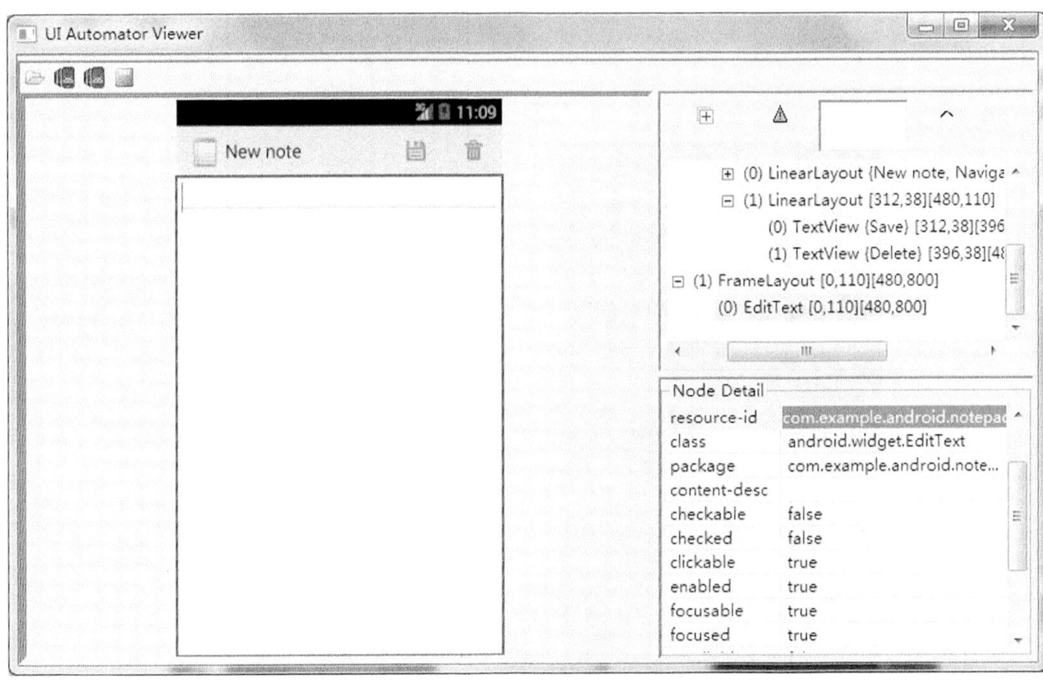

图 9-7　输入的文本框属性

完成输入后单击保存按钮，保存并返回程序主界面。保存按钮的属性如图 9-8 所示，可以使用属性“resource-id”来查找并操纵这个对象。

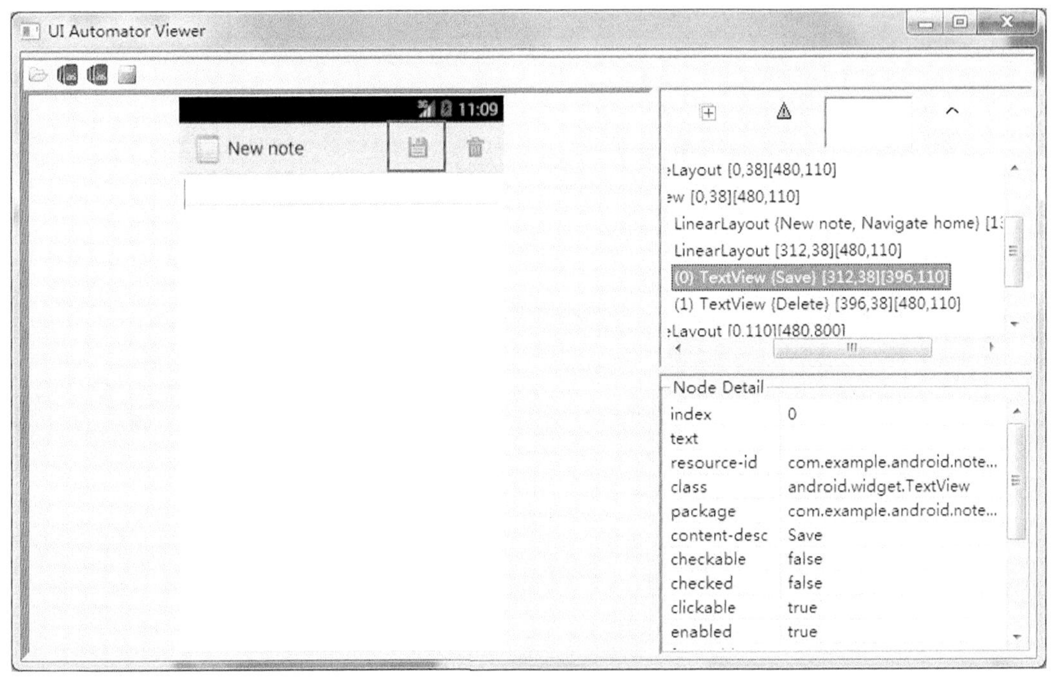

图 9-8　保存按钮属性

返回主界面后，应能看到该记录的显示，如图 9-9 所示。查找记录，如果能查找成功则测试通过。

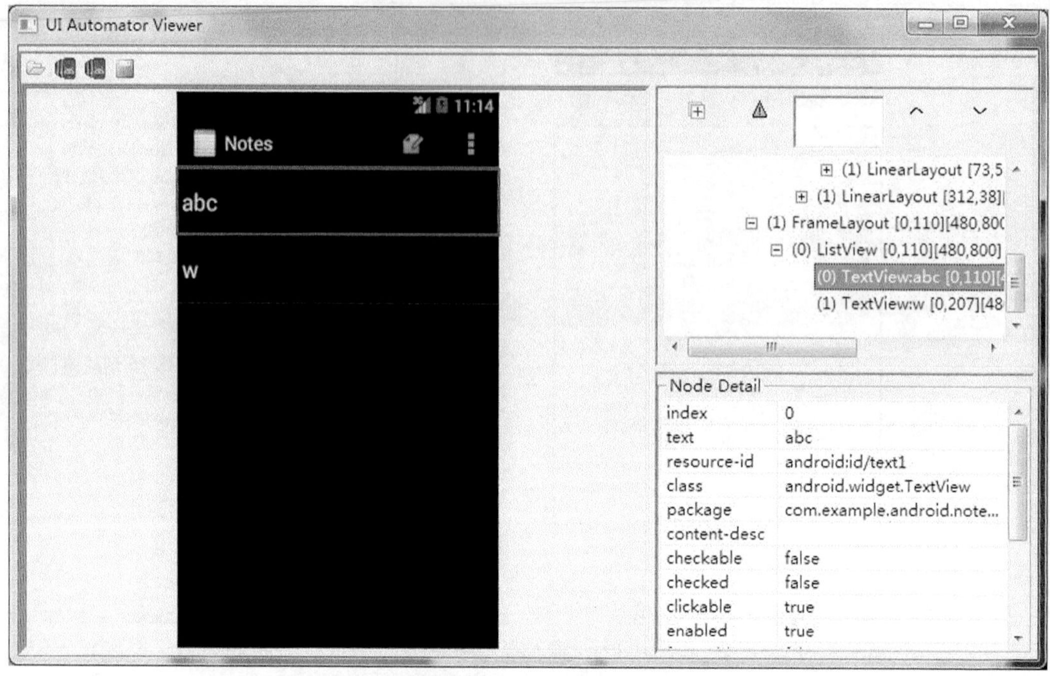

图 9-9　记录的属性

参考代码如下：

```
package com.uitest.notepad;
import com.android.uiautomator.core.UiDevice;
import com.android.uiautomator.core.UiObject;
import com.android.uiautomator.core.UiObjectNotFoundException;
import com.android.uiautomator.core.UiSelector;
import com.android.uiautomator.testrunner.UiAutomatorTestCase;

public class UITest extends UiAutomatorTestCase{
    public void testDemo() throws UiObjectNotFoundException{
            UiDevice device = getUiDevice();
        // 回到主界面
        device.pressHome();
UiObject allAppsButton = new UiObject(new UiSelector(). description("Apps"));
            allAppsButton.clickAndWaitForNewWindow();
            //单击图标，进入程序
      UiObject Note = new UiObject(new UiSelector().text("Notes"));
      Note.clickAndWaitForNewWindow();
```

```
        //单击新建
        UiObject NewItem =new UiObject(new UiSelector(). descriptionContains("New
note"));
        NewItem.clickAndWaitForNewWindow();

        //输入文字
    UiObject Type = new UiObject(new UiSelector().
                                        resourceId("com. example. android.
notepad: id/note"));
        Type.setText("abc");

        //单击保存
        UiObject Save = new UiObject(new UiSelector().
                                  resourceId("com. example. android. notepad:
id/menu_save"));
        Save.clickAndWaitForNewWindow();
        sleep(100);
        //返回程序主界面，检查记录是否存在
        UiObject abc = new UiObject(new UiSelector().text("abc"));
        assertTrue(abc.exists());
      }
    }
```

（3）构建项目，运行测试。打开命令提示符，假如 Eclipse 的工作区在 E:\android_workspace，在命令提示符下输入命令：

```
    android create uitest-project -n NotePadUITest -t 1 -p E:\ android_ workspace\
NotePadUITest
```

成功生成 build.xml 后，在 Eclipse 中打开该文件，修改 project 标签的 default 属性为 build。在 Eclipse 中运行该 xml 文件，生成 NotePadUITest.jar。

在命令提示符下进入项目 NotePadUITest 所在的目录（如 E:\android_workspace\ NotePadUITest）下的 bin 文件夹，依次运行命令：

```
    adb push NotePadUITest.jar /data/local/tmp/
    adb shell uiautomator runtest NotePadUITest.jar -c com.uitest.notepad.
UITest
```

可在设备上看到测试运行的过程。控制台的输出结果如图 9-10 所示。

```
E:\android_workspace\NotePadUITest\bin>adb shell uiautomator runtest NotePadUITe
st.jar -c com.uitest.notepad.UITest
INSTRUMENTATION_STATUS: numtests=1
INSTRUMENTATION_STATUS: stream=
com.uitest.notepad.UITest:
INSTRUMENTATION_STATUS: id=UiAutomatorTestRunner
INSTRUMENTATION_STATUS: test=testDemo
INSTRUMENTATION_STATUS: class=com.uitest.notepad.UITest
INSTRUMENTATION_STATUS: current=1
INSTRUMENTATION_STATUS_CODE: 1
INSTRUMENTATION_STATUS: numtests=1
INSTRUMENTATION_STATUS: stream=.
INSTRUMENTATION_STATUS: id=UiAutomatorTestRunner
INSTRUMENTATION_STATUS: test=testDemo
INSTRUMENTATION_STATUS: class=com.uitest.notepad.UITest
INSTRUMENTATION_STATUS: current=1
INSTRUMENTATION_STATUS_CODE: 0
INSTRUMENTATION_STATUS: stream=
Test results for WatcherResultPrinter=.
Time: 15.404

OK (1 test)


INSTRUMENTATION_STATUS_CODE: -1
```

图 9-10　UI 测试运行结果

任务五　其他测试

任务分析

回归测试是指修改了旧代码后，重新进行测试以确认修改没有引入新的错误或导致其他代码产生错误。在实际工作中，回归测试可能需要反复进行，如果要人工重复地完成相同的测试任务，测试将变得烦琐且花费较多时间。因此，通过自动化测试来实现重复的和一致的回归测试，可以显著提高回归测试效率，大幅降低系统测试、维护升级等阶段的成本。项目五介绍的 Robotium 框架是自动化功能回归测试的一个较好的选择。任务的实现可参考项目五的任务一，在此不再赘述。

如有需要，可对系统进行安全扫描，检查系统是否有明显的安全漏洞。可使用 drozer 工具，具体实现可参考项目八的任务二。

本章小结

在本章中，通过对示例项目 NotePad 组织的一系列较完整的测试，进一步加深了对软件测试的阶段与任务的认识，并对每个阶段测试任务的实现方式做了总结。要求通过本项目的实战，把握如何组织、开展、实现对移动应用项目的测试。

习题

根据项目给出的思路提示，选择一个 Android 应用进行测试。

PART 1

附录 1 常用 KeyCode 编码

KeyCode 编码	模拟按键	KeyCode 编码	模拟按键
KEYCODE_0	'0' 键	KEYCODE_AT	'@' 键
KEYCODE_1	'1' 键	KEYCODE_BACKSLASH	'\' 键
KEYCODE_2	'2' 键	KEYCODE_EQUALS	'=' 键
KEYCODE_3	'3' 键	KEYCODE_LEFT_BRACKET	'[' 键
KEYCODE_4	'4' 键	KEYCODE_PERIOD	'.' 键
KEYCODE_5	'5' 键	KEYCODE_MINUS	'−'.
KEYCODE_6	'6' 键	KEYCODE_PLUS	'+' 键
KEYCODE_7	'7' 键	KEYCODE_POUND	'#' 键
KEYCODE_8	'8' 键	KEYCODE_SEMICOLON	';' 键
KEYCODE_9	'9' 键	KEYCODE_RIGHT_BRACKET	']' 键
KEYCODE_A	'A' 键	KEYCODE_COMMA	',' 键
KEYCODE_B	'B' 键	KEYCODE_SLASH	'/' 键
KEYCODE_C	'C' 键	KEYCODE_STAR	'*' 键
KEYCODE_D	'D' 键	KEYCODE_BRIGHTNESS_DOWN	Brightness Down（提高亮度）键
KEYCODE_E	'E' 键	KEYCODE_BRIGHTNESS_UP	Brightness Up（降低亮度）键
KEYCODE_F	'F' 键	KEYCODE_CALL	Call （呼叫）键
KEYCODE_G	'G' 键	KEYCODE_ENDCALL	End Call 键
KEYCODE_H	'H' 键	KEYCODE_CAMERA	Camera（拍摄）键
KEYCODE_I	'I' 键	KEYCODE_VOLUME_DOWN	音量调小键
KEYCODE_J	'J' 键	KEYCODE_VOLUME_MUTE	音量静音键
KEYCODE_K	'K' 键	KEYCODE_VOLUME_UP	音量增加键
KEYCODE_L	'L' 键	KEYCODE_ZOOM_IN	Zoom in 键

续表

KeyCode 编码	模拟按键	KeyCode 编码	模拟按键
KEYCODE_M	'M' 键	KEYCODE_ZOOM_OUT	Zoom out 键
KEYCODE_N	'N' 键	KEYCODE_ALT_LEFT	左 Alt 键
KEYCODE_O	'O' 键	KEYCODE_ALT_RIGHT	右 Alt 键
KEYCODE_P	'P' 键	KEYCODE_SHIFT_LEFT	左 Shift 键
KEYCODE_Q	'Q' 键	KEYCODE_SHIFT_RIGHT	右 Shift 键
KEYCODE_R	'R' 键	KEYCODE_CTRL_LEFT	左 Control 键
KEYCODE_S	'S' 键	KEYCODE_CTRL_RIGHT	右 Control 键
KEYCODE_T	'T' 键	KEYCODE_MENU	Menu 键
KEYCODE_U	'U' 键	KEYCODE_HOME	Home 键
KEYCODE_V	'V' 键	KEYCODE_BACK	Back 键
KEYCODE_W	'W' 键	KEYCODE_POWER	Power 键
KEYCODE_X	'X' 键	KEYCODE_BREAK	Break / Pause 键
KEYCODE_Y	'Y' 键	KEYCODE_CAPS_LOCK	Caps Lock 键
KEYCODE_Z	'Z' 键	KEYCODE_CLEAR	Clear（清除）键
KEYCODE_F1	F1 键	KEYCODE_FORWARD	Forward 键
KEYCODE_F10	F10 键	KEYCODE_INFO	Info 键
KEYCODE_F11	F11 键	KEYCODE_INSERT	Insert 键
KEYCODE_F12	F12 键	KEYCODE_MUTE	Mute 键
KEYCODE_F2	F2 键	KEYCODE_NUM_LOCK	Num Lock 键
KEYCODE_F3	F3 键	KEYCODE_PAGE_DOWN	Page Down 键
KEYCODE_F4	F4 键	KEYCODE_PAGE_UP	Page Up 键
KEYCODE_F5	F5 键	KEYCODE_SEARCH	Search 键
KEYCODE_F6	F6 键	KEYCODE_SETTINGS	Settings 键
KEYCODE_F7	F7 键	KEYCODE_SCROLL_LOCK	Scroll Lock 键
KEYCODE_F8	F8 键	KEYCODE_SLEEP	Sleep 键
KEYCODE_F9	F9 键	KEYCODE_BOOKMARK	Bookmark 键
KEYCODE_SPACE	Space 键	KEYCODE_BUTTON_SELECT	Select 键
KEYCODE_TAB	Tab 键	KEYCODE_BUTTON_START	Start 键
KEYCODE_ENTER	Enter 键		
KEYCODE_DEL	Backspace 键		
KEYCODE_WINDOW	Window 键		

附录 2 adb shell 常用命令参考

1. 显示系统中全部 Android 平台：

android list targets

2. 显示系统中全部 AVD（模拟器）：

android list avd

3. 创建 AVD（模拟器）：

android create avd --name 名称 --target 平台编号

4. 启动 AVD（模拟器）：

emulator -avd 名称 -sdcard ~/名称.img (-skin 1280x800)

5. 删除 AVD（模拟器）：

android delete avd --name 名称

6. 创建 SDCard：

mksdcard 1024M ~/名称.img

7. AVD(模拟器)所在位置：

Linux：~/.android/avd

Windows：C:\Documents and Settings\Administrator\.android\avd

8. 启动 DDMS：

ddms

9. 显示当前连接的全部设备：

adb devices

10. 对某一模拟器执行命令：

adb -s 模拟器编号命令

11. 安装应用程序：

adb install 应用程序.apk

12. 获取模拟器中的文件：

adb pull <remote> <local>

13. 向模拟器中写文件：

adb push <local> <remote>

14. 进入模拟器的 shell 模式：

adb shell

15. 启动 SDK 文档、实例下载管理器：

android

16. 卸载 apk 包：

adb shell

cd data/app

rm apk 包

exit

或 adb uninstall apk 包的主包名

17. 查看 adb 命令帮助信息：

adb help

18. 在命令行中查看 LOG 信息：

adb logcat -s 标签名

19. 删除系统应用：

adb remount（重新挂载系统分区，使系统分区重新可写）。

adb shell

cd system/app

rm *.apk

20. 获取管理员权限：

adb root

21. 启动 Activity：

adb shell am start -n 包名/包名＋类名(-n 类名,-a action,-d date,-m MIME-TYPE,-c category,-e 扩展数据,等)。

22. 发布端口：

可以设置任意的端口号（只要端口当前没有被占用），作为主机向模拟器或设备的请求端口。如：

adb forward tcp:5555 tcp:8000

23. 查看 bug 报告：

adb bugreport

24. 记录无线通信日志：

一般来说，无线通信的日志非常多，在运行时没必要去记录，但还是可以通过命令，设置记录：

adb shell

logcat -b radio

25. 获取设备的 ID 和序列号：

adb get-product

adb get-serialno

26. 访问数据库 SQLite3

adb shell

sqlite3

PART 3 附录 3 Robotium 常用 API

1. solo.assertCurrentActivity

（1）public void assertCurrentActivity(String message,Class expectedClass[,boolean isNewInstance])

检查当前程序显示的 Activity 是否是预期的 Activity。

参数

message：如果断言失败，显示此消息。

expectedClass：预期的 Activity 类。

isNewInstance：预期的 Activity 是否一个新的 Activity 实例。

例：solo.assertCurrentActivity("不是 MyActivity", MyActivity.class);

（2）public void assertCurrentActivity(String message,String name[,boolean isNewInstance])

检查当前程序显示的 Activity 是否是预期的 Activity。

参数

message：如果断言失败，显示此消息。

expectedClass：预期的 Activity 类的名称的字符串。

isNewInstance：预期的 Activity 是否一个新的 Activity 实例。

例：solo.assertCurrentActivity("不是 MyActivity", "MyActivity");

2. solo.clearEditText

（1）public void clearEditText(android.widget.EditText editText| int index)

清空指定输入框的内容。

参数

editText：要清空的输入框。

index ：要清空的输入框位置。如果为 0 则表示第一个。

3. solo.clickInList

public ArrayList<android.widget.TextView>clickInList(int line[, int index])

单击一个给定的列表中的第 line 行，并返回此行显示的 TextView 集合。可以指定列表的索引 index，不指定时默认为第一个列表。

参数

line：单击第几行。

index：单击第几个列表。

4. solo.clickLongInList

public ArrayList<android.widget.TextView> clickLongInList(int line[,int index, int time])

长按一个指定的列表 ListView 中给定的列表行，并返回此行显示的 TextView 集合。

参数

line：被单击的行。

index：列表索引。如果不给定则操作第 1 个列表。

time：长按的时间。

5. solo.clickLongOnScreen

public void clickLongOnScreen(float x,float y [,int time])

长按屏幕上给定的坐标的位置。

参数

x：横坐标。

y：纵坐标。

time：长按时间。

6. solo.clickLongOnText

public void clickLongOnText(String text [, int match, boolean scroll])

长按一个给定的视图（控件）.当需要的时候自动滚动. 然后 clickOnText(String) 可以在长按以后用来单击上下文显示的菜单项。

参数

text ：被单击的文本。这个参数可以是一个正则表达式。

match ：如果多个对象（控件）匹配这个文本，确定哪一个被单击。

scroll：如果为真则表示在需要时滚动，否则只在当前屏幕内查找

7. solo.clickLongOnTextAndPress

public void clickLongOnTextAndPress(String text, int index)

长按一个给定的视图（控件），然后从显示的上下文菜单中选择一个选项。

参数

text：被单击的文本，这个参数可以作为一个正则表达式。

index：被单击的菜单项索引，如果为 0 表示仅仅一个可用。

例：solo.clickLongOnTextAndPress("Test", 1) 表示长按名称为“Test”的记录并弹出含有菜单项的弹出框，index 参数 1 表示在弹出上下文菜单中单击索引为 1 的选项。

8. solo.clickOnButton

(1) public void clickOnButton(int index| String name)

单击一个给定索引的按钮。

参数

index：单击的按钮索引。如果是 0 则表示第一个。

name ：呈现给用户的按钮字符串，可以作为一个正则表达式。

9. solo.clickOnCheckBox

public void clickOnCheckBox(int index)

单击给定的索引的一个复选框。

参数

index：被单击的复选框索引。如果是 0 则表示第一个。

10. solo.clickOnEditText

public void clickOnEditText(int index)

单击给定索引的文本框。

参数

index：被单击的文本框索引。如果是 0 则表示第一个。

11. solo.clickOnImage

public void clickOnImage(int index)

通过指定的索引单击一个 ImageView。

参数

index：被单击的 ImageView 索引。如果是 0 则表示第一个。

12. solo.clickOnImageButton

public void clickOnImageButton(int index)

单击一个给定索引的 ImageButton（图像按钮）。

参数

index：被单击的 ImageButton 索引。如果是 0 则表示第一个。

13. solo.goBack

public void goBack()

相当于按下手机上的返回键。

14. solo.goBackToActivity

public void goBackToActivity(String name)

返回到指定名字的 Activity。

参数

name：要返回到的 Activity 的名字。例如: "MyActivity"

15. solo.isChecked

（1）public boolean isCheckBoxChecked (int index | String text)

判断 checkBox 是否处于被选中的状态，可以通过 index 和 text 两种方法定位。返回 true 表示被选中。

参数

index：检查的 checkBox 的索引值，如果是 0 则表示第一个。

text：检查的 checkBox 的文字，可使用正则表达式描述。

（2）public boolean isRadioButtonChecked (int index | String text)

判断 RadioButton 是否处于被选中的状态,可以通过 index 和 text 两种方法定位。返回 true 表示被选中。

参数

index：检查的 RadioButton 的索引值，如果是 0 则表示第一个。

text：检查的 RadioButton 的文字，可使用正则表达式描述。

（3）public boolean isTextChecked (String text)

判断 text 是否处于被选中的状态，可以通过 text 定位。返回 true 表示被选中。

参数

text：检查的 text 的文字，可使用正则表达式。

（4）solo.search boolean searchButton (String text [, int NumberOfMatches, boolean onlyVisible])

判断当前的屏幕中是否能找到指定的 button。返回 true 表示查找成功。

参数

text：查找的 button 的文字。

NumberOfMatches：指定最少找到多少才算成功，可用 0 表示 1 个或者多个。

onlyVisible：只记录可见的。

（5）booleansearchText (String text [, intminimumNumberOfMatches, boolean scroll, BooleanonlyVisible])

判断当前的屏幕中是否能找到指定的 text，即文本。

参数

text：查找的 Text 的文字。

minimumNumberOfMatches：最小指定多少才算是通过，0 表示 1 个或者多个。

scroll：是否允许滚动搜索，true 表示支持，false 表示只能在当前屏幕内查找。

onlyVisible：只记录可见的。

（6）booleansearchEditText (String text)

判断当前的屏幕中是否能找到指定的 EditText

参数

text：查找的 Text 的文字。

16. solo.enterText

（1）public void enterText(int index, String text)

在一个给定位置的 EditText 中输入文本。

参数

index： EditText 的位置。如果只有一个可用的则为 0。

text：输入到 EditText 中的文本字符串。

（2）public void enterText(android.widget.EditTexteditText, String text)

在一个给定的 EditText 输入文本。

参数

editText – 待输入的 editText。 text：输入到 EditText 中的文本字符串。

17. solo.typeText

（1）public void typeText(int index, String text)

在一个给定位置的 EditText 输入文本。

参数

index：EditText 的位置。如果只有一个可用的则为 0。

text：输入到 EditText 中的文本字符串。

（2）public void typeText(android.widget.EditText editText, String text)

在一个给定的 EditText 输入文本。

参数

editText：待输入的 editText。

text：输入到 EditText 中的文本字符串。

18. solo.waitForActivity

（1）public Boolean waitForActivity(java.lang.String name [,int timeout])

等待一个匹配指定名称的 Activity，默认超时时间 30 秒。

参数

name：指定的 Activity 名字的字符串，例如"MyActivity"。

timeout：等待的时间（以毫秒计算）。

（2）public Boolean waitForActivity(java.lang.Class activityClass [,int timeout])

参数

activityClass：指定的 Activity 类，如 MyActivity.class。该方法使用 Waiter 类中的 waitForActivity 方法来实现，通过 getCurrentActivity 方法得到当前 Activity 来和指定的 Activity 进行对比。

timeout：等待的时间（以毫秒计算）。

19. solo.waitForDialogToClose

public boolean waitForDialogToClose(long timeout)

等待一个对话框关闭。

参数

timeout：等待的超时时间。

20. solo.waitForDialogToOpen

public boolean waitForDialogToOpen(long timeout)

等待一个对话框打开。

参数

timeout：等待的超时时间。

21. solo.waitForText

public boolean waitForText(java.lang.String text)

等待指定的文本出现。默认的超时时间是 20 秒。

参数

text：等待的出现的文本内容。

PART 4

附录 4 uiautomator 常用 API

UiAutomatorTestCase

所有 uiautomator 测试都要先继承 UiAutomatorTestCase 这个类。这个类提供以下入口。

（1）UiDevice 实例。

（2）命令行参数。

常用方法介绍

1. public UiDevice getUiDevice ()

获取当前 UiDevice 实例。

2. public void sleep (long ms)

设备睡眠。时间单位为毫秒。

UiDevice

UiDevice 可用于获取设备状态信息，还可以使用这个类模拟用户在设备上操作，如按键、单击等。

常用方法介绍

1. public void clearLastTraversedText ()

清除最后一个 UI 遍历事件的文字。

Clears the text from the last UI traversal event. See getLastTraversedText().

2. public boolean click (int x, int y)

单击指定坐标。单击成功则返回 true，否则返回 false。

3. public void freezeRotation ()

禁止屏幕翻转。

4. public String getCurrentActivityName ()

以字符串形式返回当前 Activity 的名称。

5. public String getCurrentPackageName ()

以字符串形式返回当前所在的包名。

6. public int getDisplayHeight ()

返回当前显示的高度，以像素为单位。

7. public int getDisplayWidth ()

返回当前显示的宽度，以像素为单位。

8. public static UiDevice getInstance ()

返回一个单独的 UiDevice 实例。

9. public String getLastTraversedText ()

恢复上一次 UI 遍历事件接收到的文本。可以使用这个方法读取一个 WebView 容器里的内容。

10. public String getProductName ()

以字符串形式返回设备名称。

11. public boolean hasAnyWatcherTriggered ()

检查当前设备是否有注册跟踪的 UiWatcher，有则返回 true，否则返回 false。

12. public boolean hasWatcherTriggered (String watcherName)

检查当前设备是否注册了指定名称的监视器。有则返回 true，否则返回 false。

13. public boolean isNaturalOrientation ()

检查当前设备是否有被翻转方向，没有在返回 true。

14. public boolean isScreenOn ()

检查屏幕是否亮着。

15. public boolean pressBack ()

模拟按下返回按键。成功则返回 true。

16. public boolean pressDelete ()

模拟按下删除按键。成功则返回 true。

17. public boolean pressEnter ()

模拟按下 Enter 按键。成功则返回 true。

18. public boolean pressHome ()

模拟按下 Home 按键。成功则返回 true。

19. public boolean pressKeyCode (int keyCode)

模拟按下指定代码的按键。成功则返回 true。

Simulates a short press using a key code. See KeyEvent

20. public boolean pressMenu ()

模拟按下 Menu 按键。成功则返回 true。

21. public boolean pressSearch ()

模拟按下搜索按键。成功则返回 true。

22. public void registerWatcher (String name, UiWatcher watcher)

当测试框架使用 UiSelector 无法找到匹配对象时，注册一个 UiWatcher 使得测试能自动运行。name 为建立 UiWatcher 的依据，watcher 为已建立的 UiWatcher 对象。

23. public void removeWatcher (String name)

移除已注册的 UiWatcher。

24. public void resetWatcherTriggers ()

重置已触发的 UiWatcher。当一个 UiWatcher 运行且使用 checkForCondition()检查其状态为 true，那么这个 UiWatcher 对象已被触发。

25. public void runWatchers ()

运行所有已注册的 UiWatcher 对象。

26. public void setOrientationNatural ()

重置设备方向。

27. public void sleep ()

模拟按下电源键关闭设备。

28. public boolean swipe (Point[] segments, int segmentSteps)

模拟指定坐标之间的滑动操作。segmentSteps 是两点间的步数，每步执行时间是 5ms。

29. public boolean swipe (int startX, int startY, int endX, int endY, int steps)

模拟指定两个坐标之间的滑动操作。steps 是操移动作的步数。

30. public boolean takeScreenshot (File storePath[, float scale, int quality])

保存屏幕截图。可指定图像品质。

31. public void unfreezeRotation ()

解除屏幕方向锁定。

32. public boolean waitForWindowUpdate (String packageName, long timeout)

等待当前窗口更新。

33. public void wakeUp ()

模拟按下电源按键打开设备。

UiObject

UiObject 对象用于描述一个 UI 元素，其创建一般通过使用 UiSelector 根据指定条件查找并建立，可以在程序中多次调用。

常用方法介绍

1. 公用构造函数：UiObject(UiSelector selector)

通过指定的 UiSelector 对象创建 UiObject。

2. public void clearTextField ()

清除当前 UI 对象里的文本。依次模拟设置焦点、长按全选、删除的操作。使用前需确认当前对象是否可编辑以及是否支持全选操作。

3. public boolean click ()

模拟单击当前对象。成功则返回 true。

4. public boolean clickAndWaitForNewWindow ([long timeout])

模拟单击当前对象并等待新窗口打开（如启动一个新 Activity、弹出菜单、弹出对话框等）。

timeout 用于设置等待时间，也可以不指定。成功则返回 true。

5. public boolean clickBottomRight ()

模拟单击 UI 对象右下方。成功则返回 true。

6. public boolean clickTopLeft ()

模拟单击 UI 对象左上方。成功则返回 true。

7. public boolean exists ()

判断 UI 对象是否存在。

8. public UiObject getChild (UiSelector selector)

使用当前 UiObject 对象的子元素建立一个 UiObject 对象。

9. public int getChildCount ()

返回当前 UiObject 子元素的数量。

10. public String getContentDescription ()

以字符串形式返回当前 UI 对象的"content_desc"属性。

11. public String getPackageName ()

以字符串形式返回当前 UI 对象的包名。

12. public String getText ()

以字符串形式返回当前 UI 对象的文本。

13. public boolean isCheckable ()

检查当前 UI 对象是否被选中。是则返回 true，否则返回 false。

14. public boolean isClickable ()

检查当前 UI 对象是否可被单击，即属性"clickable"当前是否为 true。

15. public boolean isEnabled ()

检查当前 UI 对象是否可用，即属性"enabled"当前是否为 true。

16. public boolean isFocusable ()

检查当前 UI 对象是否能设置焦点，即属性"focusable"当前是否为 true。

17. public boolean isFocused ()

检查当前 UI 对象是否设置了焦点，即属性"focused"当前是否为 true。

18. public boolean isLongClickable ()

检查当前 UI 对象是否支持长时间单击，即属性"long-clickable"当前是否为 true。

19. public boolean isScrollable ()

检查当前 UI 对象是否支持滚动，即属性"scrollable"当前是否为 true。

Check if the UI element's scrollable property is currently true

20. public boolean isSelected ()

21. 检查当前元素是否可选，即属性"selected"当前是否为 true。

22. public boolean longClick ()

模拟长时间单击当前 UI 对象。成功则返回 true。

23. public boolean setText (String text)

设置当前 UI 对象可编辑区域的文本为指定字符串。依次模拟单击、输入文本等操作。使用前需确认当前对象是否可编辑操作。

24. public boolean swipeDown (int steps)

模拟向下划过当前 UI 对象。成功则返回 true。

25. public boolean swipeLeft (int steps)

模拟向左划过当前 UI 对象。成功则返回 true。

26. public boolean swipeRight (int steps)

模拟向右划过当前 UI 对象。成功则返回 true。

27. public boolean swipeUp (int steps)

模拟向上划过当前 UI 对象。成功则返回 true。

28. public boolean waitForExists (long timeout)

等待指定时间后判断给定的 UI 对象是否可见。

29. public boolean waitUntilGone (long timeout)

等待指定时间后判断给定的 UI 对象是否已消失。

UiSelector

UiSelector 提供了描述 UI 元素的一些机制，以便于获取目标 UI 元素。一个 UI 元素有多个属性，如文本、类名、描述，以及其状态信息例如是否被选中、是否可用等等。UiSelector 还允许通过具体布局结构，区别相似的 UI 元素。若有多个 UI 元素符合搜索条件，则返回查找到的第 1 个元素。

常用方法介绍

1. 公用构造函数：public UiSelector ()

2. public UiSelector checked (boolean val)

查找属性 checked 为指定布尔值的 UI 元素（如针对复选组、单选项等）并返回 UiSelector。

3. public UiSelector childSelector (UiSelector selector)

对 UiSelector 添加子选择器对象，以缩小查找范围到当前布局的子布局。

4. public UiSelector className (Class<T> type)

查找指定类名的 UI 元素并返回 UiSelector。

5. public UiSelector classNameMatches (String regex)

查找满足给定正则表达式的类名的 UI 元素并返回 UiSelector。类名可以用正则表达式描述。

6. public UiSelector clickable (boolean val)

查找属性 clickable 为指定布尔值的 UI 元素并返回 UiSelector。

7. public UiSelector description (String desc)

查找属性 content-description 为指定字符串的 UI 元素并返回 UiSelector。要求字符串必须完全匹配。

8. public UiSelector descriptionContains (String desc)

查找属性 content-description 包含指定字符串的 UI 元素并返回 UiSelector。

9. public UiSelector descriptionMatches (String regex)

查找属性 content-description 符合指定正则表达式描述的 UI 元素并返回 UiSelector。

10. public UiSelector descriptionStartsWith (String desc)

查找属性 content-description 以指定字符串开始的 UI 元素并返回 UiSelector。

11. public UiSelector enabled (boolean val)

查找属性 enabled 为指定布尔值的 UI 元素并返回 UiSelector。

12. public UiSelector focusable (boolean val)

查找属性 focusable 为指定布尔值的 UI 元素并返回 UiSelector。

13. public UiSelector focused (boolean val)

查找属性 focused 为指定布尔值的 UI 元素并返回 UiSelector。

14. public UiSelector fromParent (UiSelector selector)

从父选择器出发，对 UiSelector 添加子选择器对象，以缩小查找范围到当前布局的子布局和兄弟布局。

15. public UiSelector index (int index)

查找属性 index 为指定值的 UI 元素并返回 UiSelector。

16. public UiSelector instance (int instance)

查找属性 instance 为指定值的 UI 元素并返回 UiSelector。

17. public UiSelector longClickable (boolean val)

查找属性 longClickable 为指定布尔值的 UI 元素并返回 UiSelector。

18. public UiSelector packageName (String name)

查找指定包名的 UI 元素并返回 UiSelector。

19. public UiSelector scrollable (boolean val)

查找属性 scrollable 为指定布尔值的 UI 元素并返回 UiSelector。

20. public UiSelector selected (boolean val)

查找属性 selected 为指定布尔值的 UI 元素并返回 UiSelector。

21. public UiSelector text (String text)

查找属性 text 为指定字符串的 UI 元素并返回 UiSelector。

22. public UiSelector textContains (String text)

查找属性 text 包含指定字符串的 UI 元素并返回 UiSelector。

23. public UiSelector textMatches (String regex)

查找属性 text 满足指定正则表达式的 UI 元素并返回 UiSelector。

24. public UiSelector textStartsWith (String text)

查找属性 text 以指定字符串开头的 UI 元素并返回 UiSelector。

UiCollection

用于获取容器内的一组 UI 元素，用于描述满足指定条件的一系列 UI 元素的集合。

常用方法介绍

1. 公用构造函数：public UiCollection (UiSelector selector)

2. public UiObject getChildByDescription (UiSelector childPattern, String text)

查找容器内满足子选择器所有条件且 content-description 属性为指定字符串的 UI 元素并

返回为 UiObject。该方法只支持可见 UI 元素，且不支持滚动。

3. public UiObject getChildByInstance (UiSelector childPattern, int instance)

查找容器内满足子选择器所有条件且 instance 属性为指定字符串的 UI 元素并返回为 UiObject。

该方法只支持可见 UI 元素，且不支持滚动。

4. public UiObject getChildByText (UiSelector childPattern, String text)

查找容器内满足子选择器所有条件且 text 属性为指定字符串的 UI 元素并返回为 UiObject。

5. public int getChildCount (UiSelector childPattern)

返回满足子选择器所有条件的 UI 元素的个数。该方法只支持可见 UI 元素，且不支持滚动。

UiScrollable

UiScrollable 对象也是一个 UiCollection（UI 对象集合），用于描述可滚动的 UI 界面的元素。支持垂直滚动界面及水平滚动界面。

常用方法介绍

1. 公用构造函数：public UiScrollable (UiSelector container)

UiScrollable 对象也是一个 UiCollection 对象，因此需要一个 UiSelector 识别容器内可滚动的的 UI 元素集。要定位更具体的 UI 元素，可添加选择器。

2. public UiObject getChildByDescription (UiSelector childPattern, String text [, boolean allowScrollSearch])

在可滚动容器内查找满足选择器条件的 UI 元素，且元素的 content-description 属性为指定字符串。allowScrollSearch 属性用于设置是否允许滚动，默认为 true。

3. public UiObject getChildByInstance (UiSelector childPattern, int instance)

在可滚动容器内查找满足选择器条件的 UI 元素，且元素的 instance 属性为指定字符串。只支持可见元素，不支持滚动。

4. public UiObject getChildByText (UiSelector childPattern, String text [, boolean allowScrollSearch])

在可滚动容器内查找满足选择器条件的 UI 元素，且元素的 text 属性为指定字符串。allowScrollSearch 属性用于设置是否允许滚动，默认为 true。

5. public boolean scrollBackward ([int steps])

模拟向后滚动。如果是垂直方向则自顶向下滚动，如果是水平方向则自左向右滚动。参数 step 用于控制滚动速度。

6. public boolean scrollDescriptionIntoView (String text)

模拟一次滚动直到属性 content-description 为指定值的 UI 元素可见或直至滚动到最后。

7. public boolean scrollForward (int steps)

模拟向前滚动。如果是垂直方向则自底向上滚动，如果是水平方向则自右向左滚动。参数 step 用于控制滚动速度。

8. public boolean scrollIntoView (UiSelector selector)

模拟一次滚动直到找到满足选择器条件的 UI 元素可见或直至滚动到最后。

9. public boolean scrollTextIntoView (String text)

模拟一次滚动直到属性 text 为指定字符串的 UI 元素可见或直至滚动到最后。

10. public boolean scrollToBeginning (int maxSwipes [, int steps])

模拟滚动到最前。steps 用于控制滚动速度。

11. public boolean scrollToEnd (int maxSwipes [, int steps])

模拟滚动到最后。steps 用于控制滚动速度。

12. public void setAsHorizontalList ()

设置滚动视图方向为水平。

13. public void setAsVerticalList ()

设置滚动视图方向为垂直。

参考文献

[1] 施懿民．Android 应用测试与调试实战[M]北京：机械工业出版社，2014.4.

[2] 赵斌．软件测试技术经典教程(第 2 版) [M]北京：科学出版社，2011.3.

[3] 李刚．疯狂 Android 讲义(第 2 版) [M]北京：电子工业出版社，2013.3.

[4] Google. http://developer.android.com/sdk/index.html[EB/OL].

[5] AndroidDevTools. http://www.androiddevtools.cn/[EB/OL].

[6] Android 中文文档. http://android.toolib.net/[EB/OL].